지구는 답을
알고 있었다

ILD OG IS

지구는 답을
알고 있었다

ILD OG IS

레이다르 뮐러 지음
황덕령 옮김

애플북스

항상 질문하고 깊이 파고들며
지구의 기후에 대해 확고한 생각을 가진
나의 아버지께 이 책을 바칩니다.

차 례

태초에 빛과 어둠 사이, 불과 얼음 사이에 긴눙가가프가 있었다.

긴눙가가프는 크고 헤아릴 수 없는 심연이었다.

긴눙가가프는 2개의 세계 사이에 있었다.

하나는 안개와 서리, 추위의 세계인 니플헤임이고,

다른 하나는 불길과 불, 열기의 세계인 무스펠헤임이다.

여기, 이 거대한 공허 속에서―빛과 어둠 사이에서―

모든 생명이 그 시작을 맞이하게 되었다.

- 북유럽 창조신화 중에서

기후극장

이렇게 황량한 곳은 처음이었다. 아마 앞으로도 이런 곳에 와볼 일은 없으리라. 우리 4명은 스발바르의 중심지 롱위에아르뷔엔에서 50킬로미터 떨어진 아가르북타에서 현장 조사를 하고 있었다. 우리는 황야 한가운데서 평평하고 들쭉날쭉한 봉우리의 산, 바다를 향해 갈라지는 거센 강줄기, 그리고 작은 빙산이 표면에서 떠다니는 청회색의 스토르피오르('거대 피오르'라는 뜻-옮긴이)에 둘러싸여 있었다. 나무가 없는 황량한 북극의 풍경에는 고독한 아름다움이 있었다.

이른 아침에 우리는 롱위에아르뷔엔에서 헬리콥터를 타고 날아가 그곳에 도착했고, 저녁에는 한밤중에도 강렬하게 내리쬐는 태양빛을 받으며 들판으로 나섰다. 험준한 절벽 아래 자갈이 가득한 해변을 따라

걷고, 절벽을 오르는가 하면, 급류가 흐르는 작은 강을 건너기도 했다.

지질학자는 이러한 여행을 앞두고 항상 두근거리는 기대감을 느끼기 마련이다. 이번에는 무엇이 발견될까? 암석층을 통해 과거의 풍경, 생활, 기후에 대해 무엇을 알 수 있을까? 현장의 하루는 일찍 시작되어 밤늦게 마무리되는데 이런 생활을 반복하다 보면 깨어 있을 때나 잠들어 있을 때도 늘 바위와 마주하고 있는 것처럼 느껴진다. 이번 여행에서 가장 강렬한 기억은 북극곰의 흔적을 우연히 발견한 것 외에도 1억 8,000만 년 된 사암층에 쌓여 있는 불에 탄 거대한 통나무를 발견한 것이었다. 마치 전날 밤에 벌목된 것처럼 생생한 그 통나무는 그 시대의 기후가 지금과는 완전히 달랐음을 보여준다.

스발바르에는 여러 번 여행을 간 적이 있다. 학생 시절에는 그곳에서 2주 동안 현장 학습을 했다. 우리는 레인달렌 위쪽 험준한 절벽의 사암에서 5,000만 년 된 화산재, 느릅나무, 너도밤나무 화석을 발견했다. 산비탈을 따라 나선형으로 이어져 내려오는 얇은 석탄층은 한때 이곳이 늪지대였다는 사실을 보여주었다. 오래전 이 군도는 황량하고 나무가 없는 지역이 아니라 오히려 푸르고 따뜻했던 곳이었다. 지금은 황량한 툰드라 위에 나무 한 그루도 없지만, 암석층을 해독해보면 예전에는 다양한 종류의 나무로 이루어진 거대한 숲이 펼쳐진 모습을 상상할 수 있다.

이 세상에 영원한 것은 없다. 확실한 것은 기후와 풍경은 시간이 지남에 따라 변한다는 것뿐이다. 우리는 매일 지구온난화에 대한 경각심을 일깨우지만, 정작 변화를 느끼지 못하는 경우가 많다. 겨울이 점점 짧아지고, 꽃이 일찍 피며, 3월부터 스키를 탈 수 없다는 사실에 놀라기도 하지만 금세 익숙해진다. 결국 새롭게 변화된 기후는 새로운 일상이 된다.

이렇듯 우리는 하루하루의 변화는 느끼지 못하지만 깊은 시간 속을 여행할 때는 다르다. 우리는 사라지는 세계와 떠오르는 세계를 목격한다. 스발바르의 얼어붙은 황량한 풍경이 한때 울창한 숲으로 뒤덮여 있었던 것처럼, 우리 앞에 놓인 암석층에 새겨진 변화의 흔적은 우리의 주의를 사로잡는다.

나는 이런 질문을 자주 받는다. 과거에도 지금처럼 무더운 날씨가 이어졌던 시기가 있었나요? 지금처럼 기온이 빠르게 상승한 적이 있었나요? 과거에도 대기 중에 이산화탄소 수치가 지금처럼 높았던 적이 있었나요? 이러한 질문에 답하려면 수천 년 전보다 훨씬 더 거슬러 올라가야 한다. 오늘날의 이산화탄소 배출량은 수백만 년 전에 세운 기록을 경신하고 있다. 수백만 년 동안 땅속에 저장되어 있던 수십억 톤의 탄소가 이제 아주 짧은 시간 내에 대기로 유입되고 있기 때문이다.

우리는 하루 평균 9,500만 배럴의 석유를 연소하는데, 이는 적도를 중심으로 일렬로 늘어놓았을 때 지구를 한 바퀴 돌 수 있을 만큼 많은 양이다. 우리는 또한 줄을 세우면 적도를 한 바퀴 돌 정도가 되는 트럭 250만 대 분량의 석탄을 태우고 매일 100억 세제곱미터(m^3) 이상의 가스를 태운다.[1] 이 가스는 식물과 해조류가 자연의 가장 중요한 발명품인 광합성을 통해 대기에서 흡수한 탄소이다. 오래전 땅에 묻힌 식물과 해조류는 탄소순환에서 제외되었지만, 오늘날 지구의 거대한 탄소 저장고 역할을 하고 있다.

지구상의 탄소 중 99.99퍼센트, 즉 1억 기가톤 이상이 석탄, 가스, 석유뿐만 아니라 석회석의 형태로 저장되어 있는데 우리는 지금 이 비축량을 무분별하게 고갈시키고 있다. 지질학적 관점에서 볼 때 탄소는 기록적인 속도로 분출되고 있다. 이것이 대기와 생명체, 지구의 기후에 어떤 영향을 미칠 것인가는 우리 시대의 가장 중요한 문제 중 하나이다.

지구의 역사는 길고 지금 이 순간에도 지속되고 있다. 오늘날 우리가 알고 있는 삶, 풍경, 기후는 수천 년에 걸쳐 형성된 것이다. 지질학자 마르시아 비요르네루드는 그의 책 《시간 의식(Timefulness)》에서 "고대의 복잡하고 끝없이 진화하는 지구를 이해하려면 산처럼 긴 시간의 흐름으로 생각해야 한다"라고 말했다. 우리는 지구의 오랜 역사, 즉 지구의 깊은 시간을 인식해야 한다. 그래야 지구를 더 잘 돌보고 미래로 나아가는 데 도움이 될 수 있다. 지구의 기후 역사는 리듬과 템포가 끊임없이 변화하는 끝없는 음악 작품과 같다. 기후의 변화하는 리듬을 이해하면 현재 지구에서 어떤 일이 일어나고 있고, 미래에 또 어떤 일이 일어날지 알 수 있다.

우리 인간은 황량한 대륙을 탐험하고, 다른 행성에 우주선을 보내고, 달에 깃발을 꽂았을 뿐만 아니라 지구의 오랜 역사도 알아냈다. 지난 200년 동안 우리는 지구의 깊은 과거를 탐험하며 선캄브리아기부터 현재가 속해 있는 제4기까지 지구를 시기, 기간, 시대에 따라 나눴다. 우리는 이 낯선 시대로 시간 여행을 떠나, 풍경을 재구성하고 대륙 이동과 그곳에 살았던 생명체들을 복원했다. 캄브리아기부터 트라이아스기의 공룡을 거쳐 고생대의 포유류가 전 세계를 정복하기까지.

이 긴 역사 동안 기후는 끊임없이 변화해왔으며, 빙하에서 온실로, 견딜 수 있는 더위에서 극한의 추위로 바뀌었다. 우리의 지식은 여전히 단편적이지만, 호수와 바다의 밑바닥, 늪지, 동굴, 빙하, 암석층에서 채취한 광범위한 기후 기록 덕분에 먼 과거가 생생하게 되살아났다. 우리는 이를 통해 기후의 역사를 만들고 중세의 기후 최적기, 빙하기, 그리고 5,000만 년 전의 온난기를 포함해 다양한 기후변화를 탐구한다.

우리는 부족한 증거를 기반으로 역사를 재구성해야 하고, 엄청난 시간의 간격을 극복해야 하며, 대부분의 '증거'가 이미 오래전에 사라졌다는 사실을 받아들여야 한다. 우리는 여전히 정황 증거, 즉 '프록시(대리지표)'에 의존해야 한다. 장기간의 지구 역사에는 여전히 많은 공백들이 있지만, 우리는 기록을 확장하고 새로운 분석법을 빠른 속도로 개발하고 있다. 그 결과 선사시대가 점점 더 구체적으로 그려지게 되었다.

기후와 마찬가지로 우리의 지식도 끊임없이 변화하고 있으므로 결코 길 끝에 도달한 것이 아니다. 60년 전에는 시간의 흐름에 따른 지구의 기후를 이해하는 데 가장 중요한 2가지 이론, 즉 판구조론과 밀란코비치 순환 이론(지구의 공전 및 자전 운동의 변화에 따라 지구의 기후 패턴이 변화한다는 이론-옮긴이)이 아직 등장하지 않았다. 이 책은 이 시기를 배경으로 기후에 대한 우리의 지식이 어떻게 발전해왔는지를 다루고 있다.

독일의 지리학자 빌헬름 라우어는 "기후는 지구에서 어떤 일이 일어날 수 있는지 그 범위를 제공함으로써 인류의 역사가 펼쳐질 극장을 형성한다"라고 말했다.[2] 실제로 지구에 사람이 살 수 있는 것, 이 행성이 수백만 년 동안 생명을 낳고 유지해온 것은 본질적으로 기후 덕분이다. 지구가 태양에서 조금만 더 멀리 떨어졌더라면 화성처럼 추울 것이고, 조금 더 가까이 궤도를 돌았다면 금성처럼 뜨거울 것이다.

지구에서 이 모든 생명체가 살아 숨 쉬고 우리 인간이 역사를 쌓아 나갈 수 있었던 것은 우주의 균형 덕분이다. 수조 개의 행성이 기후적으로 살 수 없는 어둠 속에 머물러 있는 반면, 몇몇 행성은 물리학자 스티븐 호킹이 골디락스 영역이라고 부르는 곳에 위치한다. 골디락스 영역은 항성 주변을 둘러싼 얇은 띠로, 고도의 생명체가 살기에 적합한 온도를 제공하는 곳이다. 불과 얼음, 생명이 없는 어둠과 불타는 지옥 사이의 미묘한 균형이 존재하는 바로 그곳에 우리의 푸른 행성이 떠 있다.

인간은 수백만 년에 걸쳐 단일 유기체로 진화해오면서 흥망성쇠를 거듭하며 문명을 창조해왔다. 전쟁을 치르고 피라미드, 대성당, 고층 빌딩을 건설하는 한편 소소한 일상을 살아왔다. 기후는 우리 조상들이 살았던 삶의 틀을 제공한 일종의 보이지 않는 손과 같은 것이었다. 기후학자 휴버트 램이 말했듯이, 모든 시대에 기후는 신뢰할 수 없고 변화무쌍한 것으로 인식되어 왔다. 때로는 "예상치 못한 기회를 가져다주기도 하고, 때로는 기근, 홍수, 가뭄, 질병과 같은 재앙을 가져다주기도" 했다. 그렇기에 인간은 무슨 일이 일어나고 있는지 해석하고 이해하고 싶다는 강한 욕구를 느꼈고, 그 흔적은 전 세계의 종교에서 뚜렷하게 드러난다. 이는 또한 현대 기후과학을 발전시킨 원동력이기도 하다. 오늘날에는 기후에 대한 관점이 더 넓어졌다. 여러 면에서 볼 때 기후는 진화 자체를 결정짓는 요소다. 우리 사회뿐만 아니라 우리 몸, 심지어 정신의 기능까지도 변화하는 기후에 적응해온 진화적 산물이다.

이 책은 지난 6억 년 동안 이어져온 기후의 역사를 살펴보는 여정이다. 이 기간 동안 기후는 극과 극을 오가며 변화해왔다. 대륙의 느린 이동으로 인해 변화는 수백만 년에 걸쳐 천천히 일어나기도 했지만, 거대한 화산 폭발, 소행성 충돌 또는 갑작스럽게 둔화된 해류로 인해 급격하게 일어나기도 했다.

스발바르의 회색 돌사막에서 나는 어두운 선사시대의 극명한 대조를 떠올렸다. 5,500만 년 전 이곳에는 숲이 우거졌고 당시 지구는 지금보다 14도 정도 더 따뜻했다. 하지만 불과 2만 년 전으로 거슬러 올라가면 상황은 완전히 달라진다. 당시 북반구의 대부분은 얼음으로 둘러싸여 있었다. 내가 있던 곳의 얼음 두께는 1,000미터에 달했고, 지구의 기온은 지금보다 6도나 낮았다.

처음 이 군도를 방문했을 때만 해도 이런 생각은 별로 하지 않았다. 대신 수백만 년 전 광활한 삼각주 평원을 가로지르던 강줄기가 어떻게 구불구불하게 흘러왔는지, 그 세부적인 모습에 매료되었다. 당시에도 온실가스 배출을 억제해야 한다는 주장이 있었지만, 인류가 지구의 기후를 엄청난 속도로 변화시키고 있다는 사실을 깨달은 것은 상당히 최근의 일이었다. 그 이후로 우리는 알 수 없는 기후의 미래를 향해 달려가고 있다.

동시에 기후의 역사는 다양한 기후 논쟁을 불러일으키며 혼란에 빠져 있다. 어떤 사람들은 과거의 지구가 오늘날보다 더 따뜻했음을 지적하며 현재 우리가 겪고 있는 온난화는 지극히 자연스러운 일로 별문제가 없다고 생각한다. 그 반대 진영에 있는 사람들은 지구의 기후 시스템이 본래 안정적인 낙원과도 같았는데 인간 때문에 균형을 잃어가고 있다고 주장한다. 이 책에서는 기후의 역사가 복잡하고 여러 요소가 서로 연결되어 있다는 점을 보여주고자 한다. 기후의 역사에는 격렬한 폭염과 가뭄, 파괴적인 빙하기가 있었다. 기후는 고정적인 것이 아니라 갑작스럽게 변할 수 있기에 지구상의 생명체에 극적인 영향을 미쳐왔다.

이 책은 지구의 오랜 역사를 통해 기후가 어떻게 변화해왔는지 이야기한다. 핵심 질문은 우리가 과거의 기후를 살펴봄으로써 미래의 지구 온난화에 대해 무엇을 알 수 있을까 하는 것이다.

이는 미래를 내다보기 위해 과거 속으로 들어가는 일종의 '시간 의식(timefulness)'이다. 어떤 의미에서 과거는 미래를 예측하는 열쇠가 될 수 있다.

1장

남극의
기후 미스터리

지질학 박사 학위를 받으려면 멍청하면서도 똑똑해야
한다고 어느 교수가 말한 적이 있다. 수익성 좋은 석유산업에 뛰어든 사람들보다 훨
씬 적게 버는데, 논문을 쓰려면 독창성이 필요하기 때문이다. 나는 석사 학위를 마
친 후에도 기회를 놓치지 않고 박사 학위에 도전했다. 마지막 빙하기나 간빙기에 일
어난 단기적인 변화가 아니라 수백만 년에 걸친 기후변화를 연구하고 싶었다.

그래서 노르웨이 북해에서 1미터 단위로 채취한 암석 코어를 자세히 연구했다.
특히 팔레오솔(Paleosol)로 알려진 화석화된 고대의 토양층에 관심이 많았다. 팔레
오솔은 오래전 지형이 어땠는지 보여주는 증거이다. 이 화석들은 북해가 한때 마른
땅과 강이 바다로 굽이쳐 흐르던 광활한 범람원이었음을 보여줄 뿐만 아니라 기후
의 진화에 관한 여러 가지 비밀을 밝혀낼 열쇠가 될 수도 있다.

나는 3년 동안 고대 토양층을 연구하는 데 시간을 쏟았다. 수천 미터 아래를 채
취하고 동위원소를 분석하는 등 엄청난 노력을 기울였지만, 분석 결과는 일부에 지
나지 않았다. 고대 토양층은 트라이아스기부터 약 2억 년 전 쥐라기까지 기후가 변
화했음을 보여주었다.

트라이아스기의 토양은 사막과 같은 적갈색이었고, 스칸디나비아의 기후는 오
늘날 인도의 일부 지역처럼 건조하고 따뜻했지만 주기적으로 폭우가 내렸다. 쥐라
기에는 기후가 변화하여 더 습해졌다. 검은 석탄층은 숲과 늪이 긴 삼각주와 구불구
불한 해안을 덮고 있었음을 보여준다. 수천만 년에 걸쳐 기후는 서서히 변화했고 풍
경은 붉은색에서 녹색으로 바뀌었다.

이 적갈색의 고대 토양층에서 흰색의 관 모양 구조물도 나타났다. 이것은 공룡
의 일종인 플라테오사우루스의 뼈로 밝혀졌다. 이 화석화된 뼈는 노르웨이에서 발

견된 유일한 공룡일 뿐만 아니라 해저 2,256미터 아래에서 발견되어 세계에서 가장 깊은 곳에서 발견된 공룡으로 알려졌다. 이것은 당시 북해의 기후가 척박했지만 동물이 살았다는 것을 보여준다.

춥고 폭풍우가 몰아치는 북해가 한때는 강이 흐르는 열대 평원이었고, 사하라 사막에 빙하기(4억 4,500만 년 전)가 있었으며, 유럽과 북미 북쪽 맨 끝에는 열대 우림(3억 1,000만 년 전)의 흔적이 남아 있다는 사실은 대격변이 일어났음을 보여준다. 큰 변화를 발견하면서 기후의 깊은 역사에 매료된다. 하지만 이러한 극적인 대조를 말하면 사람들은 믿지 못하겠다는 표정으로 묻는다. 그렇다면 오늘날의 기후변화를 어떻게 설명할 수 있죠? 선사시대의 대규모 기후변화에 비하면 정말 작은 파장에 불과한 것 아닐까요?

기후는 다양한 시간 척도에 따라 변화한다. 오늘날의 지구온난화처럼 빠르게 일어날 수도 있지만 수백만 년에 걸쳐 천천히 일어날 수도 있다. 따라서 백악기 시대가 오늘날보다 10도 정도 더 따뜻했다거나 차가운 북해가 트라이아스기에는 건조하고 더웠다는 사실을 오늘날의 기후변화와 동일시하는 것은 의미가 없다. 보통 '느린' 기후변화의 과정은 '단기적'인 기후변화의 과정과 근본적으로 다르기 때문이다. 그렇다면 지질학적 시기에 일어난 크고 느린 기후변화의 원인은 무엇일까?

남극의 숲

"남극, 하지만 예상과 너무나 다른 상황……, 맙소사! 여기는 정말 끔찍한 곳이다." 1912년 1월 17일 로버트 F. 스콧은 일기에 이렇게 적었다. 아직 발견되지 않은 미지의 땅 남극에 도전한 영국인들은 불과 5주 차이로 로알 아문센의 탐험대에 패배했다. 우리 모두 알고 있듯이 스콧과 그의 대원들이 돌아오는 길에 맞이한 비극적인 최후는 순교자의 신화를 만들었다.

당시 남극이란 테라 아우스트랄리스 인코그니타, 즉 미지의 남방 대륙이었다. 1820년 파비안 폰 벨링스하우젠과 미하일 라자레프가 이끄는 러시아 탐험대가 남극대륙을 관찰했고, 1853년에 사냥꾼과 탐험가들이 남극 본토에 발을 디뎠다.[1] 북극은 훨씬 더 많이 탐험된 반면, 남극은 200년 전까지만 해도 미지의 얼음 황무지였다. 하지만 '영웅의 시대'라고 불리던 시기에 상황이 달라졌다. 남극은 지도상의 하얀 점으로만 존재하던 곳에서 명예와 명성, 권력을 쟁취하기 위한 투쟁의 장이자, 국가와 제국의 정체성을 확립하기 위해 탐험하고 정복해야 하는 대륙이 되었다. 수많은 탐험대가 남쪽의 얼음 사막을 향해 출발했다.

1911년, 로버트 스콧과 테라노바 원정대는 맥머도해협에 닻을 내렸다. 65명의 참가자 중에는 과학자들도 다수 포함되어 있었다. 그들의 목표는 단순히 남극점에 도달하는 것뿐만 아니라 대륙을 탐험하는 것이었다. 로알 아문센은 남극점 정복 계획에서 과학은 "알아서 해라"고 썼지만, 스콧 탐험대는 과학적 연구가 중요한 동기였다. 스콧은 3년간 탐험하는 동안 연속해서 기상 자료를 수집했는데 당시로서는 가장 긴 기록이었다. 또한 2,109개의 동식물 화석(그중 401개는 과학적으로 처음 발견된 것)이 영국으로 운반되었다.[2] 특히 눈에 띄는 발견이 하나 있었는데, 스콧 탐험대는 이를 운명적인 발견이라고 주장했다. 1912년 1월 17일에 스콧 일행이 남극점에 도달한 후 3주가 지난 2월 8일에는 비어드모어 빙하에 도착했다. 며칠간 춥고 바람이 많이 불고 나서 마침내 기온이 영상으로 올라갔다. 그러나 아직 귀환 여정의 절반밖에 지나지 않았고, 해안 기지까지 600킬로미터나 남아 있었다. 그들은 영양 부족으로 지쳐 있었고 동상도 만연했다.

가장 심각한 피해를 입은 사람은 에드거 에번스였는데 그의 손톱이 모두 떨어져 나갈 정도였다. 그런데도 그들은 서둘러 다음 보급소로 이동하지 않고 빙하에서 더 오래 머물렀다. 과학적 요구 때문이었다. 스콧은 자신의 일기에 '지질학적' 연구를 해야 했다고 썼다. 스콧에 대해 매우 비판적인 작가 롤랜드 헌트포드(Roland Huntford)가 '기괴한 오판'이라고 불렀던 사건이다.

그들은 거의 하루 종일 지질 샘플을 채취했다. 기쁜 일이 거의 없었던 에드워드 윌슨 박사의 일기에는 "짧은 시간에 멋진 것들을 얻었다"라고 적혀 있었다. 지질학은 가치 있는 작업이었지만 시간이 오래 걸리고 여정이 지체되었기 때문에 헌트포드가 말한 기괴한 오판이 초래되었다.

스콧 일행은 15킬로그램의 암석 샘플을 수집했다. 그중 몇 개는 독특한 화석을 포함하고 있었지만 스콧 일행은 영원히 알 수 없었다. 돌아오는 길에 비극이 하나둘씩 그들을 덮쳤기 때문이다. 낙상 사고로 중상을 입은 에번스는 비어드모어 빙하 탐사 일주일 만에 텐트 안에서 쓰러져 사망했다. 스콧은 에번스가 사망한 날의 일기에 '참담한 날'이라고 짧게 적었다.

4주 후, 로런스 오츠도 동상에 걸려 앞으로 더 나아가기 어려웠다. 다른 사람들까지 지체시키고 싶지 않았던 그는 서른두 번째 생일에 텐트 밖으로 나갔다. 그의 유명한 마지막 말은 언제나 그와 함께할 것이다. "잠시 밖에 좀 나갔다 올게. 시간이 좀 걸릴지도 몰라." 그의 시신은 끝내 발견되지 않았다.

그 모든 수고와 고난에도 굴하지 않고 그들은 암석 샘플만은 지켜서 썰매에 싣고 이동했다. 1912년 3월 21일, 눈보라가 몰아치자 대원들은 텐트 안으로 피신했고, 일주일 뒤 탈진한 채 추위에 떨다가 숨을 거뒀다. 다음 보급소까지 불과 18킬로미터, 해안 기지까지는 280킬로미터 떨어진 곳이었다. 이곳은 말 그대로 영국 탐험대의 최종 종착지였다.

1912년 11월, 스콧 일행들은 얼어붙은 시신으로 발견되었다. 남극 탐험가들의 시신 옆에는 일기와 고별 편지가 놓여 있었다. 스콧은 아내 캐슬린에게 이렇게 썼다. "할 수만 있다면 아이가 자연사에 관심을 갖도록 해주오. 게임보다 나아요." 그가 남긴 유언 중 일부이다. "아쉽지만 더 이상 글을 쓸 수 없을 것 같소. 이 거친 메모와 우리의 시체가 이야기해줄 거요. 신이시여, 우리 일행을 돌보소서." 훗날 맥머도해협에는 죽은 이들을 기리는 십자가가 세워졌다. 나무 십자가에는 "노력하고, 찾고, 발견하되 결코 포기하지 말라"는 문구가 새겨져 있다.[5]

이렇게 해서 영국의 영웅주의와 용기에 대한 신화가 만들어졌다. 스콧의 탐험대는 남극점에 먼저 도달하는 경쟁에서는 패배했지만, 과학을 위해 스스로를 희생했다. 텐트 밖 썰매에는 영국 대원들이 마지막 한 달 동안 끌고 온 15킬로그램의 암석 샘플이 담긴 자루가 놓여 있었다. 그렇다면 이들은 어떤 특별한 발견을 했을까? 그리고 그것이 어떤 의미가 있을까?

식물화석은 이미 남극 본토에서 발견되었지만 스콧 일행이 발견한 식물화석은 독특한 특징을 지닌 것이었다. 노르웨이의 포경업자 칼 안톤 라르센은 1892년 12월 남극대륙 북쪽 끝에 있는 시모어반도에 상륙해서 노르웨이 국기를 게양했는데, 놀랍게도 이곳에서 5,000만 년 된 침엽수 화석을 발견했다.[4]

암석 샘플을 영국으로 운반해 자세히 분석한 결과, 전문가들은 스콧의 탐험대가 글로소프테리스(Glossopteris) 화석을 발견했다고 결론지었다. 이 식물은 2억 8,000만 년 전에 살았던 멸종된 나무 속, 정확히 말하면 양치식물이었다. 잎은 혀 모양처럼 생겼는데, '글로소(glosso)'는 그리스어로 '혀'를 의미한다. 이 나무는 봄철의 빠른 성장과 광합성에 적합한 뿌리와 잎을 가지고 있었고, 겨울철의 서리에 매우 강했다.

이 식물화석은 지질시대에 지구의 기후가 더 따뜻했을 뿐 아니라, 남극의 빙상이 한때 숲을 이루고 있었다는 사실을 보여주었다. 하지만 당시 과학자들은 어떻게 해서 이런 일이 일어났는지 분명히 밝혀낼 수 없었다. 지구의 기후가 어떻게 변했는지 알게 되기까지는 꽤 오랜 시간이 걸렸다. 스콧의 나뭇잎 화석은 독일 과학자 알프레트 베게너가 세운 장대한 가설을 뒷받침하는 또 하나의 작은 증거로 밝혀졌다. 베게너는 기후뿐만 아니라 지구에 대한 우리의 이해를 혁신적으로 변화시켰다.

대륙들의 기후 댄스

알프레트 베게너(Alfred Wegener)는 1880년 베를린에서 태어났다. 그는 25세의 나이에 천문학 박사 학위를 취득한 후 기상학을 연구했다. 1911년, 스콧과 그의 대원들이 얼음 사막에서 목숨을 건 사투를 벌이고 있을 때 알프레트는 엄청난 '유레카'의 순간을 맞이했다. 그의 동료가 크리스마스 선물로 세계 지도를 받았는데 그것은 대륙의 위치를 해저 깊이와 함께 표시한 최초의 지도였다. 두 사람은 몇 시간 동안 지도책을 연구했고, 그 후 베게너는 여자 친구 엘제 쾨펜에게 보낸 편지에서 아프리카와 남아메리카의 해안선이 서로 맞아떨어진다고 말했다. 이전에도 여러 사람이 이 사실을 지적한 바 있지만, 특히 놀라웠던 것은 대서양 양쪽의 바다 수심이 같은 패턴을 따른다는 점이었다. 이것은 결코 우연일

수가 없었다.[5] 대륙이 연결되어 있었던 것이 틀림없다. 베게너는 이를 더 깊이 탐구하고 싶었다.

1912년, 32세의 젊은 나이에 베게너는 프랑크푸르트에서 열린 지질학 회의에서 자신의 이론을 발표했지만 큰 주목을 받지 못했다. 그의 연구는 제1차세계대전으로 인해 중단되었고, 참전한 그는 벨기에의 참호에서 근무했다. 그는 두 차례 부상을 입었는데, 마지막 부상은 목에 총알이 스친 것이었다. 1915년 회복기 동안 그는 야심 찬 저서인 《대륙과 해양의 기원(Die Entstehung der Kontinente und Ozeane)》을 완성했다. 베게너는 이 책에서 자신의 관찰을 조각조각 찢어진 신문을 맞추는 것에 비유했는데, 그것이 실제로 의미 있게 연결된다는 것을 증명했다. 또한 그는 오늘날의 대륙을 선사시대 초대륙인 판게아 또는 '전 지구'로 설명했다. 이 이론은 나중에 남아메리카와 아프리카 사이의 균열이 확장되어 대서양이 열리면서 초대륙이 나뉘어졌다는 것을 정확하게 설명했다.

이 이론을 지지하는 가장 중요한 증거 중 하나는 두 대륙에서 발견되는 석탄기 및 페름기의 식물과 동물 화석이 거의 동일하다는 점이다.[6] 그는 연구를 통해 석탄기의 석탄 지대가 북미에서 중국, 유럽으로 이어졌음을 강조했다. 석탄은 적도 주변에 형성된 거대한 삼림지대에서 발원해 나중에 북쪽으로 이동했다. 글로소프테리스 화석의 발견은 이러한 베게너의 이론을 뒷받침하는 중요한 증거였다. 이 화석들은 모두 아프리카와 남미에서 발견되었는데, 이는 오늘날의 대륙들이 한때 하나의 초대륙으로 연결되어 있었다는 이론과 일치했다. 또한 인도, 호주, 뉴질랜드에서도 발견되어 대륙판이 지구의 뜨거운 내부에서 떠다니는 배처럼 움직였다는, 당시에는 새롭고 논란이 많았던 이론에 힘을 실어주었다. 글로소프테리스 화석은 원래의 초대륙에 거대한 숲이 퍼져 있었음을 보여주었다.[7] 베게너는 이 화석이 남극에서도 발견되었다는 사실을 알게 되었고, 이는 그의 이론을 강화하는 데 도움이 되었다.[8] 남극도 판게아의 일부였던 것이다.

이전에도 특정 종의 식물화석이 현재 바다로 분리된 여러 대륙에서 출현한 이유를 설명하기 위해 여러 가지 창의적인 이론이 제시되었다. 1861년 고생물학자 프란츠 웅거(Franz Unger)는 대서양에 가라앉은 대륙, 즉 아틀란티스가 육지를 잇는 식물과 동물의 다리 역할을 했다는 가설을 내놓았다. 19세기 말 오스트리아의 지질학자 에두아르드 쉬스(Eduard Suess)는 남미, 인도, 아프리카가 남반구에서 하나의 큰 대륙이었다고 믿었다. 글로소프테리스의 발견을 근거로 삼은 그의 주장에 따르면 대륙은 해수면 상승에 의해 분리된 것이었다. 그러나 베게너는 이러한 이론을 부정했다. 대륙은 내부에서 이미 갈라진 상태로 이동했다는 것이었다

베게너의 이론에 따르면 남극에 숲이 자랐다거나 한때 유럽 전역에 뜨거운 사막이 펼쳐졌다는 것은 더 이상 수수께끼 같은 일이 아니었다. 그는 훗날 동료이자 장인인 볼프강 쾨펜과 공동 집필한 고전 《지질학적 시대의 기후(Die Klimate der Geologischen Vorzeit)》에서 이 모든 것이

어떻게 연결되어 있는지 정리했다. 그들은 지구의 역사와 기후에 대한 연대기에서 이러한 발견을 둘러싼 수수께끼를 풀었다. 모든 것은 대륙이 움직이고 그에 따라 지구의 모습이 변했다는 사실로 설명되었다.

스콧과 마찬가지로 베게너의 삶도 얼음 사막에서 비극적으로 끝났다. 1930년, 그는 그린란드에서 현장 연구를 수행하면서 기상 데이터를 수집하고 빙상의 두께를 측정하기 위해 3개의 측량소를 설치했다. 하지만 내륙의 빙상 측량소에 식량을 운반하고 돌아오는 길에 사망하고 말았다. 그는 일기장에 "'해내든지 아니면 죽든지'라는 각오 없이는 누구도 위대한 업적을 이룰 수 없다"라고 썼다.[9]

하지만 당시 베게너의 대륙이동설은 조롱의 대상이 되었으며 '불가능한 가설', '동화 같은 이야기'라는 비난을 받았다. 이 이론은 그가 사망한 지 한참 지난 1960년대 후반이 되어서야 크게 수정되기는 했지만 판구조론(Plate Tectonics)이라 불리며 비로소 인정받았다. 이 용어는 '건설자'를 뜻하는 그리스어 '테크톤(tekton)'에서 유래했다. 판구조론은 기후가 오랜 기간에 걸쳐 변화해온 원인을 이해하는 데 혁명적인 변화를 일으켰다. 대륙이 서로 다른 기후를 거쳐온 여정이 지질 지층에 새겨져 있다는 것이다. 이는 극지방에 열대우림의 두꺼운 석탄층이 남아 있는 이유와 사하라사막에 빙하기의 흔적이 있는 이유를 설명해준다.

판구조론은 내가 박사 학위 논문에서 설명한 기후변화의 기초가 되기도 했다. 유럽 일부가 포함된 발트해 방패라고 불리는 지각판은 수억 년 동안 적도 남쪽에서 북쪽 맨 끝으로 이동했다. 그 과정에서 스칸디나비아는 트라이아스기에 오늘날 프랑스와 같은 위도의 건조한 지역을 지나, 쥐라기에는 북쪽으로 이동하여 훨씬 더 습한 지역으로 들어갔다.[10]

대륙이동은 여러 가지 방식으로 기후에 영향을 미친다. 또한 화산활동을 제어하여 대기 중 온실가스의 양에 중요한 영향을 미친다. 판구조론은 대륙의 위치를 결정하고, 이는 다시 해양과 대기의 순환을 결정한다. 히말라야산맥이 솟아오른 것처럼 대륙이 충돌하여 산맥을 형성하고, 이는 풍화작용에 영향을 미쳐 대기 중 이산화탄소 수치를 조절한다. 판구조론은 지구의 기후변화를 일으키는 가장 중요한 원동력으로 수 세기를 넘어 수백만 년 동안 변화되어 왔다.

약 6억 년 전, 대륙판의 느린 이동은 지구의 기후를 '롤러코스터'처럼 만들었다. 이 극적인 사건을 이해할 단서를 남극에서 찾을 수 있다.

눈덩이 지구

1922년, 유명한 극작가 조지 버나드 쇼는 이웃에 사는 귀족 앱슬리 체리-개라드에게 책을 써보라고 조언했다. 개라드는 스콧의 남극 탐험에 참여했지만 그 비극적인 여정에는 동참하지 않았다. 그는 살아 돌아오기는 했지만 그 일로 심한 우울증을 앓고 있었다. 그는 동료를 찾으러 나갔다가 스콧과 대원들이 얼어 죽은 곳에서 불과 18킬로미터 떨어진 1톤짜리 창고에서 일주일 동안 기다렸다. 개라드는 내륙으로 더 깊이

들어가서 수색했더라면 동료들을 구할 수 있지 않았을까 하는 생각에 몹시 자책했다.

버나드 쇼는 개라드가 글을 쓰면서 자기 안의 악마에게서 벗어날 수 있을 거라는 생각으로 그를 독려했다. 그리고 죄책감에 짓눌려 있던 개라드는 마침내 《세계 최악의 여정》이라는 책을 썼다. 이 책에는 스콧을 찾으러 나섰던 이야기뿐만 아니라 케이프 크로지어(Cape Crozier)로 떠났던 끔찍한 여정도 담겨 있다. 그는 이 탐험에서 스콧과 같이 동사한 윌슨, 바우어스와 함께 황제펭귄의 알을 구해 오겠다는 목표를 세웠었다. 그때까지만 해도 펭귄의 알을 실제로 본 사람이 아무도 없었기 때문이다. 그들은 남극의 혹독한 겨울 추위 속에서 750킬로그램에 달하는 장비를 들고 편도 100킬로미터를 걸어갔다. 영하 76도까지 기온이 떨어지면서 추위에 이가 부러지는 최악의 상황까지 겪었다. 개라드 일행은 무려 35일이 걸려서 황제펭귄의 알 3개를 채집하는 데 성공했지만, 그 과정에서 "한 명은 건강을 잃었고 세 명은 목숨을 잃을 뻔했다"라고 한다.[11]

〈몬티 파이선〉이라고 하는 유명한 스케치 코미디 쇼를 보면 4명의 남자가 누가 더 비참한지 경쟁이라도 하듯 자신의 끔찍한 어린 시절 이야기를 한다. 남극 탐험에 대해 쓴 책들도 이와 비슷해서 개라드의 책이 언급될 때면 더 끔찍한 또 다른 여정이 종종 언급되곤 한다. 1912년 1월, 호주의 지질학자인 26세의 더글러스 모슨이 커먼웰스만(Commonwealth Bay)에 도착했다. 그는 호주아시아 남극 탐험대를 이끌면서 얼음이 어떻게 지형을 형성하고 빙하 앞에 빙퇴석 능선이 어떻게 만들어지는지 직접 밝혀냈다. 이러한 통찰력은 훗날 먼 옛날의 거대한 기후 현상을 밝혀내는 데 도움이 되었다.

스콧의 운명이 아직 알려지지 않았던 1912년 11월, 모슨은 자비에 메르츠, 벨그레이브 닌니스와 함께 개썰매를 끌고 장대한 탐험을 떠났다. 이들 역시 '지질학'을 연구하고 화석 유적을 발견했지만, 이 탐험이 유명해진 것은 과학적 발견이 아니라 드라마틱한 사건 때문이었다. 현장에서 한 달을 보낸 후 빙하를 건너던 중 닌니스가 개썰매와 함께 크레바스(빙하의 틈-옮긴이)에 빠진 것이다. 하루 식량의 대부분과 텐트, 가장 훌륭한 썰매견들이 그와 함께 어두운 심연 속으로 사라졌다. 그 후로 닌니스가 발견되지 않았지만 아이러니하게도 이 빙하가 그의 이름을 따서 불리고 있다.

닌니스를 잃은 후, 다른 사람들은 기지로 돌아갔다. 배고픔에 지친 그들은 허스키를 한 마리씩 잡아먹었다. 모슨은 그의 책《눈보라의 고향(The Home of the Blizzards)》에서 마지막 썰매견인 진저의 두개골을 삶아 어떻게 우애 깊게 나눠 먹었는지를 묘사한다. 너무 약해져 있었던 메르츠는 질긴 개고기를 씹기 힘들었기에 모슨은 그에게 부드러운 간을 주었다. 시간이 지나면서 그들의 피부, 머리카락, 손톱이 떨어져 나갔고 모자와 장갑을 벗을 때마다 살점이 딸려 나갔다. 두 사람은 현기증과 구역질에 시달렸는데 특히 메르츠의 상태는 최악이었으며 마지막에는 더 이상 개고기를 먹지 않았다. 개고기가 자신에게 좋지 않다고 생각했기 때문이다. 다음 날 밤, 메르츠는 죽었다. 그들은 둘 다 비타민 A 쇼크로 고통받고 있었다. 특히 허스키의 간에는 엄청난 양의 비타민 A가 함유되어 있었고, 메르츠는 과도한 섭취로 죽음에 이른 것으로 여겨진다.

모슨은 식량도 거의 없이 혼자 180킬로미터를 돌아왔지만 그의 생존 드라마는 아직 끝나지 않았다. 그는 또 한 번 죽음의 고비를 맞았다. 모슨도 크레바스에 빠졌던 것이다. 그는 개썰매의 밧줄을 이용해 간신히 몸을 일으켜 그곳을 빠져나올 수 있었다. 여정이 끝나 갈 무렵에는 이상하게도 신발이 헛돌고 있었다. 마치 발이 곧 부서질 것만 같은 이상한 감각이었다. 모슨은 양말 여섯 켤레로 발을 감싸고 응급처치를 한 후 온갖 역경을 딛고 캠프로 돌아왔는데 동상으로 너무 황폐해진 몰골을 동료들은 알아보지 못할 정도였다. 심지어 커먼웰스만에서는 또 다른 좌절이 그를 기다리고 있었다. 그가 도착하기 불과 6시간 전에 탐험선 오로라호가 호주로 돌아가버린 것이다. 그는 얼음으로 뒤덮인 황무지에서 1년을 더 기다려야 했다.

그래도 모슨은 극지의 영웅이자 당대의 위대한 과학자 중 한 명으로 남았다. 그는 남극 탐험을 통해 빙하학에 대한 심도 있는 지식을 쌓았는데, 나중에 호주 남부의 플린더스산맥에서 약 6억 년 전 선캄브리아기 암석의 노출부를 연구하던 중 놀라운 발견을 했다. 두꺼운 빙하 퇴적층, 즉 화석화된 빙퇴석을 발견한 것이다. 이것은 호주가 한때 두꺼운 얼음으로 덮여 있었음을 보여준다. 모슨이 선캄브리아 시대 빙하기의 흔적을 처음으로 설명한 것은 아니었지만, 당시에는 논란의 여지가 있는 주장이었다. 이 호주인은 빙하기가 전 지구적인 현상이었다고 주장했다. 지구의 열대 지역조차 빙하로 뒤덮여 있었다는 것이다.[12]

우리가 가장 잘 아는 빙하기는 지난 260만 년 동안 유럽과 북아메리카가 빙하로 뒤덮인 시기이지만 지구의 길고 다사다난한 역사에서 빙하기는 여러 차례 있었다. 5억 8,000만 년에서 7억 1,600만 년 전 사이에는 지구 역사상 가장 극심한 세 차례의 빙하기가 있었다. 각 빙하기는 최소 천만 년 이상 지속되었다. 논란의 여지가 있는 이론에 따르면 과거의 지구는 두께가 최소 1,000미터가 넘는 빙상으로 둘러싸인 눈덩어리였다고 한다. 마치 〈스타워즈〉의 호스 행성과 비슷한 모습이었던 셈이다. 이런 기후라면 남극에서 북극까지 스키를 타고 이동할 수도 있었겠지만, 평균기온이 영하 50도까지 내려가는 지옥 같은 기후였을 것이다. 이 혹독한 추위는 당시 존재하던 작은 생명체들까지 거의 멸종시킬 뻔했다. 모슨이 플린더스산맥에서 발견한 것은 바로 극한의 빙하기가 있었음을 보여주는 증거였다.

호주뿐만 아니라 나미비아, 미국의 데스밸리, 스코틀랜드, 노르웨이에도 지구가 눈 덩어리였던 시대의 빙퇴석 화석이 있다.[13] 노르웨이 북부 핀마르크에는 6억 3,000만 년 전 빙하가 이동하면서 남긴 자국이 지층 아래에 기후 암각화처럼 새겨진 유명한 비간야르가 빙퇴석이 있다. 이곳은 세계문화유산으로 알프레트 베게너는 대륙의 이동이 기후에 영향을 미쳐 빙하기를 오가게 되었다는 것을 증명한 기념비적인 연구에서 이곳의 중요성을 강조했다.[14] 당시의 기후를 증언하는 또 다른 유명한 유적지는 모엘브에 있으며, 이 역시 우리에게 귀중한 지식을 제공한다.

기후가 통제 불능 상태에 빠지다

갈색 목조 주택들 사이에 있는 꽃밭 한가운데 바위와 같은 암석이 드러나 있다. 그곳에 사는 사람들은 '그냥 바위'라고 생각할지 모르지만, 이곳에 핀 아름다운 팬지 꽃이 얼마나 끔찍한 기후 사건을 숨기고 있는지를 알면 깜짝 놀랄 것이다. 이 꽃밭은 약 6억 3,000만 년 전에 화석화된 빙퇴석 위에 조성되었다. 단면을 보면 마치 불도저가 아무렇게나 밀어넣은 것처럼 보이는데, 이 불도저가 바로 빙하였다. 모엘브의 빙퇴석은 지구가 온통 눈덩이로 뒤덮여 있던 빙하기에 만들어졌다.

꽃이 만발한 푸른 초원이 펼쳐지는 더운 여름날, 한때 지구의 대부분이 두꺼운 얼음으로 뒤덮여 있었다는 사실을 상상하기는 어려울 수 있다. 지구온난화를 우려하는 요즘 같은 시대에는 특히 말이다. 어떻게 지금과는 반대로 지구가 얼어붙을 수 있었을까?

풍화작용이라는 하나의 단어로 많은 것을 설명할 수 있다. 8억 5,000만 년 전, 적도에 위치한 로디니아는 생명체를 찾아볼 수 없는 불모의 초대륙이었다. 이 대륙은 서서히 여러 개의 작은 대륙으로 분리되어 적도를 따라 실을 꿴 구슬처럼 흩어졌다. 바다의 습한 공기는 육지로 스며들었고, 오랫동안 지속된 강력한 열대성 폭우는 암석에 강렬한 화학적 풍화작용을 일으켰다. 이로 인해 대기에서 대량의 이산화탄소가 빠져나와 탄산으로 전환되었고, 이것이 바다로 운반되어 탄소가 석회암으로 굳어졌다. 이것은 지구의 기후를 조절하는 가장 중요한 메커니즘 중 하나로, 종종 지구 자체의 온도 조절 장치라고 불린다. 이 장치의 작동 방식을 간단히 설명하자면 다음과 같다.

기후가 따뜻하고 습하면 풍화작용이 더 심해져서 더 많은 이산화탄소가 대기에서 빠져나가 기온이 낮아진다. 기후가 서늘하고 건조하면 반대로 풍화작용이 약해져 이산화탄소가 증가하고 기온이 상승한다. 화학적 풍화작용은 이런 식으로 지난 수백만 년 동안 지구의 온도가 생존 가능한 범위 내에서 유지되는 데 기여했다. 이는 마치 욕실 바닥에 있는 난방 케이블의 온도조절기처럼 느린 과정이다. 전원을 켜면 바닥이 따뜻해지기까지 시간이 걸리고 전원을 끄면 바닥이 식어 차가워지기까지 다시 시간이 걸린다. 온도조절기는 몇 시간이 걸리지만 지구의 풍화 온도 조절 장치는 수만 년에서 수백만 년이 걸린다.

7억 년 전 눈 덩어리 지구가 시작된 것은 수백만 년 동안 이산화탄소 수치가 사상 최저치로 떨어졌기 때문이다.[15] 가장 낮았을 때는 오늘날의 절반 수준인 200ppm(ppm은 백만 분의 1, 여기서는 0.02퍼센트) 정도였을 것으로 추정되는데 그 결과 기온이 떨어지고 극지방의 얼음 크기가 더 커졌다. 이러한 상황에서 '다행히' 전무후무한 재앙이 일어나 지구의 온도 조절 장치를 무력화해버렸다. 지구의 알베도(albedo)가 통제 불능 상태가 된 것이다.

알베도는 '백색도'를 말한다. 지구의 알베도는 태양복사에너지가 우주로 반사되는 정도를 측정하는 지표(반사율)이다. 눈과 얼음, 즉 하얀 표면은 복사에너지를 많이 반사하는 반면, 바다와 숲, 즉 어두운 표면은 열을 흡수한다. 더운 여름에 흰색 티셔츠를 입으면 검은색 티셔츠를 입었을 때보다 시원하게 느끼는 것과 같다. 7억 년 전, 지구는 눈과 얼음이 많아지면서 반사율이 증가하고 기온이 낮아져 얼음으로 뒤덮이는 악순환에 빠졌을 것이다 [16] 그 결과 지구상의 많은 생물들이 멸종하는 재앙이 발생했다. 지구 역사상 기온이 가장 낮은 새로운 최저점에 도달한 것이다.

최대 1,000만 년 동안 지속된 것으로 추정되는 빙하기는 매우 험난했다. 지구의 기발하고 독창적인 메커니즘들이 없었다면 이 행성은 거의 영원히 얼어붙은 상태로 남았을지 모른다.

모엘브에서 발견된 각진 흰색 조각의 화석은 빙퇴석 속에 캡슐처럼 싸여 있다. 이는 따뜻한 기후에서 형성된 석회암층에서 나온 것이다. 석회암이 빙하기 퇴적물 바로 아래에 위치하고 있다는 점은 엄청난 기후변화가 있었음을 시사한다. 1998년 하버드대학교의 폴 호프만 교수는 《사이언스》에 획기적인 연구 결과를 발표했다. 그는 나미비아에서 찾은 빙퇴석 위아래에 따뜻한 기후에서 퇴적되는 석회암층이 있다는 것을 발견했다. 그는 이를 근거로 지구가 얼음으로 덮인 후 불과 수천 년 만에 얼음이 급격하게 녹아내렸다고 주장했다. 기후가 급격히 따뜻해지면서 석회암이 형성된 것이다. 지구는 극단에서 극단으로 이동하며 얼음과 불 사이, 얼음 세계와 온실 세계 사이를 오갔다. 이러한 변화가 어떻게 일어났는지 그 답은 지구의 놀라운 기후 온도 조절 장치에 있다.

지구가 완전히 얼어붙었을 때도 화산활동은 계속되어 대기 중에 이산화탄소를 뿜어냈다.[17] 다만 지구가 얼음과 눈으로 덮여 있었기 때문에 온실가스가 암석의 풍화작용으로 소비되지 않았다. 이로 인해 수백만 년에 걸쳐 이산화탄소의 농도가 점차 다시 증가했고,[18] 임계점을 넘어서면서 급격하고 치명적인 해빙이 뒤따랐다. 지구는 눈덩이 상태에서 매우 짧은 시간에 따뜻하고 습한 행성이 되었다. 기후의 균형이 깨졌고 온도는 결국 50도까지 상승했을 것이다. 대규모의 빙하기와 이후의 급격한 온난화가 다시 지구를 강타하지는 않겠지만 과거에 이러한 현상이 일어났었다는 사실은 조건만 맞으면 지구의 기후가 얼마나 극심하게 변동할 수 있는지를 여실히 보여준다.

빙하기는 매우 광범위했으며, 일부는 슈퍼 빙하기로 불릴 정도였다는 점은 널리 인정된 사실이다. 하지만 눈덩이 지구 이론은 여전히 논쟁의 대상이다.[19] 아마 적도 주변은 얇은 얼음으로 덮여 있기는 해도 넓은 바다가 있었을 것이다. 그런 의미에서 지구는 눈덩이라기보다 슬러시볼에 더 가까웠을지 모른다. 여전히 풀리지 않는 수수께끼가 많이 남아 있다. 전문가들은 빙하기가 얼마나 광범위했는지, 몇 번의 빙하기가 있었는지, 언제 발생했는지, 그리고 얼마나 오래 지속되었는지에 대해 여전히 의견 일치를 이루지 못했다. 많은 답이 선사시대의 어둠 속에 묻혀 있으며, 어쩌면 영원히 묻혀 있을지도 모른다.

빙하기가 지구를 휩쓸고 간 지 6억 년이 넘었지만 오늘날 우리의 삶에 기묘하면서도 근본적으로 영향을 미치고 있다. 1960년대 케임브리지대학교의 두 과학자 브라이언 할랜드와 마틴 러드윅은 극단적인 기후 변동이 다세포 생명체의 진화와 연관이 있음을 밝혀냈다. 대표적인 에디아카라 생물군, 즉 바다 깃털, 해파리, 그리고 신비한 디킨소니아 동물과 같은 진화된 생명체가 파괴적인 빙하기 직후에 출현한 것이 우연일까? 할랜드와 러드윅은 그렇지 않다고 주장했다. 대략적으로 말하면 전 지구적인 빙하기가 엄청난 압력으로 작용해 자연선택을 이끌어 냈다. 단세포 생물들은 극도로 뛰어난 적응력으로 지구상의 생명체를 지배했으며, 빙하기 동안 해저 화산 근처에서 고립된 채 진화했다. 그곳에서 다세포 동물, 즉 우리의 먼 조상들로 진화해서 다양한 속과 과로 나뉘었다.[20]

지질학자 로버트 헤이즌은 《지구 이야기(The Story of Earth)》에서 "우리 시대에 무언가를 시사할 수 있는 과거의 사건이라면 선캄브리아기의 급격한 기후변화를 가장 먼저 꼽을 수 있을 것이다. 빙하기와 온난기를 오가면서 변화를 겪을 때마다 완전히 새로운 생명이 탄생했지만 그 전의 생명은 거의 대부분 멸종했기 때문이다"라고 썼다. 진화가 계속되는 동안 눈덩이 지구 시대 이후 대기가 변화했다. 헤이즌은 극심한 기후변화로 조류(algal)가 대규모로 번성했다고 주장한다. 조류는 이산화탄소를 제거하고 대기의 산소량을 증가시킴으로써 훗날 생명이 급격히 발전할 수 있는 필수 조건을 충족했다. 이를 '캄브리아기 대폭발'이라고 한다. 지구의 역사에서 이러한 현상을 여러 번 목격할 수 있다. 위기가 대량 멸종을 초래했지만, 새로운 생명을 만들어내기도 하는 것이다. 그런 점에서 선사시대의 기후 위기는 대량 멸종과 종의 손실을 초래했을 뿐만 아니라 새로운 생명체의 출현으로 이어졌다.

로버트 헤이즌이 말한 것처럼 놀라운 점은 생명체 자체가 지구를 변화시켰다는 점이다. 선캄브리아기에 조류의 대규모 번성으로 대기 중의 산소가 증가했을 뿐만 아니라 최초의 절지동물과 척추동물의 출현에 이어 인간과 같은 더 진화된 생명체가 태어날 수 있었다 [21] 식물 왕국이 육지를 정복한 것은 생물권이 지구의 기후에 개입한 역사상 가장 중요한 사건 중 하나다. 식물이 육지에 출현하는 진화적 변화가 없었다면 오늘날의 생명체와 기후는 완전히 달라졌을 것이다.

세계에서 가장 오래된 숲

1869년 가을, 홍수가 뉴욕주의 길보아 마을을 덮쳤다. 홍수는 도로, 개울, 다리를 파헤쳤고, 마법처럼 선사시대의 비밀을 밝혀냈다. 마치 갓 베어낸 것 같은 화석화된 나무 그루터기가 모습을 드러냈다. 이 선사시대의 숲은 세계에서 가장 오래된 숲으로 불리는 쇼하리 숲이다. 이곳은 4억 년 전 데본기에 형성된 숲이다. 지질학자 존 클라크는 1세기 전에 이 발견에 대해 다음과 같이 썼다. "화석화된 나무줄기가 여전히 진흙 속에 뿌리를 박고 예전에 자랐던 곳의 바위에 똑바로 서 있는 것만큼 인상적인 것은 없다."

이 숲은 소나무처럼 생겼지만 가지 대신 바늘 모양의 뾰족한 잎이 달린 아르카이옵테리스(Archaeopteris)와 같은 특이한 수종으로 이루어져 있었다. 이 나무들은 거의 10미터 가까이 자랐고 오늘날의 나무와 다르지 않게 굵고 단단한 줄기가 여러 갈래로 뻗어 있다. 이름에서 말하는 프테론(pteron)은 그리스어로 '날개'를 뜻하며 날개 모양의 커다란 양치식물 같은 잎을 가지고 있음을 나타낸다. 흥미롭게도 북극 비에르뇌위아의 미저리피엘레에서도 아르카이옵테리스 화석이 발견되었다. 처음에 과학자들은 나무 화석이 극지방 생태계에 속한다고 생각했지만, 판구조론이 발달한 후 이 섬의 아르카이옵테리스 숲이 약 3억 6,000만 년 전 적도 부근에서 자라나 발트해 방패를 타고 북쪽으로 천천히 이동했다는 사실을 알게 되었다.

몇 년 전, 길보아에서 몇 마일 떨어진 곳에 있는 카이로의 버려진 채석장에서 화석 숲이 더 많이 발견되었다. 이 두 곳은 웹사이트를 통해 서로 "세계에서 가장 오래된 숲의 고향"이라며 경쟁하고 있다. 과학자들은 이 숲의 나이를 정확히 3억 8,600만 년 전으로 추정하고 있는데,

당시에는 아직 덩치가 큰 동물이 이 땅을 정복하지 않았기 때문에 조용한 숲이었을 것이다.

이 연구를 이끈 연구원 중 한 명인 크리스 베리는 "큰 동물이 없는 숲을 상상하는 것은 이상하다. 새도 노래하지 않고 그저 바람이 나무를 휘젓는 소리만 들릴 뿐이다"라고 지적한다. 쇼하리 숲이 세계에서 가장 오래된 숲이라는 것 말고 또 다른 놀라운 점은 이 최초의 숲이 수백만 년에 걸쳐 엄청난 양의 이산화탄소를 흡수했다는 사실이다. 숲은 지구를 변화시켰으며, 이는 시간의 흐름에 따라 생명체, 즉 생물권이 유기물과 무기물의 상호작용을 통해 어떻게 기후를 변화시키는지를 보여준다.

최초의 숲은 육지로 진출한 최초의 동물들이 살았던 서식지이기도 했다. 쓰러진 나무 밑과 작은 식물들의 덤불 사이로 작은 생명체들이 기어다녔는데 이렇듯 최초의 숲을 가득 채울 생명체들은 아주 작게 시작했다. 이것은 식물이 땅을 점유하는 동시에 일어났다. 식물이 없었다면 동물들은 무엇을 먹고 살았을까?

동물이 바다에서 육지로 퍼져 나간 지구 역사상 중요한 시기에 대해서는 아직 많은 것이 불확실하다. 마치 지구의 역사책에서 여러 장이 누락된 것과 같다. 지금까지 발견된 것 중에 가장 오래된 육상 서식 동물화석은 4억 2,000만 년 전의 것으로 스코틀랜드의 버스 기사이자 아마추어 고생물학자가 2004년에 발견해 화제가 된 노래기의 프네우모데스무스 뉴마니 화석이다. 톡토기, 거미, 전갈과 같은 다른 절지동물과 함께 이 땅을 장악하고 결국 최초의 숲을 지배한 것은 바로 이 동물들이었다.

육지에 사는 우리 인간과 척추동물들에게 가장 의미 있는 사건은 3억 7,500만 년 전 데본기 숲의 해안 습지에서 일어난 진화였다. 그곳에서 점차 물고기와 양서류 사이의 과도기적 형태인 괴물 같은 틱타알릭 로제아이와 큰 도롱뇽처럼 생긴 이크티오스테가가 나타났다.

숲은 지구 역사에서 중요한 전환점이 되었고, 수천만 년에 걸쳐 지구의 기후를 변화시켰다. 숲은 데본기부터 석탄기까지 약 5,000만 년에 걸쳐 대기 중 이산화탄소 농도를 4,000ppm에서 300ppm 이하로 낮췄다. 오늘날 이산화탄소 농도는 420ppm이다. 지구가 온실 상태에서 서서히 냉각 상태로 변했고, 석탄기에는 남반구 대륙에 빙하가 확장되었다. 동시에 산소 농도는 4%에서 35%로 증가했으며, 이는 지구 역사상 가장 높은 수치로 오늘날의 거의 2배에 해당한다. 이렇게 산소가 풍부한 대기 속에서, 지구상에 존재했던 가장 놀라운 생명체들이 등장했다. 예를 들어 날개 폭이 70센티미터에 달하는 거대한 잠자리 메가네우라와 길이가 2미터에 이르는 아르트로플레우라(다지류)가 있었다. 선사시대에 숲이 발달하지 않았다면 지구는 우리 인간이 살기 힘든 곳이 되었을 것이다. 그렇다면 숲이 어떻게 대기 자체를 변화시켰을까?

간단히 말해 나무가 쓰러져 분해될 때 대기 중의 산소와 이산화탄소의 균형이 그대로 유지된다. 그런 맥락에서 아마존의 열대우림을 '세계의 허파'라고 부르는 것은 정확하지 않다. 하지만 예를 들어 나무가 썩지 않고 산소가 부족한 늪이나 습지에서 수천 년 혹은 수백만 년 동안 보존된다면 대기 중에 탄소가 제거될 것이다. 석탄기라는 이름은 이 시대에 형성된 거대한 석탄층에서 유래했는데, 이 시기에는 지구의 상당 부분이 숲으로 뒤덮여 있었다. 지질학적으로 독특한 시기로, 열대 지역의 드넓은 분지에 나뭇가지, 잎, 이탄, 통나무들이 채워져 있었다.[22] 이들이 두꺼운 층을 이루고 수 킬로미터의 퇴적물 아래 묻혀 석탄으로 변했다. 이 층들은 오늘날 북미와 유럽, 스발바르에 거대한 석탄층을 형성하며 산업혁명에 중요한 역할을 했다.

미국 카이로에서도 고대 숲의 바닥에 뻗어 있는 화석 뿌리들을 연구한 결과 나무의 대부분이 땅 위보다 땅밑에 묻혀 있다는 것을 발견했다. 뿌리는 나무를 지지하고 충분한 물과 영양소를 제공했는데 크리스 베리에 따르면 이는 지구의 기후에 큰 영향을 미쳤다. 뿌리는 기계 및 화학적 풍화를 증가시켜 대기 중 이산화탄소를 더욱 낮췄다. 대량의 탄소가 석탄으로 저장된 사건이 석탄기 말기에 지구가 빙하기에 들어가는 원동력이 되었을 가능성이 크다.[23]

제임스 러브록과 린 마굴리스가 1980년대에 제안한 가이아(Gaia) 가설에 따르면, 생명 자체가 지구의 기후를 조절했다. 약 4억 5,000만 년 전의 오르도비스기에도 생물권은 기후에 영향을 미쳤다. 지구는 또다시 빙하기에 접어들었는데, 이 역시 대기 중 이산화탄소 농도가 감소했기 때문일 가능성이 크다. 이에 관해서는 여러 가설이 있지만, 그중 하나는 바로 이끼(선태류)와 관련이 있다. 오르도비스기에 이끼가 땅에 자리를 잡았다. 당시 육지에는 거의 이끼만 존재할 정도로 지구는 이끼 행성이었다. 일부 연구자들은 이것이 지구의 기후에 엄청난 영향을 미쳤다고 믿는다.[24] 이끼는 수백만 년에 걸쳐 천천히 화학적 풍화를 가속화하는 과정에서 대기 중의 이산화탄소를 흡수하여 지구를 새로운 빙하기로 이끌었다.

오늘날 인간은 지구권, 생물권, 대기권 사이의 복잡한 상호작용에 개입하고 있다. 석탄기 동안 대기에서 '제거된' 엄청난 양의 탄소를 오늘날 우리는 기록적으로 빠르게 다시 대기로 되돌리고 있다. 한때 멸종된 양치식물, 속새류와 석송류의 뿌리, 줄기, 가지에 결합되어 있던 탄소가 이제는 지구온난화를 가속화하고 있다. 현재의 속도로 계속 나아간다면 몇천 년 이내에 대기 중의 이산화탄소 농도가 약 4억 년 전과 같은 수준에 이를 것이다. 심지어 지구의 오랜 시간 속에서 이루어진 기나긴 과정조차 인간의 무분별한 화석연료의 연소에 미치지 못한다.

오늘날 우리는 숲도 무차별적으로 파괴하고 있다. 문명이 시작된 이래로 미국의 면적에 해당하는 약 1,200만 제곱킬로미터의 숲을 없애버렸으며, 1990년과 2016년 사이에만 50만 제곱킬로미터의 숲이 사라졌다. 오늘날은 육지의 30퍼센트만이 숲으로 덮여 있으며 우리는 이 거대한 탄소 저장소를 계속해서 무분별하게 벌목하고 있다.

어두운 젊은 태양의 역설

태양은 지구에서 1억 5,000만 킬로미터 떨어진 불타는 구체로 늘 비슷해 보이지만 태양도 변한다. 태양은 수백만 년에 걸쳐 지구의 기후를 조절해온 또 다른 중요한 요소이다.

태양이 지평선 위로 떠오르는 것을 보면서, 대부분의 사람들은 그것이 우리에게는 커다란 기적이라는 것을 생각하지 않는다. 지구는 태양과 완벽한 거리를 두고 있기에 평균온도를 15도로 유지할 수 있다. 조금만 더 가깝거나 멀었더라도 지구는 완전히 다른 행성이 되었을 것이다. 태양은 지구에 복사에너지를 쏟아부어 기후 시스템을 작동시키고, 지구를 생존 가능한 온도 범위 내에서 따뜻하게 유지한다.[25] 그러나 태양은 오랜 시간 동안 안정적이지 않았다.

태양은 46억 년 전에 탄생한 이후 내부 핵반응으로 약 20~30퍼센트 더 강력해졌다.[26] 반면 6억 년 전의 눈덩이 지구 시대에는 태양이 오늘날보다 약 6% 더 약했다. 이는 분명히 지구가 대규모 빙하시대로 진입하는 데 기여했지만 지구의 오랜 역사에서 왜 더 많은 대규모 빙하 침식의 흔적을 찾지 못하는 걸까 하는 의문도 제기된다.

태양이 이렇게 약했다면 현재의 이산화탄소 수준으로는 지구가 처음 30억 년 동안 완전히 얼어붙었을 것이다. 그러나 선캄브리아기에는 두 번의 대규모 빙하기의 흔적만 발견되었다. 이 현상을 '어두운 젊은 태양의 역설'이라고 부른다. 많은 사람들은 대기 중 이산화탄소 농도가 현재보다 훨씬 높아서 약한 태양에너지를 상쇄했다고 믿는다.[27] 따라서 이산화탄소 농도가 매우 높았음에도 지구의 기후는 특별히 더워지지 않았던 것이다. 4억 5,000만 년 전의 오르도비스기의 빙하 시기가 그런 사례에 해당한다.

태양도 현재의 기후 논쟁에 포함되어 있다. 현재 지구의 기후가 더워지는 주된 원인은 실제로 태양 때문인가? 적절한 질문이긴 하지만, 지구의 온도가 1도 올라가려면 태양복사에너지가 1퍼센트 증가해야 한다.[28] 이는 매우 급격한 증가이며 연구자들은 지난 30~40년 동안 태양복사에너지가 이만큼 크게 증가했다는 증거를 찾지 못했다.

지구는 기후를 자연적으로 조절하는 정교한 시스템을 가지고 있으며, 이는 믿기 어려울 정도로 완벽하다. 태양이나 대륙판의 움직임에 따라 너무 더워지거나 추워질 때, 우리 행성의 자체 온도 조절 장치가 작동해서 오랜 기간에 걸쳐 온도를 조절한다. 지난 6억 년 동안 이산화탄소의 농도는 크게 변동했으며, 3억 8,000만 년 전 데본기에는 최고치에 도달해 현재의 10배에 해당하는 4,000ppm이었다. 그러나 불과 수천만 년 후 석탄기에는 이산화탄소의 농도가 현재와 비슷하게 최저점에 이르렀다. 이것이 오늘날의 지구온난화와 어떤 관련이 있을까? 실제로는 큰 관련이 없다. 왜냐하면 그 시기에는 대륙이 다른 위치에 있었고, 생물권도 달랐으며, 태양도 더 약했기 때문이다.

2억 5,200만 년 전, 대기 중에 이산화탄소 농도가 급격히 상승했다. 페름기와 트라이아스기의 전환기에 지구는 역사상 최악의 대멸종을 경험했는데, 이는 시베리아에서 온실가스가 대규모로 배출되면서 촉발되었다. '시베리아 트랩'으로 알려진 이 지역에서 격렬한 화산활동이 일어났던 것이다. 온도가 급격히 상승하기도 했지만, 우리 행성의 생명체에게 가장 치명적이었던 것은 화산에서 분출된 독성 가스 구름이 대기를 오염시키고 오존층을 파괴한 것이었다. 이로 인해 해양생물의 약 90퍼센트가 멸종하고 육지 생물의 약 70퍼센트가 사라졌다. 당시에는 화산 분화구에서 연기가 솟아올랐지만 지금은 굴뚝에서 연기가 솟아오르고 있다.

지구의 오랜 시간을 거슬러 올라가 더 깊이 파고들수록 지식은 불완전하고 단편적으로 변한다. 선사시대의 기록인 암석층은 온도와 압력에 의해 조각나고 뭉개져서 그 침묵의 언어를 해석하기 어려울 수 있다. 반면 지난 6,600만 년 동안의 신생대처럼 현재에 가까워질수록 잘 드러난다. 우리의 기록은 더욱 풍부하고 완전하며 암석층도 더 잘 보존되어 있어서 시간이 지남에 따라 사라진 흔적도 비교적 적다.

신생대에도 기후는 극단에서 극단으로 흔들렸다. 5,000만 년 전에는 이산화탄소 농도가 2,000ppm에 이를 정도로 매우 높았고, 온도는 현재보다 14도나 더 높았다. 이후 빙하기에는 이산화탄소 농도가 최저치인 180ppm에 머물렀으며 평균기온은 현재보다 6도 더 낮았다. 이렇게 지구는 수백만 년 동안 대규모의 기후변화를 겪었다. 그렇다면 그 원인은 무엇이었을까? 그리고 이것이 미래에 대해 어떤 교훈을 줄 수 있을까?

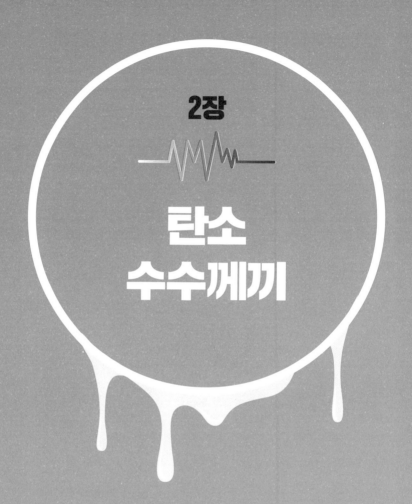

2장

탄소
수수께끼

코펜하겐에서 남쪽으로 1시간 정도 차를 달리면 스테

운스 클린트 절벽이 우뚝 솟아 있다. 한때는 바다 밑의 석회 진흙이었던 이곳이 지

금은 하얗고 장엄하게 바다 위로 솟아 있다. 광활한 카테가트해협이 한눈에 내려다

보이는 절벽 꼭대기에는 하얀 석회암으로 지어진 교회가 세워져 있다. 가시덤불과

가파른 절벽 사이를 따라 해변으로 내려가는 계단이 구불구불 이어져 있고, 파도가

절벽 기슭에 부딪히면 자갈 해변에서 희미한 메아리가 울려 퍼진다. 이 평화로운 곳

에는 과거에 대재앙이 일어난 흔적이 남아 있다. 절벽 중간쯤에 가느다란 녹색 줄무

늬가 구불구불하게 이어져 있는데 이것은 삶과 죽음, 옛 세상과 새로운 세상을 가르

는 경계선이다. 녹색 줄무늬는 6,600만 년 전에 퇴적된 점토층으로 백악기와 팔레

오세의 경계를 나타낸다.

1978년, 미국의 월터 앨버레즈는 절벽에서 녹색층을 조심스럽게 채취해 작은

봉투에 담았다. 그의 목표는 6,600만 년 전 생태계가 붕괴된 원인을 알아내는 것이

었다. 다섯 살짜리 아이도 아는 사실이지만 그때 육지에 살던 공룡이 멸종했다. 하

늘을 나는 익룡들도 사라졌고, 바다생물의 다양한 종도 급격히 감소했다. 앨버레즈

는 이탈리아와 뉴질랜드에서도 이 상징적인 경계의 흔적을 연구했다. 그런데 특히

스테운스 클린트에서 흥미로운 발견을 했다. 이곳의 녹색 점토층에는 아래층과 위

층보다 120배나 많은 이리듐이 함유되어 있었던 것이다.[1] 월터는 제2차세계대전

당시 원자폭탄 개발에 참여했던 아버지 루이스 앨버레즈와 함께 연구한 결과 이리

듐의 농도가 높은 것은 지구에 충돌한 소행성에서 비롯된 것이라고 추정했다.

1980년 《사이언스》에 이 연구가 발표되자 큰 반향을 일으켰다. 높은 이리듐 농

도가 반드시 외계 물체에서 나온 것일까? 꼭 그렇지는 않다는 주장도 있었다. 인도

와 파키스탄의 '데칸 트랩(Deccan Traps, 인도 중서부 데칸고원에서 일어난 대규모 화산활동의 흔적)'과 같은 격렬한 화산 폭발로 나타날 수도 있다는 것이었다.

1991년이 되어서야 대다수의 사람들은 앨버레즈의 주장이 맞다고 확신했다. 지질학자들이 멕시코 유카탄반도에서 크레이터(거대한 충격으로 생겨난 거대한 구덩이)의 흔적을 발견했기 때문이다. 이 크레이터는 6,600만 년 전에 만들어진 것으로 지름이 180킬로미터에 달하는 거대한 규모였다. 소행성의 충돌은 몇 분 만에 기후의 균형을 완전히 깨뜨렸다. 충돌 자체와 그에 따른 격렬한 산불로 인해 엄청난 양의 먼지가 대기 중으로 휘몰아쳤다. 이 먼지가 태양을 가리면서 10년 동안이나 핵겨울이 지속되었다. 지구는 원래 온도에서 10도 이상, 극단적으로는 66도까지 떨어졌고, 바다는 11도 더 차가워진 것으로 추정된다.[2] 엄청난 양의 먼지는 대기 상층부를 가열시켰고, 수증기와 결합하여 오존층을 파괴했다. 대격변에 따라 대규모 멸종은 피할 수 없었다.

지구 역사에서 많은 전환기가 그렇듯이 소행성 충돌도 멸종만으로 끝난 것은 아니다. 비록 소행성이 여러 종을 멸종의 길로 내몰았지만 주요 포유류들은 살아남았다. 쥐와 같은 작은 동물들은 아마도 재앙이 닥쳤을 때 땅속에서 숨어 지냈을 것이다. 추위가 가라앉은 후 말 그대로 잿더미 속에서 새로운 세상이 열렸다. 이 재앙이 없었다면 우리 인류는 결코 지금의 모습으로 진화하지 못했을 것이다. 이 대재앙은 신생대, 즉 지구의 새로운 시대를 열었다. 포유류의 시대로 알려진 이 시기는 6,600만 년 전 대격변이 일어났던 시기부터 현재까지 이어지고 있다. 지구가 온실처럼 뜨겁기도 하고 차갑게 얼어붙기도 했던 이 독특한 시기의 엄청난 변화는 지금까지 전 세계에 큰 영향을 미치고 있다.

선사시대는 대부분의 조각이 빠진 퍼즐 같지만, 지난 6,600만 년은 얼음이 줄어들어 해수면이 상승하고 더 따뜻해질 미래에 대한 힌트를 제공할 수 있다. 2018년 미국의 과학자들은 온실가스 배출이 계속될 경우에 닥칠 2가지 미래 세계를 모델링했다.

첫째, 2040년에는 300만 년 전의 선신세(플라이오세, 신생대 제3기의 마지막 시기)처럼 따뜻해질 것이고, 둘째, 2150년부터는 5,000만 년 전의 에오세(신생대 제3기 중 두 번째 시기)처럼 더욱 더워질 것이다. 바로 스발바르에 숲이 무성했던 시기다.[3]

북극의 악어

1861년, 핀란드-스웨덴 출신의 지질학자이자 탐험가인 아돌프 에리크 노르덴스키외를트는 스발바르에 상륙했다. 그곳에서 그는 해안가에 노출된 암석층을 면밀히 조사하다가 식물화석으로 남은 '식물 표본 상자'를 발견했다. "망치를 두드리는 곳마다 과거에 살았던 식물의 흔적을 발견할 수 있었다. 이 지역의 숲은 텍사스에서 흔히 볼 수 있는 스왐프 사이프러스, 캘리포니아에서 흔히 볼 수 있는 자이언트 세쿼이아, 자작나무, 린든(linden), 참나무, 너도밤나무, 심지어 목련나무로 이루어져 있었다"라고 그는 기록했다. 훗날 위대한 북극 탐험가이자 극지의 영웅이 된 그는 1875년, 베가호를 타고 북동 항로를 최초로 횡단하는 전설적인 항해를 시작했다.

지구는 한때 활활 타올랐다는 의견이 오랫동안 널리 퍼져 있었다. 그러다 지구가 서서히 식으면서 기후도 차가워졌다는 것이 지구 냉각화 이론이다. 그에 따르면 과거에 지구는 현재보다 훨씬 더 따뜻해서 숲이 북극에서 남극까지 퍼져 있었다고 한다. 그러나 빙하기의 발견은 이 이론을 근본적으로 흔들어놓았다. 지구의 기후가 점진적으로 차가워지지 않고 극적으로 변화했다는 것이 분명해지면서 새로운 설명이 필요했다. 노르덴스키외를트가 직접 기록했듯이 이 발견은 기후 역사에 대한 관심을 불러일으켰다.[4]

스위스의 오스발트 헤어는 스발바르를 방문하지는 않았지만 노르덴

스키외를트가 보낸 식물화석 샘플을 받았다. 그는 목사로서 교육을 받았을 뿐 아니라 식물화석에 특별한 관심이 있는 세계적으로 유명한 식물학자였다. 하지만 이 화석들은 여전히 미스터리였다. 왜 이 화석들이 얼음이 많고 나무가 없는 북극에서 발견되었을까? 많은 사람들이 한때 이곳에 숲이 자랐다는 생각을 하지 못했다. 숲이 이렇게 멀리 북쪽까지 펼쳐졌을 리 없으므로 북극에 떠밀려온 나무들이 석탄과 화석으로 변한 것이라고 생각했다.[5]

하지만 헤어는 끈질기게 연구했고 스발바르뿐만 아니라 캐나다 북부, 그린란드, 아이슬란드의 식물화석도 분석했다. 그는 평생 건강 악화로 고생했지만 끊임없이 연구에 몰두했으며, 말년에 6권으로 구성된 《북극 식물화석》을 완성했다. 이 책에서 약 5,000만 년 전 팔레오세와 에오세 시대의 화석을 설명했다.[6] 헤어는 울창한 낙엽수림과 거대한 침엽수가 있는 과거의 세계를 그림으로 그렸는데, 그 그늘 아래에는 수많은 덤불과 우아한 양치식물이 자라고 있었다. 헤어 자신도 "오늘날과 얼마나 다른 모습인가!"라고 외쳤다.

헤어는 이 식물들이 자라려면 얼마나 따뜻해야 했을지 추정하여 당시의 기온이 오늘날보다 16도 더 높았다는 결론을 내렸다. 그는 나무가 해류에 의해 북쪽으로 떠내려갔다는 주장을 받아들이지 않았다. 해류가 어떻게 그렇게 많은 양의 통나무를 가져올 수 있을까? 그리고 완벽하게 보존된 나뭇잎은 어떻게 설명할 수 있을까? 헤어는 결론적으로 고대 북극은 한때 따뜻했으며 오늘날의 얼어붙은 땅은 숲으로 덮여 있

었다고 주장했다.[7]

헤어가 묘사한 따뜻한 지구는 오늘날과 크게 달랐다. 그린란드와 남극에는 빙상이 없었고 북극에는 얼음이 없었으며 극지방과 적도의 온도 차이는 지금보다 훨씬 작았다. 5,000만 년 전에는 세계지도의 모습도 달랐다. 남아메리카와 북아메리카는 아직 서로 연결되지 않아서 대양 사이에는 따뜻한 해류의 흐름이 더 활발하게 이루어졌을 것이다. 남극대륙도 얼음 해류로 둘러싸여 있지 않고 남아메리카와 태즈메이니아(호주 남동부에 위치한 섬)에 연결되어 있었다.

당시 스발바르와 북극 대부분을 덮고 있던 숲을 범북극림이라고 한다. 이 숲은 지구 꼭대기를 둘러싼 녹색 스카프 같았다. 오늘날 우리는 이 숲에 대해 많은 것을 알고 있다. 알래스카에서는 야자수가 자랐고[8], 야생동물도 아주 많았다. 거북이, 악어(알로그나토수쿠스), 왕도마뱀의 화석이 캐나다 북부에서 발견되었는데 모두 겨울철 서리를 견디지 못할 파충류이다.[9] 스발바르에서는 하마와 비슷하고 무게가 0.5톤으로 추정되는 팬토돈트가 살았다. 광부들이 광산의 꼭대기에서 팬토돈트의 발자국을 발견하면서 밝혀진 사실이다. 따뜻한 기후는 더 남쪽 지역에도 영향을 미쳤다. 독일에는 아열대 정글이 있었고, 적도에는 지금보다 몇 도나 더 따뜻한 기후 속에 열대우림이 펼쳐져 있었다. 그 시기에 지구는 마치 숲이 우거진 온실 혹은 사우나와 같은 행성이었다.

기후가 왜 그렇게 따뜻했을까? 오스발트 헤어도 스스로에게 이 질문을 던졌다. 지구 내부가 서서히 냉각되어 기후가 조절된다는 이론은 이미 오래전에 폐기되었다. 그 대신 헤어는 당시 논란이 많았던, 대륙과 해양의 관계가 변하면서 기후가 달라졌다는 극지방 이동 이론을 제시했다.[10]

그는 태양 주위를 도는 지구의 궤도가 변했는지도 고려했고, 더 나아가 우주를 여행하는 태양계 전체가 더 많은 별들로부터 빛을 받는 따뜻한 지역을 통과했을 가능성도 이야기했다. 하지만 헤어는 자신의 혁신적인 이론이 추측에 불과하다고 인정하면서 "우리는 끝이 보이지 않는 긴 시간 앞에서 혼란스러워할 뿐이다"라고 말했다. 헤어가 언급하지 않은 한 가지 요소는 대기 중 온실가스의 양이 시간에 따라 변동하여 기후를 변화시켰다는 점이다. 1800년대 초에 프랑스인 조제프 푸리에와 영국인 존 틴들이 이 사실을 연구했지만 진지하게 규명한 것은 스웨덴 사람이었다.

탄소순환

스반테 아레니우스(Svante Arrhenius)는 1859년 스웨덴의 웁살라에서 멀지 않은 비크에서 태어났다. 세 살 때 독학으로 글을 깨친 것으로 알려진 그는 25세에 전해질에 관한 150쪽 분량의 박사학위 논문을 제출했다. 그때는 겨우 학위 논문 심사를 통과했지만 이후 이 연구를 계속한 결과 1903년 노벨 화학상을 수상했다.[11] 그는 수많은 과학 논문을 쓴 것 외에도 논란이 많았던 판스페르미아(Panspermia, 범종설) 이론으로 유명해졌다. 생명체의 포자가 별의 복사압에 의해 우주로 퍼져 나갔으며, 지구상의 생명체도 다른 행성에서 유입되었다는 이론이다.

그의 연구 중 가장 큰 업적은 1894년 크리스마스이브에 시작되었다.[12] 아레니우스는 이산화탄소가 기후에 미치는 영향을 계산했다. 당시 많은 사람들은 대기 중에서 비중이 매우 낮은 이산화탄소가 지구의 기후에 영향을 미칠 수 있다는 주장에 회의적이었다.

아레니우스는 밤낮으로 연구에 매진했고, 거의 매일 12시간 이상 작업에 매달렸다. 1년 후 그는 자신의 연구 결과를 스웨덴 왕립과학원에 발표했는데, 이것이 바로 전설적인 논문 〈대기 중 이산화탄소가 지구 표면 온도에 미치는 영향〉이다. 나중에 그는 친구에게 보낸 편지에 "이런 사소한 일에 1년이 걸렸다는 사실이 믿기지 않아"라고 썼다. 아레니우스는 이 연구에서 이산화탄소가 수증기와 함께 태양열이 빠져나가는 것을 막아 지구의 기후를 조절하는 원리를 계산했다.

또한 그는 지구의 역사에 관심을 돌려 선사시대 북극의 숲에 관한 헤어와 노르덴스키외를트의 연구에 대해 이렇게 말했다. "식물화석을 통해 온도가 지금보다 최대 8~9도 높았다고 추정하는 시기에 대해······지구 표면에서 실제로 그러한 온도 변화가 일어났을까 하고 의문을 제기하면 지질학자들은 '그렇다'고 대답한다." 그는 여기서 수사적으로 질문을 던졌다. 이산화탄소의 농도가 이러한 온도 변화를 일으킬

만큼 변동이 심했을까? 그는 이산화탄소의 농도가 낮은 시기에는 기온이 떨어지고 높아지면 기온이 상승한 것은 분명하다고 지적했다. 예를 들어 에오세에는 '매우 강한' 화산활동이 이산화탄소의 농도를 높이고 기온에 영향을 미쳤다고 했다.

이산화탄소의 증가는 기후에 얼마나 영향을 미칠까? 아레니우스는 대기 중 이산화탄소가 2배 증가하면 지구 표면 온도는 4도 상승할 것이라고 계산했다. 그의 추정은 매우 정확한 것으로 밝혀졌다. 유엔 산하의 '기후변화에 관한 정부 간 협의체(IPCC)'는 대기 중 이산화탄소가 2배 증가하면 기온이 1.5~4.5도까지 상승하는 것으로 추정한다. 따라서 그의 계산은 최악의 시나리오에서 크게 벗어나지 않는다.[13]

아레니우스는 당대 가장 큰 논쟁이었던 '왜 빙하기가 왔을까?'에 대한 답을 찾는 데 가장 큰 관심을 보였다. 그는 이산화탄소 수치가 지금보다 3분의 1 더 낮았다면 기온이 3도 낮았을 것이라고 가정했다. 또한 이산화탄소가 대기 중에서 완전히 사라지면 지구의 기온은 영하 21도로 떨어질 것이라고 보았다. 그러면 아마도 지구는 얼음으로 뒤덮여서 살기 힘든 행성이 될 것이다. "우리의 존재는 두 빙하기 사이에 잠시 피어난 꽃에 불과하다"라고 그는 말했다. 아레니우스는 빙하기를 두려워하며 대중 과학서인 《세상의 진화》에 이렇게 썼다. "인류가 지구상에 등장한 이래 빙하기와 온난기가 번갈아 나타났으니 이제 우리는 자문해야 한다. 다음 지질시대에 우리는 새로운 빙하기에 시달리면서 아프리카의 더 뜨거운 지역으로 피난해야 할까?"

아레니우스는 대기 중 이산화탄소의 증가가 나쁜 것만은 아니라고 생각했다. 오늘날의 관점에서 보면 흥미로운 동시에 이상한 생각이지만, 그는 이산화탄소가 어느 정도 증가하면 '특히 추운 지역은 기후가 더욱 안정적이고 좋아질 것'이라고 기대했다. 이것이 빠르게 성장하는 인류에게 더 큰 혜택을 제공할 것이라고 믿었다. 또한 '이산화탄소 수치가 증가하면 먼 훗날에도 우리 후손들이 지금보다 더 따뜻한 하늘과 덜 혹독한 기후에서 살게 될 것'이라고 기록했다.

당시 아레니우스는 향후 이산화탄소 배출량이 자신의 상상을 뛰어넘을 것이라는 사실을 거의 예상하지 못했다. 그는 당시의 연간 온실가스 배출량을 기준으로 계산한 결과 이산화탄소 수치가 3,000년 안에 2배가 될 것이라고 가정했다. 그로부터 10여 년 후, 그는 대기 중 이산화탄소의 양이 너무 빠르게 증가하여 '불과 몇 세기' 만에 크게 변화할 것이라고 강력하게 주장했다.

아레니우스의 이론은 오랫동안 논쟁의 대상이었는데, 바다가 여분의 온실가스 배출량을 흡수하지 않았을까, 하는 반론이 제기되기도 했다. 바다는 4만 기가톤의 탄소를 저장하고 있으니, 그에 비하면 인공적으로 배출되는 수십 기가톤의 탄소는 상대적으로 미미한 양이기 때문에 결국 바다가 흡수할 것이라는 주장이다.

하지만 1950년대에 이르러 미국의 해양학자 로저 레벨이 바다가 무한대의 이산화탄소를 저장할 수 없다는 것을 밝히면서 아레니우스의 계산을 뒷받침했다. 레벨은 자신의 발견이 얼마나 중요한 것인지는 완전히 알지 못했지만 이렇게 적고 있다. "인류는 지금 과거에도 없었고 미래에도 재현할 수 없는 규모의 실험을 하고 있다."

찰스 데이비드 킬링은 레벨이 옳았다는 것을 증명했다. 1950년대 후반, 그는 하와이의 마우나로아에서 대기 중 이산화탄소 수치를 측정했다. 그 결과로 알려진 것이 '킬링 곡선'이다. 측정이 시작된 이후 대기 중 이산화탄소 수치는 315ppm에서 420ppm으로 상승했다. 19세기 말보다 10배나 빠른 속도로 배출량이 증가하고 있다는 의미였다. 처음에는 아레니우스가 대기 중의 이산화탄소 농도가 2배 증가하는 데 수천 년이 걸릴 거라고 했지만, 아마도 금세기 내에 일어날 것이다.[14]

이산화탄소가 기후를 좌우하는 유일한 요인은 아니지만, 최근 수십 년 동안 연구자들은 지구화학적 방법을 활용하여 아레니우스의 주장을 크게 뒷받침하는 많은 증거를 발견했다. 전문가들은 과거의 이산화탄소 농도를 재구성함으로써 5,000만 년 전 에오세의 기후 최적기에 이산화탄소 농도가 현재의 3배인 최대 1,400ppm이었다는 결론을 내렸다.[15] 당시 이 세상은 숲이 우거지고 왕도마뱀이 돌아다니고 악어가 북극을 배회했다. 한 세기 전 아레니우스가 제안한 것처럼 온실 상태였던 것이다.

아레니우스는 과학을 발전시키고자 했을 뿐만 아니라 대중에게 알리려고 노력했다. 《세상의 진화》에서 아레니우스는 지구에서 매우 중요한 탄소순환에 대해 놀라울 정도로 현대의 모습을 묘사했다. 그는 바다, 특히 풍화작용이 대기 중에서 이산화탄소를 제거하고 그것이 석탄과 석회암에 저장되는 방식에 대해 썼다. 그는 전 세계의 석회암에 포함된 이산화탄소만 해도 대기 중의 이산화탄소보다 2만 5,000배 더 많다는 결론을 내렸다.[16] 또한 대기 중에 이산화탄소가 많을수록 더 많은 탄소가 바다에 흡수되고 풍화작용에 의해 제거된다고 설명했다. 그렇다면 어떻게 온실가스가 대기 중으로 다시 방출됐을까? 화산이 폭발할 때 다량의 이산화탄소가 방출되었던 것이다. 이것은 장기적으로 작용하는 지구의 온도 조절 장치이며, 아레니우스가 대략적으로 설명한 내용은 과학적 정설이 되었다.

그렇다면 온도 조절 장치가 고장 날 수 있을까? 많은 사람들은 막대한 온실가스 배출로 인해 임곗값과 임계점이 지속적으로 초과되는 온난화가 심화될 것을 우려하고 있다. 이것이 바로 5,600만 년 전에 일어난 일이다. 막대한 온실가스 배출로 지구는 급격히 가열되어 소위 고온 현상이 발생했다. 마치 이미 뜨거워진 지구에 누군가 갑자기 온도를 높인 것과 같았다.

고대의 탄소 미스터리

덴마크의 푸르섬에 바다 방향으로 나 있는 절벽은 거대한 흰색 소프트 케이크 조각처럼 보인다. 이 절벽은 수조 마리의 미생물 잔해, 즉 미생물 사체들로 이루어져 있다. 5,000만 년 전에 죽은 플랑크톤은 추운 거울날 눈송이처럼 바다에 뿌려져 해저에 얇은 층으로 내려앉았다가 나중에 규조니암이라고 불리는 가볍고 구멍이 많이 난 암석으로 응고되었다. 내가 무더운 여름날 푸르섬에 간 이유는 선사시대 기후를 간직한 기록 보관소이기 때문이다. 이곳에서 기후 시스템에 엄청난 변화를 가져온 선사시대 사건의 흔적을 발견할 수 있다. 이 섬에는 육안으로 볼 수 있는 5,600만 년 전의 상징적인 경계선이 있다. 이 경계선은 지질학적으로 볼 때 불과 수천 년 만에 급격하게 기후가 변화했던 팔레오세와 에오세 사이의 전환기를 의미한다. 팔레오세-에오세 최대온난기(PETM, Paleocene-Eocene Thermal Maximum)는 미래의 과열된 지구에 대해 무언가를 알려줄 것이다.

푸르섬은 선사시대 폭염의 흔적보다 더 많은 유적을 간직하고 있다. 목가적인 들판으로 뒤덮인 섬에는 거대한 채석장이 펼쳐져 있다. 가벼우면서도 기포가 많은 규조니암은 고양이 모래부터 벽돌에 이르기까지 여러 용도로 사용된다. 채석장은 화석 수집가들에게는 천국이다. 약 5,000만 년 전의 층을 쪼개 볼 수 있으며, 때때로 거의 살아 있는 것처럼 잘 보존된 환상적인 화석이 나오기도 한다. 이 화석들은 오늘날 덴마크보다 훨씬 더 따뜻한 기후에서 살았던 독특한 동물 생태계가 있었음을 증명한다. 에오스파르기스, 바다거북, 팔라에오피스 등은 주로 오늘날 덴마크보다 훨씬 남쪽에서 발견되는 종이다. 아보카도, 계피, 미국삼나무(red wood)의 열매, 솔방울 씨앗도 발견되었다. 또한 앵무새, 투라코, 따오기, 트로곤 등 오늘날 적도 가까운 곳에 사는 화려한

색상의 새들의 화석도 발굴되었다. 그중 많은 화석들이 섬의 작고 허름한 박물관에 전시되어 있다.

조금 더 남쪽에 있는 독일의 메셀에서는 이 시기에 대한 훨씬 더 놀라운 발견이 있었다. 황갈색 암석층에서 여러 종의 악어, 천산갑, 비단뱀, 보아뱀과 초기 말(개 크기), 초기 영장류와 같은 특이한 포유류가 주로 서식하는 아열대 세계가 있었음이 밝혀졌다. 이는 북극의 기후가 광활한 범북극림처럼 훨씬 더 따뜻했을 뿐만 아니라 남부 유럽의 기후도 오늘날보다 훨씬 더운 열대지방과 다를 바 없었다는 것을 증명한다.

어느 날 이른 아침 피오르를 따라 푸르섬의 웅장한 하얀 절벽 중 하나인 스톨레클린텐으로 향했다. 덴마크 사람들이 검은 화산재층을 석탄으로 착각해서 붙여진 이름이다. 나폴레옹 전쟁 당시 스웨덴의 전쟁 포로들이 광산 갱도를 지칭하는 스톨에 파견되었다. 지금은 갱도가 파도에 휩쓸려 사라진 지 오래였고, 절벽에 움푹 팬 작은 자국만이 전쟁 포로들의 노동을 증언하고 있다. 한 동료가 이곳에서 많은 논의가 있었던 PETM이 드러난 것 같다고 했지만 그러한 전환은 실제로 어떤 모습일까?

지구의 역사에서 동식물 종의 출현과 소멸, 기후의 변화, 지형의 변화 등이 있었다. 우리는 역사를 선캄브리아기부터 제4기까지 누대(累代, Eon), 대(代, Era), 기(紀, Period), 세(世, Epoch)로 구분했다. 지질학자로서 시대의 전환이 느리게 또는 급격하고 치명적으로 일어날 수 있다는 사실에 매료된다. 푸르섬에서는 PETM의 증거 대부분이 이탄이나 침식된 암석과 점토 덩어리 아래 묻혀 있어서 숙련된 지질학자라 할지라도 경계가 어디인지 밝히기 어려울 수 있다. 주변을 샅샅이 뒤지고, 검색하고, 동료에게 여러 번 전화한 후에야 마침내 수십 미터 두께의 짙은 회색 점토 덩어리인 전환기의 경계를 찾아낼 수 있었다.

최근 오슬로대학교의 연구원들이 푸르섬에서 소문으로만 떠돌던 전환기의 샘플을 채취했다. "악마는 디테일에 있다"는 표현처럼 발견된 화석의 연대와 5,600만 년 전의 기후를 완전히 파악하기 위해서는 다양한 화학 및 생물학적 분석이 필요하다. 연구원들은 암호명처럼 보이는 TEX86(Tetraether Index of 86 Carbon Atoms, 지질 시료에 포함된 특정 지질 분자의 비율을 측정하는 방법)이라는 방법으로 점토를 분석했다.[17] 그들은 미묘한 화학 신호를 가지고 수백만 년 전의 온도를 추정했으며, 지구상의 다른 여러 곳과 마찬가지로 극심한 기후변화를 발견했다.[18] 수만 년 동안 기온은 무려 10도나 상승했고 해수 온도는 33도에 이르렀으며, 북유럽은 마치 오늘날 카리브해와 같았다. 연구진은 또한 와편모조류속인 아펙토디니움이 폭발적으로 번식한 증거를 발견했다. 이것은 따뜻하고 영양분이 풍부한 바다가 있었음을 의미하며 이 조류의 번식은 전 세계적으로 나타났다. 극지방에서도 따뜻한 환경을 좋아하는 해조류가 나타났으며, 지구의 기후는 급격한 변화를 겪었다.[19] 육지에서도 전 세계적으로 기온이 5도에서 8도까지 상승했다. 폭우와 가뭄으로 기후변화는 더욱 극심해졌고 바다는 산성화되고 산소가 부족해졌다.[20]

전 세계적으로 수백 개의 PETM 장소가 연구되었다. 대표적인 곳

중 하나는 미국 와이오밍주의 빅혼 분지다. 2005년 지질학자 스콧 윙은 바로 이곳에서 암석층을 쪼개고 있었는데 갑자기 작업을 멈추고 드러난 것을 살펴보다가 웃기 시작했다. 그가 이렇게 흥분한 이유는 훗날 식물화석의 성배라고 불릴 화석을 발견했기 때문이다. 그는 20년 동안 팔레오세와 에오세 전환기의 화석을 찾기 위해 이 지역을 샅샅이 뒤졌지만 별다른 성과를 거두지 못하고 있었다. 그러다 갑자기 엄청난 변화가 일어났음을 보여주는 화석을 발견한 것이다. 이 지역은 오늘날 미국 남부 지역과 비슷하게 습한 기후였는데 에오세에 접어들어 폭염이 지구를 강타하면서 훨씬 더 건조한 기후로 바뀌었다.[21]

빅혼 분지에서는 선사시대 폭염이 지구의 생명체를 어떻게 변화시켰는지에 대한 놀라운 증거들이 더 발견되었다. 유카탄반도에 충돌한 소행성은 대규모 멸종으로 이어졌지만, 5,500만 년 전의 폭염은 그다지 치명적이지 않았다. 바다에서는 기후변화로 인해 많은 저서성 유공충을 비롯한 수많은 미생물이 멸종했다. 반면 육지에서는 많은 종들이 따뜻한 기후의 혜택을 받았다. 고생물학자들은 빅혼 분지에서 우제류(발굽이 두 갈래로 갈라진 동물로, 소, 양, 사슴 등이 포함-옮긴이)와 말발굽류(발굽이 단일한 동물로, 말, 당나귀, 코뿔소 등이 포함-옮긴이)가 빠르게 진화했다는 사실을 밝혀냈다. 이들은 오늘날의 많은 포유류, 말, 양, 염소, 하마, 기린, 소, 그리고 흥미롭게도 고래 등의 조상이다. 작은 개만 했던 최초의 말은 폭염 기간 동안 크기가 작아졌는데, 이는 기온 상승으로 인해 왜소증이 일어났음을 보여준다. 인류의 조상인 영장류도 이 위기의 혜택을 받았다. 영장류는 불과 5,600만 년 전에 출현했다. 이것이 바로 진화의 놀라운 힘이다. 위기가 반드시 모두에게 위기가 되는 것은 아니다. 어떤 종은 멸종하지만, 어떤 종은 격변을 통해 새로운 기회를 얻기도 한다.

5,600만 년 전의 폭염이 지구의 생명체를 변화시킨 원인은 무엇일까? 푸르섬과 지구상의 다른 여러 곳에서 발견되는 PETM 층의 화학적 신호는 단시간에 엄청난 양의 온실가스가 대기 중으로 방출되었음을 나타낸다.[22] 이산화탄소 농도는 아마도 600ppm에서 오늘날보다 4배 이상 높은 2,000ppm까지 상승했을 것이다. 지구는 팔레오세의 온실에서 에오세의 사우나로 변한 것이다. 전문가들은 선사시대의 온실가스 배출량은 어느 정도였을지에 대해 논쟁 중이다. 2,000기가톤 정도의 '적은' 양이었을까? 아니면 7,000기가톤에 달하는 다량의 탄소였을까? 어쨌든 일부 기후과학자들이 최악의 시나리오로 제시하는 것은 선사시대 폭염의 원인이 막대한 이산화탄소 배출량이라는 것이다. 땅속에 매장된 화석연료와 자원을 모두 태워야 수백 년 안에 비슷한 양의 탄소를 배출할 수 있기 때문이다. 지금까지 우리는 산업혁명 이후 700기가톤의 탄소를 '겨우' 배출했지만 최근 한 과학자 단체가 《네이처》에서 지적했듯이 오늘날의 이산화탄소 배출량은 육지에 살던 공룡이 멸종한 이후 가장 높은 수준이다.[23]

5,600만 년 전의 총배출량이 오늘날의 배출량을 크게 상회하지만 오늘날 연간 배출량은 당시보다 10배나 높다.[24] 우리는 선사시대 폭염

을 촉발한 원인을 아직 명확하게 찾지 못했다. 그래서 이 문제를 '고대 탄소 미스터리'라고 부른다.

가설은 많지만 요점은 '모든 탄소가 어디에서 왔을까?'이다. 푸르섬에는 하얀 절벽을 따라 회색, 노란색, 검은색의 수많은 화산재층이 있는데, 여기에서 몇 가지 단서를 찾을지도 모른다. 성냥에 불을 붙였을 때처럼 유황 냄새가 나는 수백 개의 화산재층의 위치를 지도에 표시했다. 어떤 층은 두께가 최대 20센티미터에 달하고 어떤 층은 육안으로 거의 보이지 않을 정도로 몇 밀리미터에 불과하다. 섬에서 가장 눈에 띄는 화산재층 중 하나는 절벽에 있는 두꺼운 회색 띠다. 이는 아마도 지난 6,000만 년 동안 일어난 가장 큰 화산 폭발 중 하나에서 비롯된 것으로 당시 화산재가 지구의 3퍼센트를 장막처럼 뒤덮었다. 2010년 아이슬란드에서 발생한 에이야퍄들라이외퀴들산의 화산 폭발로 항공 교통이 중단된 것은 그때의 폭발에 비하면 폭죽 정도에 불과하다. 푸르섬의 수많은 화산재층은 대규모 화산 폭발이 선사시대의 폭염을 촉발했을 가능성이 있음을 보여준다.

5,600만 년 전, 북아메리카와 유럽은 서서히 분리되기 시작했고, 북대서양이 형성되고 있었으며, 지각이 얇아지고 수많은 화산이 솟아나고 있었다. 북쪽의 그린란드와 노르웨이해에서 남쪽의 영국제도까지 북대서양 화산 지대라고도 불리는 화산들이 진주처럼 줄지어 있었다. 그 시기에 상상할 수조차 없는 천만 세제곱킬로미터의 마그마가 지각을 뚫고 솟아올랐다. 이는 유럽 전체를 1킬로미터 두께의 용암층으로

덮기에 충분한 양이다. 동시에 거대한 화산재 구름이 피어올라 현재의 유럽 지역을 뒤덮었다. 화산재는 마치 자수처럼 푸르섬 절벽을 따라 구불구불하게 흘러내렸다. 이 섬의 지역 맥주 브랜드가 볼케이노인 것은 자연스러운 일이다. 많은 전문가들은 화산 분출로 인해 팔레오세에서 에오세로 넘어가던 시기에 전 지구적 온난화가 일어났다고 한다.

화산은 지구 탄소순환의 중요한 엔진이다. 화학적 풍화작용, 바다, 광활한 숲과 늪이 대기 중의 탄소를 흡수하는 반면 화산은 탄소를 다시 환원한다. 한 세기 전, 아레니우스는 5,000만 년 전 북극에 숲이 울창할 정도로 기후가 더 따뜻했던 것은 화산활동이 증가했기 때문이라고 추정했다. 1980년대에 과학자들은 또한 팔레오세와 에오세 시대에 대기 중의 탄소 농도가 높았던 것을 대륙이 더 빨리 분리된 것과 연관 지었다. 이로 인해 화산활동이 가속화되었고 더 많은 이산화탄소가 대기 중으로 방출되어 지구를 온실 시대로 몰아넣었다는 것이다.[25]

지구 기후의 역사를 이해하는 데 있어서 간단하고 명확한 답은 없다. 몇 년 전 지구의 급격한 온난화의 원인에 대해 새로운 해석이 나왔다.[26] 오슬로대학교의 연구진은 노르웨이 바닷속에 있는 지름이 최대 10킬로미터에 달하는 수천 개의 폭발 분화구를 지도에 표시했다. 연구진은 온실가스가 화산의 마그마 굄(magma chamber)에서 직접 나온 것이 아니라 지하의 거대한 액체 암석 강과 같은 뜨거운 마그마가 유기 탄소가 풍부한 퇴적층을 관통하면서 방출된 것으로 추정했다. 지하에 엄청난 압력이 가해지면서 가스가 대기 중에 폭발적으로 방출되었다.

과학자들은 화산 폭발로 인한 가스 배출로 수천 년 동안 지구의 평균기온이 5도 이상 상승하는 급격한 온난화가 초래되었다고 믿었다.

그러나 여전히 많은 의문이 남아 있다. 푸르섬에서는 어떤 이상한 이유 때문인지 PETM 구간에서 화산재층이 거의 발견되지 않았다. 당시 화산활동에서는 화산재가 특별히 많지 않았다는 것을 의미할까?

수백만 년 동안 지속된 화산활동은 어떻게 단 몇만 년 동안 지구를 급격히 온난화시켰을까? 화산에서 나오는 온실가스가 다른 배출을 촉발했을 가능성이 있을까?

이 시기에 이산화탄소의 농도가 기후를 지배했다는 데는 큰 이견이 없지만 온실가스와 기온 사이에 직접적인 관계가 있는 것은 아니다. 여러 모델에서 다른 요인들도 에오세의 기후에 영향을 미쳤다는 것을 보여준다. 그중 하나는 오늘날 사막이 있는 저위도 지역에 더 많은 숲이 있었다는 것이다. 알베도(반사율)를 낮추고 태양으로부터 더 많은 열을 흡수했을 가능성이 있다. 또한 대륙의 위치가 오늘날과 달라서 해류와 기류에 영향을 미쳤을 것이다. 기후 모델로 확실하게 설명할 수 없는 중요한 한 가지는 이산화탄소의 변화가 대기 중 수증기의 함량에 미치는 영향이다. 예를 들어 구름의 증가가 5,000만 년 전의 기온 급상승에 기여했을 수도 있다. [27]

급격한 지구온난화에는 여러 가지 원인이 있다. 5,600만 년 전의 화산활동 외에도 대규모 산불, 남극의 영구동토층이 녹는 현상, 운석 충돌 등이 갑작스러운 기온 상승과 관련이 있다는 가설이 제기되었지만 신빙성이 떨어지는 것으로 밝혀졌다. 가장 주목받으며 널리 알려진 이론은 기후 폭탄이 갑자기 격렬하게 터져 대량의 메탄이 대기 중에 방출되었다는 것이다. 이는 일부에서 우려하는 미래의 지구온난화 상황에서 일어날 수 있는 일과 유사하다.

메탄 괴물

2000년 11월 어느 날, 캐나다 밴쿠버섬 연안의 어부들이 바닥에 있는 물고기를 찾기 위해 해저를 따라 그물을 끌어 올렸을 때 바다가 '탄산음료처럼' 끓고 있다는 것을 깨달았다. 펄떡이는 물고기와 함께 얼음처럼 보이는 물체가 떠올랐고 휘발유 냄새가 강하게 났다. 한 어부는 자연 프로그램에서 본 적이 있는 특이한 것을 잡았다고 감지했다. 그물 속에서 수백 킬로그램의 가스 하이드레이트(gas hydrate)를 발견한 것이다. 샘플 몇 개만 채취하고 나머지는 바다에 쏟아붓자 바닷물에 거품이 일었다.

　가스 하이드레이트는 얼음 격자 속에 결합된 메탄가스를 말한다. 메탄 하이드레이트는 고압(심해)과 저온에서 형성된다. 캐나다 연안과 같은 심해에는 엄청난 양의 메탄이 얼음 형태로 존재하는데 수면으로 올라오는 과정에서 압력이 떨어지면 가스가 기포 형태로 방출된다. 이것이 매우 특이한 광경이 일어난 이유다. 또 다른 놀라운 특징은 메탄 얼음이 연소한다는 것이다. 인터넷에는 과학자들이 얼음에 불을 붙이는 영상이 수십 개나 있다.

가스 하이드레이트는 기후 시스템에서 가장 예측하기 어려운 요인 중 하나이다. 최근 몇 년 동안 언론에서는 메탄 하이드레이트를 '미지의 기후 악당', '메탄 괴물', '시한폭탄'이라고 묘사했다. 메탄가스는 이산화탄소보다 20배 이상 강력한 온실가스이므로 언제 터질지 모른다는 것이다. '메탄 괴물'에 대한 두려움은 5,600만 년 전의 급격한 온난화, 즉 PETM으로 인해 더욱 커졌다.

1990년대에 과학자 제럴드 디킨스는 당시 방출된 탄소 대부분이 메탄 하이드레이트에서 나왔다는 이론을 세웠다. 기온이 상승함에 따라 바다는 점점 더 따뜻해졌고 결국 그 열기가 해저까지 전달되었다. 그후 가스 하이드레이트가 녹기 시작했고 다량의 메탄이 대기 중으로 방출되었다는 것이다. 메탄이 더 많은 온난화를 초래하고 점점 더 많은 메탄 얼음이 녹아 지구 전체가 되돌릴 수 없을 정도로 과열되었다. 메탄이라는 괴물이 깨어나면서 지구 기후 시스템의 임계점을 넘어섰다는 이론이다.

이 기후 폭탄은 미래의 위험을 경고한다. '메탄 폭탄' 이론을 주장해온 제임스 핸슨은 가장 솔직한 기후과학자 중 한 명이라고 할 수 있다. 그는 자신의 저서《내 손자의 폭풍(Storms of My Grandchildren)》에서 우리가 지금처럼 화석연료를 계속 태우면 오늘날의 얼어붙은 메탄이 녹아내릴 것이라고 경고한다. 그는 오늘날 영구동토층과 심해에 저장된 메탄 하이드레이트의 양이 5,600만 년 전보다 훨씬 더 많기 때문에 최악의 경우 미래에 메탄 배출량이 훨씬 더 많아질 수 있다고 지적한다.

메탄 하이드레이트 이론은 거의 사라질 위기에 처한 적도 있었다. 이 이론의 문제점은 입증하기 어렵다는 것이다. 메탄은 휘발성 가스여서 수치가 상승하거나 하락했다는 것을 증명하기 힘들다. 또 다른 문제는 5,600만 년 전에 가스 하이드레이트가 충분히 존재했는가 하는 여부이다. 지구에 지속적이고 극심한 고온 현상이 나타나기 전에는 대기와 바다 모두 오늘날보다 훨씬 더 따뜻했다. 그렇다면 오늘날의 빙하와 같은 대량의 가스 하이드레이트가 어떻게 해저에 형성되었을까?[28] 대기를 수천 기가톤의 탄소로 채울 만큼 충분한 양이었을까?

메탄 하이드레이트 이론은 증거 부족으로 논란의 여지가 있지만 지지자들도 많다. 대량의 탄소가 어떻게 대기 중에 빠르게 축적되었는지 설득력 있게 설명하기 때문이다. 어떤 의미에서 이 이론의 강점은 경쟁 이론의 약점이라 할 수 있다. 거대한 화산 폭발은 의심할 여지 없이 온도 상승에 기여했지만 충분히 짧은 기간 안에 발생했을까? 그리고 수천 기가톤의 탄소가 대기 중으로 배출될 만큼 충분한 숲과 이탄(습지에서 형성된 유기물질이 축적되어 생성된 퇴적물-옮긴이)이 실제로 타버렸을까? 의문은 많고 답은 모호하다. PETM이 여전히 '탄소 미스터리'로 남아 있는 이유다.

선사시대의 극심한 고온 현상이 메탄의 대량 배출로 인해 촉발된 것이든 아니든, 메탄의 위협은 오늘날의 기후 모델에서 여전히 무서운 전환점으로 떠오르고 있다. 최악의 시나리오를 들으면 속이 울렁거린다. 제임스 핸슨이 언급했듯이 극지방과 심해에는 엄청난 양의 가스 하이드레이트가 존재한다. 여기에 저장된 탄소의 양은 불확실하며 추정치는 700기가톤에서 최대 1만 3,000기가톤까지 다양하다. 특히 시베리아를 중심으로 영구동토층에 있는 메탄 얼음과 얼어붙은 동식물에 많은 양의 탄소가 갇혀 있다. 이것만 해도 1,400~1,600기가톤에 달한다. 이에 비해 전 세계의 인위적 탄소 배출량은 연간 약 10기가톤이다. 다시 말해 가스 하이드레이트에는 지구를 새로운 온난화로 이끌기에 충분한 탄소가 있다는 뜻이다. 영국의 한 다큐멘터리에서는 이러한 메탄 폭발 가능성을 '거대한 방출(the big burp)'이라고 불렀다.

하이드레이트가 통제할 수 없을 정도로 녹아 메탄이 대기 중에 누출되기 시작하면 지옥이 펼쳐질 것이라는 우려도 있다. 엄청난 양의 탄소가 인간의 통제를 완전히 벗어나 대기 중으로 방출될 수 있다. 그렇다면 풍력발전기, 이산화탄소 포집 설비, 태양열 패널로 지구를 덮는 것은 별 의미가 없다. 오히려 우리는 점점 더 증가하는 온실가스에 갇혀 기후는 극적인 결과를 초래할 것이다.

대부분의 사람들은 주로 이산화탄소에 대해 이야기하지만 한 전문가에 따르면 대기 중에 메탄의 수치도 '위험할 정도로' 증가하고 있다. 그 양은 수백 년 동안 3배로 늘어났다. 지금까지는 가축의 트림, 석유 및 가스 추출, 논과 쓰레기 매립지가 비난을 받았지만 많은 사람들은 습지, 영구동토층의 탄소가 대기로 스며들기 시작했다는 점을 우려하고 있다. 이것은 복잡한 문제다. 예를 들어 북극에서는 배출되는 탄소보다 흡수되는 탄소가 더 많은데, 이것을 '기후변화에 관한 정부 간 협의체(IPCC)'도 강조한 바 있다. 따뜻한 기후는 더 많은 식물의 생장을 유도하고 더 많은 탄소를 흡수해서 현재 영구동토층이 녹는 것을 상쇄한다. 북극에는 메탄의 흡수와 배출 사이에 미묘한 균형이 존재하는데, 기후가 더 따뜻해지면 이 균형이 깨질까 봐 전문가들은 우려하고 있다.[29] 메탄의 위협이 실제로 언제 닥칠지는 아무도 정확히 알지 못한다. 그리고 메탄 얼음이 얼마나 빨리 녹을지도 알 수 없지만 역사를 통해 몇 가지 단서를 얻을 수 있다.

미래의 기후 폭탄

일각에서는 최근 시베리아에서 발견된 분화구를 '종말의 분화구'라고 부른다. 거대한 폭탄 구덩이처럼 지형 속에 수십 미터 깊이로 벌어져 있다. 지하에 축적된 메탄이 영구동토층의 해빙으로 인해 폭발하면서 형성된 이 분화구는 급격한 기후변화의 신호다. 5,600만 년 전 폭염 때처럼 메탄 폭탄이 곧 폭발할 것이라는 주장이 제기되고 있다.

　분화구는 시베리아의 육지뿐만 아니라 북극의 해저에서도 많이 발견된다. 이러한 분화구를 조사하기 위해 연구원들은 몇 년 전 바렌츠해를 항해했다. 음향 장비로 해저를 조사하던 중 거대한 물고기 떼를 발견했는데 데이터를 자세히 살펴본 결과 이것은 물고기가 아니라 대규모 가스 누출이었다. 가스 누출은 오랜 역사를 지닌 것으로 밝혀졌다.

마지막 빙하기에 바렌츠해는 두꺼운 빙상으로 덮여 있었다. 지하에서 나오는 가스가 빠져나가지 못해 빙하 아래의 압력이 증가하면서 메탄은 얼음 아래에 가스 하이드레이트 형태로 저장되었다. 마지막 빙하기가 끝날 무렵, 지구는 더 따뜻해졌고 빙하가 후퇴했다. 이로 인해 수압이 떨어지고 바닷물이 유입되어 해수 온도가 상승했다. 심해에서 가스 하이드레이트가 용해되기 시작했다. 메탄가스는 해저에서 서서히 거품을 일으키며 거대한 구덩이와 분화구를 형성했고 일부는 직경이 최대 1킬로미터에 달했다. 바렌츠해의 해저는 마치 융단 폭격을 맞은 것처럼 보인다.

핵심 질문은 다음과 같다. 얼마나 빨리 이런 일이 일어났는가? 연구진은 가스 누출에 시간이 걸렸다는 사실을 밝혀냈고 구덩이에 침전된 탄산염의 연대를 측정한 결과, 1만 7,000년에서 7,000년 전에 대부분의 가스가 누출되었다는 사실을 발견했다. 따라서 바렌츠해의 얼음 아래 저장된 엄청난 양의 메탄이 기후가 따뜻해지는 동안 빠져나가는 데 수천 년이 걸렸던 것이다.[30] 이것은 시스템이 상당히 느리게 작동했다는 뜻이다. 게다가 이러한 메탄 누출은 기후에 미미한 영향을 미쳤을 뿐이다. 바렌츠해뿐만 아니라 얼음이 없는 다른 해양 지역에서도 엄청난 양의 메탄이 방출되었지만 놀랍게도 대기에 도달한 메탄의 양은 미미한 수준이었다. 대기 중 메탄의 양은 빙하기를 벗어나는 과정에서 증

가했지만 대부분 북쪽의 습지와 늪지에서 발생한 것으로 기후 폭탄과
는 거리가 멀었다.

이것이 메탄 하이드레이트에서 나온 가스가 대기에 거의 도달하지
않았다는 중요한 이유 중 하나이다. 연구진이 미니 잠수함을 이용해 메
탄 분출 지역을 촬영한 영상을 분석한 결과, 활기찬 해양생태계를 발견
했다. 형형색색의 말미잘이 해저를 장식하고 거대한 바윗덩어리가 작
은 틈에 숨어 있으며 긴 꼬리의 물고기 떼가 부글부글 떠오르는 가스
주위를 맴돌고 있었다. 미생물이 메탄가스를 먹어치우고, 미생물은 더
큰 동물의 먹이가 된다. 이 미생물은 메탄가스의 상당 부분이 대기 중
으로 배출되는 것을 막아주기 때문에 기후에도 매우 중요하다. 물기둥
은 가스가 대기에 도달하는 것을 막는 필터 역할을 하는데 바다가 깊
을수록 가스가 물기둥을 타고 올라가는 과정에서 용해될 가능성이 높
다. 수천 기가톤의 메탄이 심해의 하이드레이트에 저장되어 있는 것은
사실이지만 바렌츠해의 연구는 어떤 면에서는 기후에 좋은 소식이다.
전 세계의 가스 하이드레이트가 용해되기 시작하더라도 더 오랜 기간
에 걸쳐 일어날 것이며, 특히 대부분의 가스는 탐욕스러운 미생물 덕분
에 대기에 도달하지 못할 것이다.[31] 시베리아처럼 깊은 영구동토층에
저장된 메탄가스도 아직은 비교적 안전하게 보존되고 있다. 영구동토
층은 위에서 아래로 녹기 때문에 공기의 열이 깊숙이 침투하는 데 오랜
시간이 걸릴 것이다.

그렇다면 많은 사람들이 두려워하는 기후 폭탄은 어떻게 될까? 우리

시대에는 PETM과 같은 상태가 발생하지 않을 것이라고 안심할 수 있을까? 메탄 하이드레이트가 녹는 데 시간이 걸리기 때문에 단기적으로는 '그렇다'라고 답할 수 있다. 과거는 미래에 대해 몇 가지 단서를 제공해준다. 남극의 빙핵에서 나온 기포는 우리에게 다음과 같은 사실을 알려준다. 지구가 지금보다 몇 도 더 따뜻했던 마지막 간빙기에는 대기 중 메탄의 양이 증가했지만 엄청난 양은 아니었다. 거의 9,000년 전 북반구의 온난화로 인해 영구동토층이 해빙되었을 때도 하이드레이트에서 가스가 대량 방출된 징후는 없었다. '기후변화에 관한 정부 간 협의체(IPCC)'도 최근 보고서에서 해저와 깊은 영구동토층에 있는 가스 하이드레이트가 금세기에 메탄 배출에 기여할 가능성은 '거의 없다'고 보았다. '메탄 폭탄'이 폭발해서 전 세계가 재앙에 빠지려면 지구온난화가 전 세계적으로 5도를 넘어가야 한다. 그러나 장기적으로 볼 때, 인위적인 배출이 줄어들지 않고 계속 증가한다면 대규모 메탄 폭발을 피할 수 없을지도 모른다.[32]

5,600만 년 전 지속적이고 극심한 고온 현상을 일으켰던 PETM을 둘러싼 풀리지 않는 의문은 여전히 많지만 이를 통해 우리는 무언가를 배울 수 있다. 일부 사람들은 이렇게 뜨거워진 행성에서는 인간이 살 수 없다고 보았지만 동물들은 놀랍게도 더위 속에서 잘 견뎌냈다. 비록 바다의 일부 중요한 미생물들이 어려움을 겪었지만 말이다. 그러나 현재는 상황이 다를 수 있다. 우리는 인간이 지배하는 행성에 살고 있다. 과거에는 동물들이 자유롭게 돌아다니며 새로운 서식지를 찾을 수

있었다면 오늘날에는 도시, 고속도로, 고압 송전탑, 사냥꾼, 목초지, 농경지와 마주치게 될 것이다. 게다가 남극대륙과 그린란드의 거대한 빙상은 5,000만 년 전에는 존재하지 않았다. 해빙이 녹아 사라지면서 온난화만 심화되는 것이 아니라 또 다른 엄청난 문제에 직면할 것이다. 바다가 점점 더 많은 육지를 삼킬 것이며, 오늘날 이산화탄소 배출량이 매우 빠르게 증가하고 있기 때문에 기후 모델이 정확하다면 지구는 5,600만 년 전보다 훨씬 더 빨리 온난화를 맞이할 것이다. 따라서 많은 생물종이 적응에 어려움을 겪을 것이며 인간에 의해 새로운 대멸종이 일어날 가능성이 크다.

5,600만 년 전의 온난기는 얼마나 오래 지속되었을까? 지구가 더워지자 지구의 온도 조절 장치가 작동하기 시작하면서, 지나치게 추워지거나 더워지는 것을 반복적으로 막아주었다. 이로 인해 대기 중 탄소의 농도가 낮아졌다. 일부 기후 낙관론자들은 이것이 오늘날에도 우리의 구세주가 될 것이라고 극찬한다. 하지만 그들이 잊고 있는 한 가지가 있다. 바로 지구의 온도 조절 장치는 매우 느리게 작동한다는 사실이다. 고온 현상 이후 이산화탄소의 농도가 '정상' 수치로 돌아오는 데 20만 년이 걸렸다고 한다. 어떤 의미에서 지질학적 과정은 오랜 시간 동안 쓰레기를 치워주는 청소부 같지만 시간이 너무 오래 걸린다. 팔레오세와 에오세에 여러 차례 고온 현상이 나타난 후 기후는 점차 차가워졌고 지구는 서서히 빙하기로 접어들었다.

더 추운 세상을 향해

2004년, 연구선 비다르 바이킹은 두 척의 대형 쇄빙선과 함께 북극의 해빙을 뚫으며 항해하고 있었다. 북극에서 불과 250킬로미터 떨어진 곳에서 그들은 로모노소프 해저산맥에 도착했다. 이곳에서 연구진은 시추 장비를 물속으로 내려보냈다. 연구원들은 심해에서 5,600만 년 전 북극의 역사를 알려줄 독특한 퇴적물 코어 샘플을 채취했다. 이 탐사는 수십 년 동안 진행되어 온 수십억 달러 규모의 연구 프로그램인 해양 시추 프로젝트(ODP)의 일환이었다. 매년 연구 대상이 선정되며 보통 두어 달 동안 진행되는데 일단 배를 타면 뱃멀미를 견뎌야 하고 중간에 돌아갈 방법도 없다.

그 후 북극의 귀중한 퇴적물 코어는 독일 브레멘의 연구기관으로 옮겨졌고 그곳에서 '시료 공유'가 펼쳐졌다. 정교하게 짜여진 계획에 따라 샘플 재료는 단 1밀리그램도 남기지 않고 전 세계 연구자들에게 분배되었다. 모두가 받을 수 있는 것은 아니었다. 탐사 참가자와 가장 우수한 연구자들이 가장 많은 혜택을 가져간다는 것이 연구 계층 구조의 냉혹한 현실이었다. 어쨌든 이 자료는 연구자들이 오랫동안 잊혀졌던 북극을 깊은 시간의 그림자 속에서 끌어내는 데 큰 도움이 되었다.[33]

연구진은 코어를 조사하여 북극에 가까운 곳의 해수 온도가 5,500만 년 전인 에오세 온난기 때 24도까지 올라갔다는 사실을 밝혀냈다.[34] 당시 북극의 기후는 오늘날 훨씬 더 남쪽에 있는 위도의 기후와 비슷했다. 연구자들은 로모노소프 해저산맥의 자료에서 또 다른 흥미로운 발견을 했는데 담수 양치식물인 아졸라의 두꺼운 층을 발견한 것이다. 이는 1년 내내 두꺼운 해빙이 있는 곳에 양치식물이 물 위에서 자랐다는 것을 의미한다.

4,700만 년 전, 특이한 사건이 발생했다. 연구자들은 퇴적물 코어에서 얼음에 의해 운반된 물질의 잔해를 발견했다. 이는 지구의 기후가 점점 더 추워지기 시작했다는 것을 말해주었다. 그로부터 1,000만 년이 조금 지난 후, 올리고세(신생대 고제3기 말기에 해당하며, 3,370만 년 전에서 2,380만 년 전까지 계속된 지질시대-옮긴이)로 접어들면서 첫 번째 대규모 냉각이 일어났다. 이는 전 세계 기후 곡선에서 급격한 온도 하락을 보여준다. 초록빛으로 물들었던 북극의 바다가 이제는 빙산이 떠다니기 시작했다. 탁 트인 바다가 있던 곳은 겨울이 되면 얼음으로 덮였다. 온실 지구에서 얼음 지구로 대규모의 변화가 일어난 것이다. 이러한 현상은 그 어느 곳보다 극지방에서 극명하게 드러났다. 남극대륙에 얼음이 덮이기 시작한 것도 이 시기였으며, 두 차례에 걸쳐 각각 4만 년 동안 빠르게 확장됐다. 이 얼음은 한때 남극대륙을 뒤덮고 있던 낙엽수림을 집어삼켜 버렸다.

기후변화는 동물 생태계에도 큰 변화를 가져왔다. 여러 종이 멸종한 반면 '대단절'이라고 불리는 시기에 새로운 종이 등장하기도 했다. 유럽에서는 초기의 말과 같은 여러 동물군이 코뿔솟과와 같이 주로 아시아에 분포하는 동물군으로 대체되었다. 이 시기에 역사상 가장 큰 육상 포유류인 파라케라테리움이 등장했다. 이 동물은 다리가 긴 코뿔소를 닮았고 무게는 코끼리의 거의 2배에 달하는 17톤이었다.

로모노소프 해저산맥의 퇴적물 코어에서 연구자들은 1,400만 년 전에 일어난 또 다른 변화를 발견했다. 그 당시 얼음에 의해 운반된 물질의 양이 극적으로 증가했는데 이는 해빙이 겨울뿐만 아니라 1년 내내 있었다는 신호이다. 이것은 잘 알려진 메커니즘을 활성화했다. 해빙이 많아지면 알베도가 증가하여 햇빛을 더 많이 반사하고 냉각을 더욱 증폭시킨다. 수억 년 동안 지구를 지배했던 온실 기후가 종말을 맞이하고 결국 빙하기로 이어졌다.

지구의 느린 냉각에 대해 간단하게 설명할 방법은 없다. 여러 가지 요인이 작용했으며 많은 메커니즘을 완전히 알지 못한다. 가장 분명한 것 중 하나는 기온이 떨어지면서 이산화탄소 수치가 감소했다는 것이다. 그렇다면 대기 중 이산화탄소가 줄어든 이유는 무엇일까? 여러 가지 이론이 있는데, 6,000만~4,000만 년 전에는 화산활동이 활발했고 이후에는 화산활동이 감소했다는 것은 알려진 사실이다. 그 결과 대기 중으로 방출되는 온실가스의 양이 줄어들었다. 또한 안데스산맥, 알프스산맥, 히말라야산맥과 같은 주요 산맥은 5,000만 년 전에 생겨났으며, 산맥은 기후를 안정화시키는 역할을 했다.

인도가 유라시아 대륙과 충돌하고 히말라야산맥이 솟아오르면서 대규모의 변화가 일어났다. 이미 언급했듯이 지구는 화학적 풍화작용을 통해 마치 살아 있는 생명체처럼 스스로 기후를 조절한다. 새로 솟아오른 산맥은 엄청난 양의 암석을 밀어 올렸다. 열대지방에서 산맥이 형성되면 풍화가 더 활발해진다.[35] 이 과정에서 이산화탄소는 탄산으로 변하여 암석을 침식시키고 암석에 함유된 성분이 용해되어 결국 바다로 흘러간다. 이곳에서 다양한 유기체의 껍질에 흡수되어 나중에 거대한 탄소 저장고인 석회암이 형성된다.[36] 이런 식으로 광활한 산맥은 엄청난 양의 탄소를 대기에서 천천히 제거해간다. 히말라야산맥은 대기 순환에도 영향을 미쳤는데 산맥이 더 높아지면서 아시아 몬순은 더 남쪽으로 밀려났고 이는 북쪽의 찬 기류를 '차단'했다. 이러한 강력한 사건들은 오랜 세월에 걸쳐 현재의 기후를 형성하는 데 기여했다.

이산화탄소 수치의 감소를 설명하는 몇 가지 다른 가설이 있다. 불과 5,000만 년 전 북극에서 아졸라 양치류가 번성했을 때 엄청난 양의 이산화탄소를 흡수했을 가능성이 있다. 아졸라 양치류가 죽어 해저로 가라앉으면서 대기에서 탄소가 제거되었는데 이는 생물권이 지구 기후에 어떻게 영향을 미쳤는지를 보여주는 또 다른 예다. 이를 바탕으로 진취적인 엔지니어들은 대기 중 이산화탄소의 농도를 줄이기 위해 빠르게 성장하는 아졸라 양치류를 이용한 현대적이고 대규모의 이산화탄소 포집 프로젝트를 제안했다.[37]

많은 지지를 얻은 이론 중 하나는 게이트웨이 가설이다. 지금으로부터 약 3,000만 년 전 남극대륙과 남아메리카 사이의 드레이크해협이 열리는 조용한 혁명이 일어났다. 두 대륙이 갈라지면서 두 대륙을 잇던 육교가 바닷속으로 사라졌고 광활한 남극대륙은 차가운 남극 해류에 둘러싸이게 되었다.

동시에 태즈메이니아해협이 열리면서 호주와 남극이 분리되었다. 이로 인해 남극은 더욱 고립되었고 빙하가 모여 거대한 빙상이 형성되었다. 눈덩이 지구 시대의 재앙적인 빙하기와 마찬가지로 이 얼음은 알베도를 증가시켜 지구를 더욱 냉각시켰다. 이러한 일련의 사건은 대기 중 이산화탄소 수치가 급격히 떨어지는 것과 함께 신생대 기간에 지구가 온실에서 벗어나 빙하기로 향하는 데 기여했다.[38]

수백만 년에 걸쳐 기후는 점차 차가워졌지만 겨울 추위가 완전히 시작되기 전 따뜻한 가을날처럼 기온이 다시 상승하고 온기가 퍼지는 시기가 있었다. 약 300만 년 전인 플라이오세 시대가 바로 빙하기가 시작되기 직전의 짧은 온난기였다. 이러한 따뜻한 시기는 가까운 미래의 지구온난화를 언급할 때 흔히 사용되는 시나리오인데, 이 시대가 우리에게 실제로 무엇을 알려줄 수 있을까?

북극의 낙타

몇 년 전 앨런 와나메이커가 아이슬란드 연안에서 특별하지 않은 조개를 칼로 자르고 있었다. 당시 이 과학자는 자신이 곧 전 세계 신문의 1면을 장식하게 될 것이라고는 생각하지 못했다. 그런데 그가 유명해진 것은 과학에 대한 헌신이나 지난 1,300년 동안 기후가 어떻게 변화했는지에 대해 열심히 연구한 업적이 아니라 세계에서 가장 오래된 동물을 죽였기 때문이다. 그가 손에 들고 있던 조개는 매우 오래된 것으로 밝혀졌고, 조개껍데기의 홈을 세어본 그는 이 조개를 507세로 추정했다. 이는 아주 원시적인 해면동물을 제외하면 가장 오래된 생물의 나이였다. 연구실을 나설 때 그는 다리가 부들부들 떨렸다. 전 세계에서 전화를 걸어 온 친구들이 그에게 축하의 인사를 건넸다. 이 조개는 16세기 중국 명나라 시대에 태어난 것으로 밍(Ming)이라는 이름이 붙여졌다.

그러나 그가 조개를 죽였다는 사실이 언론에 크게 보도되자 분위기가 바뀌었고 전 세계 언론의 헤드라인은 이내 "과학자, 세계에서 가장 오래된 살아 있는 생명체를 죽이다"로 바뀌었다. 와나메이커에게 이 사건은 '밍의 악몽'이 되었다. 그는 자신을 '조개 살해자'라고 비난하는 이메일을 받았다. BBC는 이 사건을 '클램 게이트(clam-gate)'라고 불렀다. 와나메이커는 나중에 "조개를 죽인 것은 유감이지만 조개껍데기는 우리에게 많은 정보를 제공할 것"이라고 말했다.

와나메이커는 단지 나이를 알아내기 위해 조개를 죽인 것이 아니다. 연구자들은 이 비너스백합(Arctica islandica) 조개가 기후의 역사에 대해 독특한 통찰력을 제공할 수 있기 때문에 바닥을 긁어내어 조개껍데기를 채취한다. 원리는 나무의 나이테와 같다. 연구자들은 조개껍데기 홈의 두께를 분석하는 경화연대측정법으로 수년간 바닷물의 차갑고 따뜻한 정도를 알 수 있다. 조개 밍은 15세기부터 1850년까지 소빙하기 동안 아이슬란드 연안의 바다가 더 차가워지고 변화무쌍해졌다는 논문을 확인하는 데 도움을 주었다. 그러나 이 사실을 아는 사람은 극소수였고 와나메이커는 그저 '세계에서 가장 오래된 동물을 죽인 사람'이 되었다.

이 조개는 과거의 기후에 대해 더 많은 비밀을 밝혀주었다. 1990년대에 캐나다 연구자들은 북위 80도에 가까운 캐나다 북극의 미언섬에서 놀라운 발견을 했다. 그들은 300만 년 된 플라이오세 시대의 지층에서 이 조개껍데기를 발견했다. 조개껍데기는 과거 바다의 온도를 알려주는 지표가 된다. 수온이 영하로 떨어지거나 19도 이상으로 올라가면 조개는 죽는다. 오늘날 이 조개는 영국, 노르웨이, 아이슬란드 해안에서 흔히 볼 수 있으며 북미에서는 북위 60도 정도의 허드슨만 하구까지 서식한다.[39] 이 발견은 300만 년 전의 바다가 훨씬 더 따뜻했고 당시의 조개는 지금보다 수천 킬로미터 더 북쪽으로 이동했음을 보여준다.

베이헨섬에서 멀지 않은 이웃 엘즈미어섬에서 같은 온난기를 밝혀줄 또 다른 놀라운 발견이 있었다. 2006년 고생물학자 나탈리아 립진스키는 나무 한 그루 없는 척박한 툰드라에서 현장 조사를 하던 중 플라이오세 시대에 속하는 330만 년 된 뼛조각을 발굴했다. "언뜻 보기에 나뭇조각인 줄 알았는데 캠프에 돌아와서 보니 대형 포유류의 뼈였다"라고 립진스키는 회상했다.

언론의 헤드라인을 장식하는 연구는 보통 오랜 과정을 거친다. 립진스키가 우연히 뼈 더미를 발견하고 바로 식별했던 것은 아니다. 실제 상황은 그보다 훨씬 더 복잡하다. 그녀와 동료들은 세 계절 동안 현장에서 뼈를 발굴하고, 콜라겐 지문법이라는 새로운 방법을 사용해 DNA 를 분석했다. 그 결과 파라카멜루스라고 불리는 멸종한 낙타의 뼈였 다. 놀랍게도 립진스키는 낙타가 플라이오세 시대에 북극에 살았다는 사실을 밝혀냈다. 오늘날 늑대와 순록이 툰드라를 여행하는 곳에서 한 때 '사막의 배'라 불리는 낙타가 숲속을 돌아다녔다. 연구자들은 비버, 오소리, 말의 화석도 발굴했다. 300만 년 전에는 북극의 동물이 지금과 완전히 다른 모습이었다.

낙타는 북극에서 살기에 적합한 조건을 갖추고 있었으며 낙타의 혹 에 저장된 많은 지방은 먹이가 부족한 추운 겨울밤을 견디는 데 도움이 되었다. 낙타 뼈의 발견은 낙타의 진화적 역사를 이해하는 데 중요한 단서를 제공했다. 낙타가 북아메리카에서 기원하여 유라시아로 퍼져 나갔기 때문에 립진스키는 혹이 사막과 같은 건조한 기후가 아닌 추운 서식지에 적응하기 위한 것으로 추측했다.

낙타가 북극에 살았던 시대를 플라이오세라고 한다. 이 이름에 주목 하자. 왜냐하면 오늘날 우리는 다시 플라이오세 시대로 돌아가는 길에 있기 때문이다. 고기후학자에 따르면, 이 시기는 50만 년 이상 안정된 지구온난기가 이어진 마지막 시기라고 한다. 우리는 이미 당시와 동일 한 대기 중 이산화탄소 수치가 약 430ppm에 도달했거나 매우 근접해 있다. 이는 300만 년 전의 기록이 곧 깨질 것임을 의미한다. 따라서 오 늘날의 기후 모델링 전문가들에게 플라이오세의 기후는 가까운 미래, 즉 배출량을 급격히 감축하더라도 막을 수 없는 온난화를 의미한다. 전

세계적으로 기온은 오늘날보다 2~3도 높았고, 극지방은 14~22도까지 더 높았을 것으로 추정된다.[40]

　지구 역사상 가장 많이 연구된 시대 중 하나인 플라이오세에는 미래 기후에 중요한 요소인 해빙이 존재했다. 지도상으로 북극은 지구의 북쪽 끝에 있는 별도의 대륙처럼 보이지만 사실은 그렇지 않다. 지구의 흰 모자라 불리는 북극은 오늘날 깊은 바다 위를 덮고 있는 얇은 얼음층일 뿐이다. 러시아 크기의 면적을 덮은 이 얼음 덮개는 지구를 온난화시키고 해빙을 무너뜨리는 인류의 어리석음을 상징하는 존재가 되었다. 우리는 북극곰이 얼음판 위에 고립되어 고군분투하는 약간 상투적이지만 상징적인 이미지를 통해 해빙이 감소하고 있다는 사실을 끊임없이 상기한다.

　1979년부터 과학자들은 이 하얀 황무지에 대한 인공위성 사진을 연구하며 해빙이 서서히 줄어드는 것을 관찰해왔다. 측정을 시작한 이래 여름철 북극의 해빙 면적은 절반으로 줄어 2012년에는 가장 작아졌다. 당시 해빙의 면적은 340만 제곱킬로미터에 불과했는데 이 기록은 최근 거의 깨질 뻔했다. 40년 전만 해도 해빙은 1,600만 제곱킬로미터를 덮고 있었고 겨울에는 감소 폭이 크지 않았다. 그 이후로 해빙은 '겨우' 몇백만 제곱킬로미터만 감소했다. 동시에 해빙은 더 얇아졌다. 인공위성으로 측정을 시작한 이래로 최소 5년 이상 된 두꺼운 얼음의 비율은 90%나 감소했다. 북극을 정기적으로 방문하는 사람들은 이를 눈으로 직접 확인할 수 있었다. 두껍고 오래된 '절벽 모양'이 아니라 얇고 몇 년

밖에 되지 않은 얼음이었다. 해빙의 운명은 이미 결정되었으며 아마도 여름에는 완전히 사라질 것이다. 그렇다면 북극에 마지막으로 얼음이 없었던 시기는 언제였을까?

1998년, 연구자들은 스발바르 연안 해저에서 퇴적물 코어를 채취했다. 그 속에는 플라이오세의 해빙에 대한 중요한 정보가 담겨 있었다. 사람이 죽으면 우리 몸은 분해되지만 인간만이 가진 유기분자의 화학적 신호가 남게 되므로 연구자들은 한 줌의 흙만 분석해도 "여기서 사람이 썩었다"라는 사실을 증명할 수 있다. 바다의 작은 미생물도 인간과 마찬가지로 전형적인 특징을 가지고 있다. 북극에서는 규조류가 해빙 근처에 서식하고 있다. 이들이 죽으면 분해되어 IP25라고 불리는 지질화학 물질을 남기는데 해빙 근처에 사는 이 미생물은 후손에게 해빙이 있었는지 없었는지를 대략적으로 알려준다.

연구진은 모든 지층의 IP25 물질을 분석한 결과, 320만 년 전 여름, 즉 플라이오세의 마지막 온난기에 스발바르 주변뿐만 아니라 북극 전역에서 해빙이 사라졌다는 사실을 확인했다. 이것은 우리가 지금 갱신하려고 하는 또 다른 플라이오세에 대한 기록이다. 얼음이 없는 북극을 항해할 수 있었던 것은 아마도 이 시기가 마지막이었을 것이다.[41]

해빙이 다시 사라진다면 중요한 전환점을 맞는 극적인 결과를 초래할 수 있다. 암울한 미래 시나리오는 다음과 같다. 해빙이 녹으면 역복사가 감소할 것이다. 이미 몇 차례 논의했듯이 얼음과 눈은 어두운 바다를 포함한 대부분의 다른 것들보다 알베도가 높기 때문이다. 얼음이 사라지면 해수 온도가 상승하여 북극의 육지가 따뜻해질 것이다.

오늘날 우리는 이러한 현상을 스발바르에서 볼 수 있다. 1961년 이후 겨울철 기온은 6도 상승했다.[42] 이는 특히 겨울철 바렌츠해에 해빙이 없는 것과 관련이 있다. 이전에는 해빙이 군도 주변에 차가운 담요처럼 깔려 있었다. 바다는 지구의 열을 조절한다. 얼음이 없으면 바다가 육지를 따뜻하게 하고 기온은 0도 가까이 유지된다. 바다에 얼음이 덮여 있으면 열이 빠져나가지 않아 겨울 기온이 영하 20도까지 빠르게 내려간다. 이것은 '극지 강화 메커니즘'의 요소 중 하나이기도 하다. 여름에 해빙이 줄어들고 결국 완전히 사라지면 더 많은 열이 바다에 흡수되어 저위도 지역보다 더 빠르게 지구온난화가 진행될 것이다. 따라서 북극은 플라이오세의 상태로 접어들고 있는 중이다. 이는 기후뿐만 아니라 얼음 가장자리에 사는 동물들에게도 중요한 문제이다.

플라이오세의 기후가 매우 따뜻했다는 사실은 '플라이오세 역설'로 알려져 있다. 이산화탄소 수준뿐 아니라 지구의 대륙 분포도 오늘날과 거의 같았다. 그렇다면 기후가 훨씬 더 뜨거워진 원인은 무엇일까? 기후 시스템은 복잡해서 이산화탄소뿐만 아니라 여러 요인에 의해 촉발된다. 이 역설에 대한 한 가지 설명은 엘니뇨가 고착화되었다는 것이다. 엘니뇨는 2~7년 주기로 발생하는 기상 현상으로, 대략적으로 말하면 무역풍이 약화될 때 나타난다. 결과적으로 따뜻한 해수면이 동부 태평양에 머물게 된다.[43] 이로 인해 남미 해안을 강타하는 폭우와 호주와 인도네시아의 가뭄 등 전 세계적인 기후변화가 발생한다. 호주에서 최악의 산불이 발생한 해의 대부분은 엘니뇨와 관련이 있지만 반드시 지구온난화 때문만은 아니다. 하지만 엘니뇨의 가장 두드러진 특징은 이후 전 세계 평균기온이 상승한다는 점이다. 2015년부터 2016년 말까지 강력한 엘니뇨가 발생한 후 지구의 기온은 0.2도 상승했다. 따라서 지속적이고 강력한 엘니뇨는 플라이오세의 온난기를 설명한다.

플라이오세에는 바다와 대륙의 위치가 오늘날과 거의 같았는데 작지만 중요한 차이가 있었다. 당시 북미와 남미는 대서양과 태평양을 잇는 해협으로 분리되어 있었다. 지금으로부터 300만 년 전, 지구를 영구적으로 변화시킬 사건이 일어났는데 수백만 년 동안 이어져온 해협이 영원히 닫힌 것이다. 플라이오세 때 두 대륙이 합쳐지면서 '대미 대륙 간 변화' 또는 '대미 생물 교환'이라고 불리는 지각변동이 일어났다. 커다란 머리와 부리에 공룡과 거대한 타조를 교배한 것처럼 보이는 무시무시한 공포의 새 테러버드와 같은 동물들이 북쪽으로 이동한 반면, 검치호랑이와 코끼리는 남쪽으로 이동했다. 지구판의 이 작은 조정은 아마도 지구의 기후에도 큰 영향을 미쳤을 것이다.

이전에는 태평양으로 유입되던 따뜻한 바닷물이 대서양으로 북상했다. 멕시코만류가 강화되어 북극해가 따뜻해졌으며 한 곳에 열이 몰리자 다른 곳에 추위가 나타났다. 일부 전문가들에 따르면 이는 역설적인 결과를 가져왔다고 한다. 우선, 대략적으로 말하면 북극의 해빙이 덜 형성되었다는 것이다. 그 결과 더 많은 수분이 발생했고 눈이 많이 내려서 강수량이 더 늘어났다. 놀랍게도 그린란드에는 이미 빙하가 형성되고 있었지만 북극이 따뜻해지면서 오히려 대규모로 빙하가 증가했다.[44] 일단 얼음이 형성되자 알베도는 더 높아졌으며 그 후 대기에서 더 많은 열이 방출되었고, 이로 인해 지구는 서서히 더 냉각되어 절정에 이르렀다. 260만 년 전에 또 다른 '기후 위기'가 일어났다.[45] 그 후 남쪽뿐만 아니라 북쪽에서도 얼음이 영구적으로 밀집되었다. 얼음은 두껍고 하얀 껍질처럼 퍼져 나갔고 지구는 본격적으로 제4기 또는 흔히 빙하기로 불리는 시기에 접어들었다.

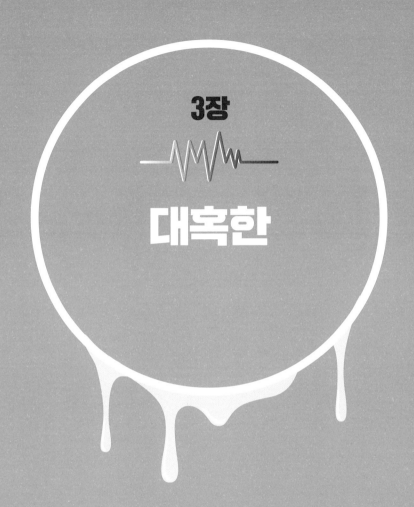

3장

대혹한

독일 함부르크 북쪽에 위치한 그로센제 호수에는 참나무와 너도밤나무 군락으로 둘러싸인 무성한 초원이 초록빛으로 물들어 있다. 반짝이는 호수 옆으로 따뜻한 바람이 불어오는데 2만 년 전 이곳에 하늘 높이 솟은 새하얀 빙하가 있었다고 상상하기란 쉽지 않다. 빙하 앞에는 얼음이 차갑게 흘러내리면서 얼어붙은 툰드라가 펼쳐져 있었다. 꽃이 만발한 초원과 따뜻한 숲으로 둘러싸인 아름다운 호수는 빙하 아래로 격렬하게 흐른 강물에 의해 형성되었다. 이 평탄하고 아름다운 풍경은 그 자체로 빙하기의 산물이다. 엄청난 양의 모래와 자갈이 북쪽에서 이곳으로 쓸려 내려와 웅덩이와 구덩이를 채웠다. 빙하는 북쪽에서 가져온 돌들을 흩뿌리면서 퍼졌다. 몇 년 전 함부르크를 관통하는 엘베강을 준설할 때 스웨덴에서부터 빙하에 밀려온 집채만 한 거대한 돌이 발견되었다.[1] '옛 스웨덴'이라고 불리는 이 돌은 해변에 밀려온 고래처럼 놓여 있다. 270톤에 달하는 이 돌은 얼음으로 뒤덮였던 과거를 증명한다.

2만 년 전 지구는 3분의 1이 얼음으로 덮여 있었고, 북아메리카와 유럽 대부분 지역에 빙상이 펼쳐져 있었다. 당시는 마지막 빙하기 중 가장 낮은 기온을 기록했다. 오늘날보다 6도나 낮았으며 아마도 2억 6,000만 년 동안 가장 낮은 기온이었을 것이다. 빙상은 덴마크의 유틀란트반도까지 내려와 독일 함부르크 바로 북쪽, 폴란드를 거쳐 동쪽으로 뻗어 나갔고 러시아의 노바야제믈랴까지 북동쪽으로 계속 이어졌다. 영국제도에서는 빙상이 런던 바로 북쪽까지 확장되었고 북아메리카에서는 빙하 전선이 서쪽의 시애틀과 동쪽의 뉴욕 바로 남쪽까지 이어졌다. 맨해튼은 지질학적으로 볼 때 불과 얼마 전까지만 해도 얼음으로 둘러싸여 있었다.

그로센제에서는 마지막 빙하기가 끝날 무렵 빙하의 가장자리에 살았던 함부르크 사냥꾼들의 정착지가 발굴되었다. 이들은 툰드라에서 순록을 사냥하며 살았는데, 지금은 숲이 흩어져 있고 완만한 기복을 이루는 들판으로 뒤덮인 지형이다. 빙하가 후퇴하면서 우리 조상들은 북쪽으로 이동했다가 빙하가 확장되자 다시 남쪽으로 밀려났다.

지질학적 역사에서는 온실기후 시대가 일반적인 모습이었으며, 빙하기는 예외에 속한다. 지구 역사상 이 시기만큼 기후가 급격하게 추웠다가 따뜻해지기를 반복하며 변화무쌍했던 적이 없었다. 지난 260만 년을 대표하는 제4기 빙하기는 어떤 의미에서 4,000만 년 전에 시작되어 북반구 대부분이 얼음으로 덮인 지구의 느린 냉각 과정의 결말이라 할 수 있다.

오늘날에는 기록적인 기온 상승과 가뭄에 대한 기사를 끊임없이 접하고 있어 상상하기는 어렵지만, 빙하기는 끝나지 않았다. 세계지도를 펼쳐 남극과 그린란드를 덮고 있는 하얀 얼음 위로 손가락을 이동시켜 보면 알 수 있듯이 우리는 여전히 빙하기에 살고 있다. 우리 시대는 두 빙하기 사이에 끼어 있다. 우리는 간빙기에 살고 있으며, 잠깐의 따뜻함 속에서 인류 문명이 출현했다.

현재와 미래의 기후를 이해하려면 빙하기를 이해해야 한다. 유럽과 북아메리카 남부까지 빙하로 뒤덮인 상태에서 어떻게 현재 겪고 있는 간빙기로 전환되었는지에 대해서는 많은 부분이 수수께끼로 남아 있다. 이러한 기후변화의 원인은 무엇일까? 이는 미래의 기후에 대해 무엇을 가르쳐줄 수 있을까? 그리고 무엇보다 중요한 질문으로, 지구가 얼음으로 덮여 있었다는 사실을 우리는 어떻게 알게 되었을까?

클라겐푸르트의 용

오스트리아의 클라겐푸르트에는 린트부름이라는 커다란 용에 대한 전설이 있다. 이 용은 글란강에 살았는데 폭풍우와 폭우, 홍수가 발생하면 용이 포효하는 소리가 들렸다. 결국 이 괴물에게 질려버린 도시의 통치자들은 강가에 큰 탑을 세우고 황소를 갈고리에 매달아 놓은 후 용이 나타나기를 기다렸다. 밤이 되자 용이 나타나 황소를 삼키려다 턱이 갈고리에 끼었고 그때 용감한 기사가 단호하게 용을 쳐서 죽였다.

1334년, 도시의 한 자갈 구덩이에서 거대하고 길쭉한 두개골이 발견되었다. 한 번도 본 적이 없는 그것의 정체는 미스터리였다. 마을 사람들은 그것이 용의 두개골이라고 믿었고 자갈 구덩이를 '용의 무덤'이라고 불렀다. 이 두개골은 시청에 전시되었고, 16세기에는 도시 중심에 세워진 대형 돌비석의 모델이 되었다. 유럽 전역에서 더 많은 두개골, 뼈, 해골이 발견되어 수도원, 교회, 성, 시청에 전시되었다. 빈의 슈테판대성당 입구에는 거인의 것으로 추정되는 커다란 대퇴골이 걸려 있었다. 그리스 섬에서는 외눈박이 괴물인 키클롭스의 두개골이 발견되었다. 시베리아에서는 《구약성서》〈욥기〉에 나오는 짐승 베헤모스의 유골로 추정되는 거대한 엄니와 뼈가 발견되었다. 반은 사자, 반은 독수리인 무시무시한 그리핀의 발톱이라고 여겨지는 뿔도 발견되었다. 과학적인 설명이 없는 상황에서 기사와 영웅들이 죽인 괴물들이나 대홍수로 익사한 괴물들에 대한 신화가 퍼져 나갔다.

1700년대에 들어서면서 당시의 자연과학자들은 서서히 깨닫기 시작했다. 많은 사람들은 그것이 괴물들의 뼈가 아니라고 주장했다. 그중 한 명이 독일의 자연과학자인 페터 지몬 팔라스였다. 그는 시베리아를 탐험하던 중에 코뿔소와 코끼리로 추정되는 동물의 뼈를 대량으로 수집했다. 1772년에는 이르쿠츠크에서 코뿔소 머리를 발견했는데 '레나강의 코뿔소'라는 의미로 레나 코뿔소라고 불렀다. 이는 과학계에 새로운 도전 과제를 제시했다. 코끼리와 코뿔소가 성경에 나오는 짐승이나 거인 같은 신화 속 동물이 아니라면 어떻게 그렇게 멀리 북쪽까지 갔을까? 코끼리와 코뿔소는 따뜻한 남부 지역에 사는 동물인데 말이다. 팔라스는 당시 널리 퍼져 있던 믿음에 근거하여 격렬하고 빠른 홍수가 이 동물들의 해골을 추운 지역으로 옮겼다고 생각했다. 성경에 나오는 엄청난 규모의 홍수가 지구를 강타하여 지형을 바꾸고 수많은 동물들이 익사했다는 것이다.

화석에 조예가 깊었던 러시아의 표트르대제와 같은 사람들은 코끼리 뼈가 한니발이나 에피루스의 왕 피로스의 군대에서 나왔다고 주장했다. 두 사람 모두 로마와의 전쟁에서 코끼리를 이용했다. 그러므로 일부 코끼리가 길을 잃고 북쪽으로 떠돌아다녔다는 것은 완전히 비현실적인 이야기는 아니다. 하지만 이 가설에는 문제가 있다. 길 잃은 코끼리 몇 마리라고 보기에는 그 수가 너무 많았기 때문이다. 이 코뿔소와 코끼리가 실제로 먼 북쪽에 살았다면 어땠을까?

프랑스의 자연과학자 조르주루이 르클레르 드 뷔퐁 백작은 과거 어느 시점에 기후가 더 따뜻해져 북쪽 지역에 코끼리와 코뿔소가 살 수 있었다고 믿었다. 이후에 날씨가 추워지자 동물들은 남쪽으로 이동했다는 것이다.

논쟁이 격화되는 동안 1797년 프랑스인 조르주 퀴비에(Georges Cuvier)는 논란이 된 뼈를 더 자세히 연구했고, 코뿔소와 코끼리가 오늘날과 같은 종이 아니라는 결론을 내렸다. 당시에는 하느님의 창조가 완전하고 완벽하다고 여겼기 때문에 코뿔소와 코끼리가 멸종되었을지도 모른다는 것은 끔찍하고 이단적인 생각이었다. 하지만 퀴비에는 이를 지구 역사의 자연스러운 과정으로 보았다. 그는 당시 프랑스의 격변기에 영향을 받아 격변설을 주장했는데, 지구의 역사가 큰 규모의 격변적인 사건들에 의해 형성되었다는 것이다. 그는 "우리 이전에 어떤 재앙으로 파괴된 세계가 존재했다"라고 주장했다. 몇 년 후, 털이 있는 코끼리의 사체가 발견되자 자연과학자들은 이 동물이 추운 기후에 적응했다는 사실을 깨달았다. 이것은 홍수 이론과 북쪽의 따뜻한 기후에 대한 뷔퐁 백작의 이론에 타격을 입혔다.

퀴비에는 코끼리 뼈가 매머드라는 알려지지 않은 종이고, 코뿔소 뼈는 털코뿔소의 유골이라고 믿었다. 이러한 발견에 비춰 자연과학자들은 클라겐푸르트의 두개골이 용이 아니라 털코뿔소의 것임을 깨달았다. 수수께끼가 풀리고 신화가 깨졌다. 최대 3톤에 달하는 코뿔소는 매머드, 아일랜드 자이언트 사슴, 순록, 동굴사자, 야생 소 오로크스와 함께 빙하기와 간빙기를 거쳐 8,000년 전에 멸종하기까지 유럽 평원에서 살았다. 매머드는 조금 더 오래 살아남아 시베리아 북부의 브란겔라섬에서 4,000년 전까지 살았다. 빙하기 동물들이 멸종한 이유는 아직 밝혀지지 않았지만 기후가 따뜻해지면서 환경이 급격하게 변했기 때문인 것으로 추정된다. 유라시아와 북미의 광활한 초원이 숲으로 뒤덮이면서 거대 동물의 서식지가 제한되었기 때문이다. 아마 우리 조상들도 여기에 한몫했을 것이다. 이 동물들은 이미 수십 차례의 따뜻한 간빙기를 견뎌냈는데 왜 우리 간빙기에 멸종했을까? 석기시대 인류의 지칠 줄 모르는 사냥이 멸종 위기로 몰아넣었을 수도 있다. 이 동물들이 인간과 동시대에 살았는지는 오랫동안 논쟁의 대상이었다.

그러다 1864년, 마지막 회의론자들도 확신하게 되었다. 프랑스의 고생물학자 에두아르 라르테가 도르도뉴의 라마들렌 동굴에서 매머드가 새겨진 엄니를 발견한 것이다. 동굴 벽도 매머드 그림이나 조각으로 장식되어 있었다. 거의 비현실적인 선사시대의 세계가 드러났다. 멸종된 동물들은 19세기에 과학자들이 서서히 인식하기 시작한 더 추운 세상, 얼음이 지배하는 지구에 대해 증언하고 있었다.

노르웨이 산맥의 신비

1823년 여름, 옌스 에스마르크(Jens Esmark)와 그의 제자 오토 탄크(Otto Tank)는 지구의 기후를 이해하는 데 매우 중요한 여정을 떠났다. 에스마르크는 크리스티아니아대학의 암석학 교수이자 도브레에서 석탄을 찾고 산과 폭포의 높이를 측정하고 콩스베르그의 은광에서 일한 경험이 있는 숙련된 지질학자였다. 이 산골 마을에서 그는 토머스 맬서스(Thomas Malthus)를 만났다. 세계적으로 유명한 영국의 경제학자 맬서스는 에스마르크에 대해 다음과 같이 썼다. "그는 매우 친절하고 박식한 사람이지만, 너무 철학적이고 또 지저분해서 여자들을 만족시키지 못할 것 같다."

에스마르크가 탄크와 함께 지질 탐험을 떠났을 때는 그의 경력에서 한창 전성기였는데 이 여정에서 그는 일생일대의 발견을 하게 되었다. 7월 말, 그들은 노르웨이의 스타방에르를 지나 뤼세피오르 입구까지 여정을 이어갔다. 이곳에서 에스마르크는 우연히 하우칼리바트넷 호수를 가로막고 있는 바스뤼겐(물줄기 능선)이란 곳을 발견했다. 오늘날 우리는 이곳이 1만 1,700년 전 빙하 앞쪽에 형성된 바위, 자갈, 모래로 이루어진 빙퇴석 능선이라는 사실을 알고 있다. 탄크와 에스마르크가 이때 어떤 생각을 했는지 노트나 일기에 기록되어 있지는 않지만 그들은 이 기이한 풍경에 경이로움을 느꼈을 것이다. 몇 주 후, 에스마르크와 탄크는 요스테달 빙하에서 파생된 라우달 빙하를 지나가게 되었다. 그곳에서 그들은 획기적인 발견을 했고 과학사학자 게이르 헤스트마르크(Geir Hestmark)는 에스마르크의 산악 횡단을 두고 "지구과학 역사상 가장 보람된 36시간"이었다고 평했다. [2]

안개와 비가 내리는 빙하 옆에서 그들은 5미터가 넘는 바위와 자갈 능선을 발견했다. 이 빙퇴석 능선은 빙하가 밀어낸 것이 분명했다. 하지만 탄크와 에스마르크가 가장 놀랐던 것은 이 빙퇴석과 길쭉한 바스뤼겐이 놀라울 정도로 유사하다는 점이었다. 그들은 이곳이 빙퇴석이라면 바스뤼겐도 빙퇴석일 것이라고 생각했다. 에스마르크는 나중에 그의 유명한 저서《우리 지구 역사에 대한 기여》에서 바스뤼겐 또는 '글레서-볼덴(빙하-둑)'의 가장 '주목할 만한' 점은 '바다 표면'에 놓여 있다는 것이라고 썼다. 그렇다면 빙하가 산뿐만 아니라 해수면까지 확장되었다는 것이고, 이는 기존의 인식을 획기적으로 바꾸는 것이었다. 바스뤼겐이 빙하에 의해 남겨진 것이라면 그 빙하들이 지금보다 훨씬 더 광범위하게 퍼져 있어야 했다. 에스마르크가 나중에 말했듯이 지구는 "특정 시기에……얼음과 눈으로 뒤덮여 있었다."

에스마르크가 안개 속에서 결론에 도달할 무렵에는 지구의 기후에 대한 여러 가지 이론이 존재했다. 앞서 언급했듯이, 지구가 점점 더 추워지고 있다는 견해가 널리 퍼져 있었다. 지구가 빛나는 용암 덩어리였다가 서서히 냉각되고 있다고 상상한 것이다. 이 가설에 따르면 기후는 태양의 열이 아닌 지구 내부의 열에 의해 조절된다.

18세기에 뷔퐁 백작이 제기한 지구냉각설은 시베리아에서 코끼리와 코뿔소의 발견을 설명하는 데 사용되었다. 그는 저서인《자연의 시대》에서 지구의 역사를 7개의 시대로 나눴다. 마지막 시대는 추웠다. 그는 추운 기후에 적응한 동물이 미래에 가장 잘 살아남을 것이라고 주장했다. 또한 뷔퐁은 아이러니하게도 현재의 상황을 고려할 때 인류가 나무와 석탄을 태우면 추위로 인한 멸망을 피할 수 있다고 믿었는데 이는 불과 100년 후 아레니우스의 주장과 크게 다르지 않았다.

기후의 진화를 이해하기 위해 뷔퐁은 쇠구슬을 가지고 실험했다. 다양한 크기의 쇠구슬을 불이 붙을 때까지 가열한 후 식혀서 만질 수 있을 때까지 걸리는 시간을 계산했다. 여성들의 손이 남성보다 더 예민하다고 믿은 그는 이 실험에 여성만 참여시켰다. 쇠구슬은 지구 모형으로 만들어졌다. 이 실험은 지구가 시간이 지남에 따라 차가워졌음을 입증할 뿐만 아니라 지구가 한때 빛날 정도로 뜨거웠다면 현재의 온도로 식는 데 시간이 얼마나 걸렸는지 알려줄 수도 있었다. 그는 쇠구슬을 지구의 크기로 확장하여 계산한 결과 지구의 나이가 7만 5,000년에서 300만 년 사이라는 결론을 내렸다. 그는 파리의 신학자들을 두려워해서 후자의 추정치는 발표하지 않았다. 뷔퐁은 "교수형보다 겸손한 것이 낫다"라고 말했다. 오늘날 우리는 이것이 지구의 오랜 역사에서 한 순간에 불과하다는 것을 알고 있지만 당시에는 성경의 연대기를 기준으로 지구의 나이가 4,600년이라고 생각하고 있었기에 이토록 높은 연대는 경악과 당혹감을 불러일으켰다.

빙하기에 대한 새로운 이론을 주장한 것은 에스마르크뿐만이 아니었다. 과학자는 아니었지만 사냥꾼인 장 피에르 페로댕(Jean-Pierre Perraudin)도 스위스의 빙하 지역에서 산속을 돌아다니다 비슷한 관찰을 했다. 그는 에스마르크와 마찬가지로 자갈 능선 또는 빙퇴석이 거대한 빙하가 남긴 흔적일 거라고 생각했다. 위대한 작가이자 유능한 과학자이기도 했던 괴테는 자신의 소설 속 인물인 빌헬름 마이스터를 통해 전 세계적인 빙하기, 즉 '빙하시대'에 대한 연구를 진행했다. 1840년 스위스의 루이 아가시(Louis Agassiz)가 쓴 〈빙하에 관한 연구〉는 에스마르크의 핵심 연구를 참조하지는 않았지만 빙하기를 폭넓게 다루었다.[3]

과학의 본질은 목적지를 향해 행진하는 퍼레이드가 아니며 그 과정에서 큰 성공과 실패가 있다. 과학은 불확실성이 점점 줄어들면서 더듬더듬 전진하고 실패를 거듭하는 과정에서 많은 선구자들이 잊혀지기도 한다. 아가시의 작업은 쉽게 받아들여지지 않았다. 독일의 유명한 과학자 알렉산더 폰 훔볼트(Alexander von Humboldt)는 아가시에게 보낸 편지에서 "당신은 지적 호기심을 너무 넓게 퍼뜨리고 있어요. 당신은……화석 물고기에 집중해야 합니다.…… 당신의 얼음이 무서울 지경이에요"라고 비난하기도 했다.

지구 역사에서 중요한 빙하기는 오랫동안 불분명한 측면이 있었다. 북반구에서 사람들은 불분명한 현상들을 목격했다. 뱀처럼 구부러진 모래 능선, 거대한 자갈 더미, 깊은 골짜기와 계곡, 평원 한가운데 있는 거대한 바위 같은 것이다. 그래서 신화도 많았다. 사람들은 트롤들이 싸우면서 바위를 퍼뜨렸다고 믿었기에 '전투바위'라는 이름이 붙었다. 외스테르달렌의 유툴호게트와 같이 바위에 큰 홈이 있는 것은 트롤들이 도끼로 바위를 쪼개서 생긴 것이라고 생각했다. 이후 지구가 빙하기를 겪었다는 인식이 점차 자리 잡아갔고, 빙하의 파괴적인 활동을 통해 지형의 발달을 해석할 수 있었다.

찰스 다윈은 빙하기 이론이 나오기 전인 1831년에 유명한 지질학자 애덤 세지윅(Adam Sedgwick)과 함께 웨일스의 언덕을 여행하고 있었다. 그는 여행 후 10년 만에 쓴 글에서 "우리는 암석을 자세히 연구했지만……둘 다 우리 주변의 놀라운 빙하 현상의 흔적을 알아차리지 못했다. 빙하에 의해 긁힌 흔적이 선명한 바위, 거대한 바위와 빙퇴석을 알아채지 못했다"라고 말했다.[4]

우리가 살고 있는 세상은 빙하기에 형성되었다. 빙하가 쌓이면서 계곡을 파고, 산과 봉우리를 깎아내고, 거대한 불도저처럼 바위와 자갈을 앞으로 밀고 나갔다. 유럽과 북미의 풍경은 빙하기의 파괴를 고려하지 않고는 거의 이해하기 어렵다. 빙하는 길쭉한 빙퇴석을 형성하여 호수와 피오르를 막았다. 뾰족한 산, 깊은 계곡과 피오르, 매끄럽게 다듬어진 암석 노두는 빙하가 깎아낸 것이다. 빙하기가 아니었다면 이 독특한 풍경은 존재하지 않았을 것이다. 빙하기 전에는 유럽 전역에 걸쳐 광활한 툰드라 평원이 펼쳐져 있었다. 남쪽의 이베리아반도와 발칸반도에는 숲이 빙하를 피해 부분적으로 남아 있었다. 북쪽이 수 킬로미터 두께의 빙하로 덮여 있는 동안 사람과 동물들이 이곳으로 피신했다. 마지막 빙하기에는 지구의 기후도 건조했고 열대우림은 축소되었으며 사하라사막은 지금보다 400킬로미터 더 남쪽으로 뻗어 있었다.

우리는 흔히 하나의 빙하기를 이야기하지만 사실 훨씬 더 많은 빙하기가 있었다. 지난 260만 년 동안 최소 40번의 빙하기가 있었던 것으로 추정된다.[5] 제4기 동안 기후는 빙하기가 왔다가 사라지면서 격렬하게 변동했다. 그 사이에는 지금 우리가 살고 있는 것과 같은 간빙기의 더 따뜻한 기후가 잠깐 동안 지속되었다. 각기 다른 온난기는 고유한 기후적 특성을 가지고 있는데, 특히 마지막 온난기인 에미안(eemian) 간빙기가 과학자들의 관심을 끌었다.

런던의 하마

베르겐대학교의 얀 만게루드(Jan Mangerud) 교수는 삽을 힘차게 땅속으로 밀어 넣었다. 그의 발아래에는 진흙과 자갈로 이루어진 일종의 성배가 놓여 있었다. 땅을 탐구하는 일은 그의 인생을 관통하는 주제였지만 가족과 함께하는 휴가 동안에는 자갈 채취장을 하루 한 곳만 방문하기로 규칙을 정했다. 그렇지 않으면 그는 여름 내내 자갈 채취장에서 헤어나지 못할지도 모른다. 그는 자작나무들에 둘러싸인 땅을 파헤치다 마지막 빙하기 초기에 만들어진 것으로 추정되는 조개껍데기를 골라내고는 매우 기뻐했다. 베르겐에서 불과 몇 킬로미터 떨어진 랑에고르덴 인근의 들판에서 만게루드는 50년 전 가장 광범위한 발굴 프로젝트 중 하나를 시작했다. 그는 삽을, 아니 굴삭기 버킷을 땅속에 집어넣었다. 트럭 600대 분량의 돌과 흙을 퍼 나르자 문화 유적지 한가운데 15미터 깊이의 구덩이가 생겼다.

구덩이를 발굴한 후, 만게루드와 동료들은 마지막 간빙기의 층층이 쌓인 자갈, 모래, 점토를 연구했다. 그 기간은 13만 년 전부터 11만 5,000년 전까지 지속되었던 시기로, 10만 년씩 지속된 잘레(Saale)와 바이흐젤(Weichsel)이라 불리는 2개의 긴 빙하기 사이의 짧은 온난기였다.

연구진은 바다표범의 뼈와 조개껍데기, 그리고 달팽이를 발견했다. 그중 독특한 것은 해변에서 흔히 발견되는 하얀 조개껍데기처럼 생긴 연체동물 파르비카르디움 파필로숨이었다. 오늘날 노르웨이 해역에서는 발견되지 않는 이 종은 지중해에 가장 널리 퍼져 있고 서식지의 북쪽 한계선은 영국해협이다. 그 밖에 많은 양의 굴, 큰가리비, 탑달팽이가 대량 발견되었는데 모두 따뜻한 해양 환경에서 서식한다. 만게루드는 베르겐의 피오상에르 지역에 있는 지층에서 참나무와 개암나무 등 따뜻한 기후를 좋아하는 수종의 꽃가루도 대량으로 발견했으며 놀랍게도 호랑가시나무의 꽃가루도 발견했다. 호랑가시나무는 오늘날 노르웨이 남서부에서만 볼 수 있는 수종이지만 발견된 양이 많은 것을 보면 그 당시에는 매우 흔한 나무였을 것이다. 이는 이곳의 여름이 지금보다 훨씬 더 따뜻했음을 보여준다.[6]

피오상에르 외에 많은 곳에서 마지막 간빙기의 놀라운 발견이 있었다. 1950년대 중반 런던 한복판에서 검은색 택시가 지나가고 사람들이 거리를 가득 메운 가운데 노동자들은 트라팔가 광장에 깊은 구덩이를 파기 시작했다. 선사시대의 숨겨진 보물인 동물 두개골, 크고 구부러진 이빨 한 쌍, 다양한 뼈는 이렇게 축축하고 어두운 진흙 속에서 꺼내져 자연사 박물관에 있는 고생물학자들에게로 옮겨졌다. 도대체 어떤 동물이 런던이 될 땅을 돌아다녔을까? 결과는 놀라웠다. 바로 하마의 뼈 유골이었다.

트라팔가 광장 주변뿐만이 아니라 전 세계의 대도시에서 이 장엄한 동물의 뼈가 발견되었다. 마지막 간빙기에 템스강에서는 하마 무리들이 물속을 걸어 다녔을 것이다. 이들은 강변의 식물을 먹으면서 강가의 초목을 짓밟았을 것이다. 오늘날 케냐의 마라강처럼 당시의 템스강에는 몸무게가 1,000킬로그램이 넘는 동물들이 많이 살고 있었다. 런던 시민들에게 이 사실을 상기시키기 위해 한 예술가는 몇 년 전 나무로 만든 거대한 하마를 강에 띄웠다.

온갖 동물들이 대도시가 될 런던을 돌아다녔다. 트라팔가 광장에서는 동굴사자, 테라핀(북미의 강과 호수에 사는 작은 거북), 둥근귀코끼리, 점박이하이에나, 좁은코코뿔소의 뼈와 이빨도 나왔다. 불과 13만 년 전만 해도 영국의 수도에는 오늘날 아프리카의 세렝게티에서 볼 수 있는 것과 비슷한 야생동물이 살고 있었다. 오랫동안 이러한 발견은 불가사의로 여겨졌다. 사람들은 어떻게 이런 일이 일어났는지 궁금했다. 1679년 캠던 자치구에서 코끼리 이빨이 발견되었을 때 런던 사람들은 브리타니아(오늘날의 영국)를 정복한 로마 황제 클라우디우스의 코끼리일 것이라고 추측했다.[7]

기후의 변화가 이보다 더 극단적일 수는 없었다. 불과 수천 년 전만 해도 북유럽의 많은 지역이 얼음으로 덮여 있었지만 마지막 간빙기에는 하마가 템스강의 진흙탕에서 목욕을 했다. 런던의 하마는 당시의 기후가 현재보다 훨씬 더 따뜻했음을 증명한다. 하마는 1년 내내 물이 있어야 하므로 겨울에도 서리가 내리지 않고 온화했을 것이다. 물론 마지막 간빙기에 들어서면서 실제로 얼마나 더웠을지 정확한 측정치는 알 수 없지만 수많은 연구 결과를 종합하면 당시의 더위가 어느 정도였는지 짐작할 수 있다.

몇 년 전, 영국의 연구자들은 마지막 간빙기의 기온을 조사한 263개의 연구를 분석했다. 동위원소, 꽃가루, 기타 미세 화석 등을 토대로 온도 곡선을 조합한 것이어서 정확하지는 않지만 연구진은 지구의 기온이 오늘날보다 1.5도 높았다는 결론을 내렸다.[8] 그들은 마지막 간빙기를 '슈퍼 간빙기'라고 불렀다. 북극은 다른 지역보다 온난화가 훨씬 더 뚜렷하게 나타났다. 그린란드에서 채취한 빙핵의 동위원소를 분석한 결과 기온은 오늘날보다 최대 6도 더 높았으며 더 북쪽은 그 차이가 더 커서 11도 정도 더 따뜻했을 것으로 추정한다. 바다도 더 따뜻했다. 해저에서 채취한 100개 이상의 코어에 따르면 전 세계 해양 온도는 오늘날보다 약 1도 더 높았다.[9]

당시 기후가 왜 더 온화했는지는 가장 큰 의문으로 남았다. 이산화탄소 수치는 오늘날보다 낮았지만 나중에 다시 설명할 천문학적 조건으로 인해 지구 전체의 기후가 더 따뜻했다. 북극의 해빙도 아마 덜 광범위했을 것이다. 이로 인해 알베도가 줄어들고 바다와 육지에서 더 많은 열을 흡수했을까? 이것이 오늘날 우리가 목격하고 있는 북쪽의 격렬한 온난화를 초래했을까? 기후 시스템은 복잡한 데다 여전히 불분명하고 모호하다.[10]

최근 《네이처》는 "기후가 12만 5,000년 동안 이보다 더웠던 적이 없다"라고 보도했다. 따라서 마지막 간빙기는 가까운 미래를 엿볼 수 있는 시기다. 바로 이 에미안 간빙기의 기후는 파리협정의 온난화 목표치인 1.5도 상승에 딱 맞아떨어지기 때문이다. 에미안 간빙기는 단순히 하마와 둥근귀코끼리가 사라진 세계에 대한 호기심을 자극하는 것이 아니라, 미래의 지구온난화에 대해 알려준다. 특히 해수면이 얼마나 빠르고 불규칙하게 변할 수 있는지, 인구 과잉이 지구에 얼마나 치명적인지를 알 수 있다.

해수면이 상승하고 있다

"해수면이 왜 그렇게 신성한가?" 미국의 유명한 지질학자 해리 휠러는 해수면이 안정적일 거라는 믿음에 대해 일종의 항의 표시로 이렇게 말했다. 해수면이 빙하기처럼 이렇게 급격하고 극단적으로 변화한 적이 없다. 특히 에미안 간빙기는 온난화로 인해 해수면이 얼마나 빠르게 얼마나 높이 상승할 수 있는지 실마리를 제공한다.

1960년대에 미국의 과학자들은 몇 가지 흥미로운 발견을 했다. 관광객들이 햇볕을 쬐며 맨발로 해변을 걷는 동안 월러스 브로커와 로블리 매튜스는 바베이도스군도의 멸종된 산호초를 조사했다.[11] 그들은 빙하기 동안 해수면이 어떻게 변했는지 알아보고자 했다. 카리브해의 섬은 이러한 목적에 이상적이라 할 만하다. 이곳은 거대한 산호초 구조물로 이루어져 있기 때문이다. 호주의 그레이트 배리어 리프와 바베이도스, 바하마 등 카리브해의 많은 섬과 같은 생물학적 구조물들은 우주에서도 선명하게 관측되며, 지구 표면에 중요한 흔적을 남기는 것은 우리 인간만이 아니라는 것을 보여준다.

바베이도스의 산호초는 해수면이 더 높았을 때 형성된 뚜렷한 테라스 지형을 나타낸다. 브로커와 매튜스는 새로운 지구화학적 방법을 사용하여 산호초의 연대를 측정했다. 그중 하나는 12만 년 전 마지막 간빙기인 에미안 시대에 형성된 것으로 밝혀졌지만 해수면은 약 8만 년과 10만 년 전에도 더 높았던 것으로 확인되었다. 빙하기에는 간빙기라고 하는 짧고 온화한 시기가 있었다. 브로커와 매튜스는 바베이도스의 산호초를 연구하면서 수백 개에 달하는 고대 해안선의 연대를 특정했다. 그에 따라 마지막 간빙기에 전 세계 해수면이 6~9미터 상승했음을 알 수 있었다.

해수면이 6미터 상승하는 세상을 상상해보자. 세계적인 대도시 뉴욕의 중심부 대부분이 바닷물에 잠길 것이다. 1,000만 명이 넘게 살고 있는 방글라데시의 수도 다카는 파도에 휩쓸려 사라질 것이다. 인구밀도가 높은 브라마푸트라강의 삼각주와 중국의 상하이, 창저우와 장쑤성의 대부분이 침수될 것이다. 또한 네덜란드 영토의 절반이 물에 잠길 것이다. 네덜란드 사람들은 "신은 지구를 창조했고 네덜란드는 네덜란드인이 창조했다"라는 옛 속담을 다시 한 번 확인해야 할 것이다. 노르웨이 오슬로는 중심부의 상당 부분이 물에 잠기고, 드람멘의 피오르는 호크순드까지 뻗어갈 것이며, 베르겐 중심부에서는 대구가 어시장을 자유롭게 헤엄칠 것이다.

우리 문명은 대체로 안정적인 해수면을 경험해왔지만 이는 예외일 뿐 일반적인 규칙이 아니다. 간빙기와 빙하기 사이에 해수면은 예측하기 어려울 정도로 급격하게 변동했다. 빙모가 느리지만 확실하게 증가하면서 해수면이 낮아졌다. 물은 얼음에 묶였고 지질학적으로 보면 아주 짧은 시간인 불과 2만 년 전 마지막 빙하기의 기온이 가장 낮았던 시기에 전 세계 해수면은 지금보다 130미터나 낮았다. 이때의 세계 지도는 지금과는 완전히 달랐다. 호주는 아프리카의 기니와 연결되어 있었고, 시베리아 북쪽의 랍테프해, 북극의 카라해, 동시베리아해의 대부분은 육지였다. 아시아에서 북아메리카까지 베링해협을 걸어서 건널 수 있었다. 또한 영국과 노르웨이 해안 사이에는 매머드와 털코뿔소가 살던 도거랜드가 있었다.

이후에 빙모가 녹아 해수면이 상승하면서 많은 육지가 가라앉았다. 마지막 빙하기 이후 많은 대륙이 지도에서 사라졌다. 우리 조상들에게는 낯선 광경이었을 것이다. 2만 년에서 7,000년 전 사이에 해수면은 130미터, 즉 매년 평균 1센티미터씩 상승했다. 가장 극심했던 시기인 1만 4,700년 전에 주요 해빙이 이루어지는 동안 해수면이 연간 4~6센티미터 상승했는데 이는 오늘날의 10배에 해당한다. 이 시기에 살았던 사람들은 자신의 생애 동안 해수면이 몇 미터나 상승하는 경험을 했을 것이다.[12]

바베이도스 같은 산호섬은 어떻게 되었을까? 물에 잠겼을까? 그렇지 않다. 산호초 구조물은 거대한 유기체와 같다. 산호는 영양분과 햇빛을 공급받는 수면 위에 머물려고 노력한다. 해수면을 따라잡지 못하는 산호는 죽게 된다. 태평양의 작은 섬들이 바닷속으로 사라질 것인가에 대해서는 신중한 접근이 필요하다. 이 섬들은 지난 2만 년 동안 롤러코스터 같은 불안정한 해수면 상승에 적응해왔다. 기온 상승으로 인한 산호 표백, 더 강한 폭풍, 더 많은 오염이 아니었다면 대부분의 섬은 해수면 상승에 잘 적응했을 것이다.

1880년 이후 전 세계의 해수면은 20센티미터 상승했으며 매년 4밀리미터씩 계속 상승하고 있다.[13] 별것 아닌 것 같지만 시간이 지나면 밀리미터는 센티미터가 되고 센티미터는 미터가 된다. 몇 년 후에는 이 책에 나오는 수치도 분명 시대에 뒤처질 것이다. 가장 걱정스러운 점은 이것이 시작에 불과하다는 것이다. 해수면은 매년 상승하고 있으며 IPCC의 예측이 맞다면 2100년까지 해수면은 43~84센티미터 상승할 것이다. 가장 암울한 시나리오 중 하나는 2300년이 되면 해수면이 현재보다 거의 6미터 더 높아질 것이라는 점이다. 이는 전 세계 해수면이 지난 간빙기와 비슷한 수준으로 상승한다는 의미다. 오늘날 10억 명의 인구가 해안 지역에 살고 있으므로 이 시나리오가 현실화된다면 엄청

난 변화가 일어날 것이다.[14]

마지막 간빙기는 우리가 알아야 할 중요한 시기다. 지구온난화의 그림자가 드리운 상황에서 이 시기는 지구가 현재보다 조금 더 따뜻했을 뿐인데도 해수면은 왜 급격히 높아졌는지에 대한 단서를 제공한다. 주요 용의자는 2가지다. 그린란드 또는 남극의 빙상이 녹았기 때문일까?

그린란드 빙상부터 살펴보자. 현재 그린란드 빙상은 매년 1밀리미터의 해수면 상승에 기여하고 있지만 지금보다 2도 더 따뜻했던 시절에는 얼마나 많이 녹아내렸을까?[15] 2013년 덴마크의 빙핵 연구진이 《네이처》에 매우 중요한 연구를 발표했다. 연구진은 격변이 심했던 에미안 간빙기를 탐사하기 위해 얼음 속을 2,000미터 이상 뚫고 들어가 빙핵을 채취했다. 연구진은 현재 2킬로미터가 넘는 두께의 빙상이 에미안 시대에는 130미터 더 낮았을 거라고 가정했다. 모델링 결과 그린란드 남부 해안에서 멀리 후퇴했을 것으로 나타났다. 연구진은 또한 그린란드 빙상이 녹아서 해수면이 2미터 상승했다는 결론을 내렸다. 이것이 에미안 시기 해수면 상승의 원인을 완전히 설명하지 못했기 때문에 덴마크 연구진은 또 다른 유력한 용의자로 얼음이 덮인 남극대륙을 지목했다.[16]

남극대륙의 빙하는 지구상 모든 담수의 약 70퍼센트에 해당하며, 세계에서 가장 큰 국가인 러시아보다 약간 더 넓은 면적을 차지하고 있다. 남극대륙은 지도에서 보면 단단한 암석으로 이루어진 완전한 대륙으로 보이지만 이는 착각이다. 얼음을 모두 제거하면 대륙의 절반만 해수면 위로 올라와 섬나라처럼 보인다. 오늘날 빙하가 녹기 시작한 지 얼마 되지 않아 해수면 상승은 연간 0.5~0.7밀리미터 정도에 불과하다. 그럼에도 이것은 미래에 큰 변수가 될 수 있다.[17] 남극이 지구 해수면 상승에 기여하는 바가 0에 가까울 것이라는 의견도 있는 반면 최악의 경우 수백 년 안에 수십 미터까지 상승할 것이라는 주장도 있다. 지금보다 2도 더 따뜻한 세상이라면 빙하가 녹을까? 마지막 간빙기는 우리에게 몇 가지 단서를 제공한다.

종말의 날 빙하

몇 년 전, 영국의 크리스 터니(Chris Turney) 교수가 이끄는 연구팀은 서남극의 패트리어트 힐스에서 얼음 샘플을 채취했다. 바람이 끊임없이 불어 눈이 쌓이지 않는 이곳은 얼음이 맨살처럼 드러나 푸르고 단단하다. 연구자들은 얼음을 뚫지 않고 빙하가 옆으로 밀어 올린 오래된 얼음에서 '수평 빙핵'을 채취했고, 수만 년을 거슬러 올라가는 얼음 표면을 연구할 수 있었다. 자칭 '현대의 리빙스턴 박사'(1841년부터 1873년까지 아프리카를 횡단한 탐험가-옮긴이)라고 하는 크리스 터니는 얼음 속 공기 방울에 포함된 가스를 분석하여 샘플의 연대를 측정하는 데 성공했다. 그들은 흥미로운 발견을 했다. 마지막 간빙기의 얼음층이 없었던 것이다. 이는 '휴지기'가 있었다는 뜻이다. 얼음이 에미안 시대에 녹아버린

게 틀림없다.[18] 비록 남극에 빙하가 전혀 없지는 않았겠지만, 내륙 얼음이 마지막 간빙기에 200킬로미터 이상 후퇴했음을 의미한다. 중요한 것은 이 과정이 어떻게 일어났는가 하는 점이다.

남극대륙은 지구에서 가장 추운 지역이며 여름철에도 남극점의 온도는 영하 20도 이하로 유지된다. 2022년 3월에는 남극의 러시아 연구기지인 보스토크의 온도가 영하 17.7도로 보고되었다. 1983년에는 남극대륙에서 지구 역사상 가장 낮은 온도인 영하 89.2도가 기록된 바 있다. 따라서 지구가 전반적으로 따뜻해지더라도 남극대륙 표면의 얼음이 녹기는 어려울 것이다. 그러나 남극의 얼음은 다른 방식으로 위협받고 있다. 일부 지역, 특히 악명 높은 서남극 빙하의 일부는 해저에 놓여 있어서 미래의 해수면 상승에 중대한 영향을 끼칠 수 있다. 해수 온도가 0도를 넘어서면 차가운 염수가 얼음 밑으로 침투하여 해저의 빙하를 녹일 수 있다.

이러한 현상으로 특히 주목받고 있는 것이 서남극의 스웨이츠 빙하, 일명 '종말의 날 빙하(Doomsday Glacier)'이다. 영국과 비슷한 면적을 덮고 있는 이 거대한 빙하는 1992년 이후로 매년 약 1킬로미터씩 후퇴하고 있다. 스웨이츠 빙하는 현재 전 세계 해수면 상승의 약 4퍼센트 정도에 기여하고 있으며 이 빙하가 완전히 녹으면 해수면이 약 0.5미터 상승할 것으로 예상된다. 그러나 이 빙하는 단독으로 존재하는 것이 아니라 여러 다른 빙하를 지탱하는 역할을 하므로 이 '얼음 막'이 사라지면 해수면은 몇 미터 더 상승할 수 있다. 이와 같은 예측은 불확실성이 크고 계속 연구되고 있는데, 몇백 년에서 몇천 년이 걸릴 것으로 추정된다.

터니 연구팀의 가설에 따르면 서남극대륙의 빙하가 마지막 간빙기에 바다로 사라졌다고 한다. 당시 지구는 오늘날보다 조금 더 따뜻했으며 바닷물이 얼음 밑으로 스며들어 얼음을 녹이고 구멍과 갈라진 틈새를 채워 결국 얼음덩어리가 바다로 떨어졌다. 이 과정에서 얼음이 빠르게 유실되면서 해수면이 약 4미터 상승했을 것이라고 설명했다. 이 연구의 공동 저자 중 한 명인 슈테판 람스토르프(Stefan Rahmstorf)는 "2도 더 따뜻해지면 서남극대륙의 빙하가 완전히 녹을 것"이라고 경고했다. 빙하가 한번 붕괴되기 시작하면 이를 멈추기는 매우 어려울 수 있다. 이 경우 돌이킬 수 없는 상황이 될 것이다.

몇 년 전, 한 신문에는 해수면이 64미터 상승할 수 있다는 기사가 실렸으나, 언제, 얼마나 빨리 일어날지에 대한 구체적인 언급은 없었다. 기후과학자가 말하기를, 현재의 해수면보다 훨씬 높은 홀멘콜로센에 사는 한 여성이 그 기사를 읽고 자신의 집이 위험할까 걱정하여 전화했다고 한다. 신문 기사가 전부 틀린 것은 아니었다. 남극과 그린란드의 모든 얼음이 사라지면 해수면은 각각 58미터와 6미터 상승할 것이며, 총 64미터가 될 것이다. 그러나 기후과학자는 그녀를 안심시켰다. 신문이 '간과한' 점은 빙모가 단기간에 사라지지 않는다는 것이다. 얼음이 녹는 데는 오랜 시간이 걸린다. 여름이 되어도 호수 위의 얼음이 그릇처럼 남아 있는 것을 보면 알 수 있다. 문제는 얼마나 빠르게 일어날 것인가이다. 마지막 간빙기에 대한 연구는 분명한 답을 제공하지 않지만 연구자 폴 블랑숑(Paul Blanchon)은 그의 논문에서 에미안 시기에 해수면이 100년 동안 최대 3미터 상승했다고 밝혔다. 이런 일이 다시 일어난다면 IPCC에서 말한 최악의 시나리오조차 비교적 밝은 전망에 속할 것이다.

지구가 여러 차례 빙하기와 간빙기를 겪어온 원인은 오랫동안 신비에 싸여 있었다. 무엇이 이처럼 거대한 기후변화를 초래했을까? 1960년대에 월러스 브로커와 로블리 매튜스가 바베이도스에서 산호초 테라스를 조사했을 때, 그들은 약 12만 년, 10만 년, 8만 년 전 해수면이 높았던 기간은 빙하의 축적과 융해에 영향을 받았다는 것을 발견했다. 이 발견은 논란이 있었던, 스코틀랜드의 한 관리인과 야망 있는 세르비아 수학자의 이론과 완벽하게 일치한다.

빙하기의 수수께끼를 푼 관리인

1859년, 40세가량 된 스코틀랜드인 제임스 크롤(James Croll)이 글래스고의 앤더슨대학교 박물관의 관리인으로 채용되었다. "이 기관만큼 매력적인 곳을 본 적이 없다. 급여가 적어서 겨우 생계를 유지할 정도였지만 그보다는 다른 것에 매혹되었다." 크롤이 말한 것은 바로 방대한 도서관이었다. 관리인으로 일하면서 그는 당대에 가장 주목받은 과학적 성과물 중 하나를 집필했는데 그 길은 멀고도 험난한 여정이었다.

크롤은 1821년 스코틀랜드에서 태어났다. 13세에 학교를 중퇴하고 철학, 신학, 물리학을 독학했다. 부모님은 크롤에게 대학 교육을 가르칠 여유가 없었기에 그는 제분소에서 일하다가 목수일을 했다. 차 가게를 운영하기도 하고 호텔을 열기도 했지만 모두 실패했다. 크롤은 자서전에서 이러한 실패가 자신의 잘못된 선택 때문이었다고 인정했다. 그는 '추상적 사고에 대한 끌림'이 있었다고 했다. 이후 그는 보험설계사로 일하다가 결국 글래스고에서 관리인으로 자리 잡았다. 그곳에서 크롤은 지구가 어떻게 빙하기에 들어가고 다시 벗어났는지를 탐구하기 시작했다. 당시 활발히 논의되고 있던 주제였다.

크롤은 지구의 기온 변화를 지배하는 것은 지구 내부의 열이 아니라 태양의 복사열이라고 주장했다. 많은 사람들이 지구 내부의 열을 원인으로 주장하던 시점에서 이를 부정했던 것이다. 그는 프랑스의 격변론자인 조제프-알퐁스 아데마르(Joseph-Alphonse Adhémar)의 저서 《바다의 혁명》에서 영감을 받았다. 아데마르는 당시 아무도 가보지 않은 남극대륙의 두꺼운 빙하를 설명하며 두께를 90킬로미터로 추정했다. 아데마르는 바닷물이 차츰 빙하 밑으로 침투하여 결국 빙하가 무너지면 지구에 재앙적인 홍수가 발생할 것이라고 예측했다. 크롤이 주목한 것은 바로 이 빙하가 형성된 원인이었다. 아데마르는 이와 관련하여 '세차운동(precession)'이라는 개념을 제시했다.

세차운동은 기하학적인 형태나 구조로 시각화하기 어려운 복잡한 현상이지만 지구의 기후를 이해하는 데 매우 중요하다. 지구는 태양 주위를 공전할 때 마치 속도를 잃기 직전의 팽이처럼 약간 흔들린다. 따라서 지구의 지축은 항상 현재와 같이 북극성을 가리키는 것이 아니라 서서히 이동한다. 그래서 지구가 태양을 도는 궤도에 따라 계절이 변화한다. 지구는 북반구의 겨울인 1월 4일에 태양에 가장 가까이 다가가는 근일점(페리헬리온, 페리는 그리스어로 '근처', 헬리온은 '태양'을 의미한다)에 위치하므로, 북반구의 겨울은 상대적으로 온화하다. 여름에는 지구가 태양에서 가장 먼 원일점(아펠리온)에 위치하므로, 북반구의 여름이 더 시원하다. 그러나 빙하기 직후에는 지구가 북반구의 여름에 태양에 가장 가까웠다. 따라서 북쪽의 여름은 오늘날보다 더 따뜻했고 남반구는 그 반대였다.

세차운동의 영향은 지구 공전궤도의 모양에 따라 달라진다. 타원 궤도가 아닌 완벽한 원이었다면 세차운동이 기후에 영향을 미치지 않았을 것이다. 이는 크롤의 또 다른 논점으로 이어진다. 태양 주위를 도는 지구의 공전궤도는 시간이 지남에 따라 거의 완벽한 원에서 더 납작한 형태로 변동한다.[19] 이는 태양계 행성의 중력이 영향을 미치기 때문이다. 크롤은 세차운동과 지구 공전궤도의 모양이 어떻게 변화했는지를 결합하여 빙하기가 어떻게 시작되었다가 사라졌는지를 계산했다. 지구의 공전궤도가 타원형일 때 계절 변화가 더 커졌고 북반구의 여름에 지구가 태양에서 가장 멀리 떨어져 더 시원해지고 그 반대의 경우 여름이 더 더워졌다. 이를 근거로 크롤은 마지막 빙하기가 '10만 년 이상' 전에 끝났다고 주장했다.

크롤은 빙하기를 설명하는 데 겨울이 중요하다고 믿었다. 지구의 위치가 바뀌어 겨울이 더 추워진다면 새로운 빙하기가 도래할 것이라고 생각했다. 그는 세차운동이 남반구와 북반구의 겨울을 번갈아가며 춥게 만들기 때문에 빙모가 형성되는 시기가 다르다고 주장했다. 따라서 그는 양쪽 극에 동시에 빙모가 존재하지 않고 1만 1,000년마다 번갈아가며 얼음으로 덮였다고 믿었다. 지금은 빙모가 남극대륙에 퍼져 있지만 북쪽의 겨울이 다시 추워지면 유럽 전역으로 퍼질 것이라고 예측했다. 크롤의 예측은 일리는 있었지만 나중에 틀린 것으로 판명되었다.

태양을 공전하는 지구의 경로가 기후에 영향을 미칠 수 있다고 주장한 것은 크롤과 아데마르가 처음은 아니었다. 영국의 신학자이자 수학자인 윌리엄 휘스턴(William Whiston)의 주장은 많은 논란을 불러일으켰다. 1697년에 발표한 기발한 연구에서 그는 지구가 태초에는 혜성이었으며 대부분의 혜성과 마찬가지로 태양 주위를 매우 납작한 타원형 궤도로 돌았다고 주장했다. 지구가 태양에 가까웠을 때는 뜨거워서 사람이 살 수 없었으며 태양에서 멀어졌을 때는 추웠다고 주장했다. 빙하기의 선구자 옌스 에스마르크는 지구가 극심한 추위에 노출된 이유를 설명하기 위해 휘스턴의 이론을 사용했다. 결국 휘스턴은 지구의 공전궤도가 더 원형을 이루면서 기온의 변화가 줄어들었다고 주장했다.

비록 많은 과학자들이 지구의 공전 경로가 기후에 어떻게 영향을 미치는지에 대해 추측했지만 이를 전체적인 시스템으로 처음 체계화한 사람은 크롤이었다. 그는 50세 무렵에 에든버러의 지질조사국에서 행정직을 맡게 되었다. 스코틀랜드 출신인 그는 그곳에서 자신의 생각을 《기후와 시간(Climate and Time)》으로 정리하여 지구 공전궤도의 변화가 어떻게 빙하기를 초래했는지 설명했다. 그가 사망한 직후에 출간된 그의 전기에는 "그런 사람이 그렇게 성공한 것은 그리 놀라운 일이 아니다. 그는 어쨌든 스코틀랜드인이니까"라고 적혀 있다.

크롤은 태양 주위를 도는 지구 공전궤도의 미세한 변화만으로는 기후변화를 설명할 수 없다고 믿었다. 그는 선견지명으로 또 다른 중요한 요소인 알베도를 강조했는데 이는 앞서 논의한 바 있다. 그는 겨울이 더 혹독했다면 여름에도 눈이 녹지 않았을 것이고 새로운 빙하기를 향한 소용돌이가 시작되었을 것이라고 했다. 그는 이어서 또 다른 혁신적인 아이디어를 강조했는데 그것은 바로 해류이다. 멕시코만류처럼 해류는 남쪽에서 북쪽으로 열을 전달하지만 겨울이 평소보다 추워지면 이 열이 약해진다. 독학으로 터득한 크롤은 이 현상이 지구가 빙하기에 들어섰다가 벗어나는 데 영향을 미쳤을 거라고 믿었다.

크롤의 이론은 당시에는 인정받았지만 지구로 들어오는 복사열의 작은 변화가 어떻게 그렇게 큰 기온 변화를 일으킬 수 있느냐는 등의 이견이 제기되었다. 존 캐릭 무어(John Carrick Moore)는 영국의 유명한 지질학자 찰스 라이엘(Charles Lyell)에게 "점성술이 더 이상 유행하지 않던 50년 전에 누가 별이 지구에서 무슨 일이 일어나고 있는지 알려줄 것이라고 생각했을까?"라고 불평했다.[20] 그 후 빙하기가 10만 년이 아니라 1만 년 전에 끝났다는 증거가 점점 더 많이 나오면서 크롤에 대한 지지는 대부분 사라졌다. 나중에 그가 시대를 앞서갔다는 것이 밝혀졌지만 알프레트 베게너의 대륙이동설과 마찬가지로 크롤의 이론도 정교하지 않았다. 큰 의문은 여전히 풀리지 않았다. 지구가 빙하기에 들어서고 다시 벗어나게 된 원동력은 무엇이었을까?

우주로 떠나는 여행

세르비아의 수도 베오그라드의 한 카페에 두 남자가 앉아 있었다. 한 남자는 시인이고 다른 사람은 엔지니어였다. 그들은 와인을 마시며 젊은 시인의 애국 시집 출판을 축하하고 있었다. 제임스 크롤이 사망한 지 몇 년 지난 1911년이었다. 첫 번째 병을 비운 후 두 사람은 행복감에 압도되어 보이지 않는 날개에 실려 가는 듯한 기분이었다. 세 번째 병을 비울 때쯤 엔지니어는 "마케도니아가 그 자신에게는 너무 작았던 알렉산드로스 대왕"처럼 와인이 그들에게 "자신감을 불어넣었다"라고 썼다. 젊은 시인은 우리나라, 우리 사회, 우리 영혼에 대한 서사시를 쓰고 싶다고 선언했고 엔지니어는 당당하게 말했다. "나는 영원함에 끌린다. 나는 우주 전체를 이해하고 싶다……." 그들은 또 한 병을 비우고 행복하게 헤어졌다. 그 후 이 엔지니어의 말이 옳았다는 것이 밝혀졌다. 그의 이름은 밀루틴 밀란코비치였으며, 오늘날 중요한 기후 주기가 그의 이름을 따서 명명되었다.

천재적인 과학자 밀란코비치는 천문학, 건축 재료, 기후, 수학을 연구했다. 다른 많은 저명한 과학자들과 마찬가지로 그의 이론은 장대하고 포괄적이었지만 과학의 변덕스러움을 경험해야 했다. 그의 이론은 수용되고 거부되기를 반복하다가 마침내 다시 받아들여졌다.

밀란코비치는 1879년 다뉴브 강가의 달지 마을에 사는 세르비아계 부모 밑에서 태어났다. 어릴 때 그는 건강이 좋지 않아 대부분 홈스쿨링을 받아야 했다. 그의 배경은 크롤과는 정반대였다. 17세 때 빈으로 건너가 공학을 공부했고, 25세에는 시멘트에 관한 박사학위 논문을 발표했으며, 이후 엔지니어로 일하다 베오그라드대학교의 수학 교수가 되었다. 그때부터 그는 풀리지 않는 위대한 수수께끼에 도전하기 시작했다. 왜 빙하기가 왔을까? 따뜻한 시기와 추운 시기가 번갈아 나타나는 원인은 무엇일까?

이에 대해 많은 이론이 있었다. 지각의 큰 수직적 이동 때문일까? 대기의 구성 요인 때문일까? 아니면 천문학적 조건 때문일까? 밀란코비치가 수학적 열정으로 도전한 것은 천문학적 가설이었고, 그는 30년 동안 이 가설을 완성하기 위해 노력했다. 그는 매일 이론을 연구했다. 가족과 함께 휴가를 보내는 날에도 책을 싸들고 가서 공부했다. 그는 크롤과 마찬가지로 지구의 공전궤도와 세차운동이 어떻게 변하여 위도에 따라 태양복사량이 달라지는지 계산했다. 또한 세 번째 요인인 지축의 기울기를 강조했다.

지구의 자전축은 지구의 공전궤도를 기준으로 기울어져 있는데 이는 마치 배가 전복되는 것과 같다. 이 기울어진 지축이 없었다면 계절이 존재하지 않았을 것이고, 여름과 겨울이 한 계절로 합쳐졌을 것이다. 그의 관심을 끌었던 것은 지축의 기울기가 변했다는 점이다. 21도를 조금 넘는 정도에서 24도까지 다양했는데 오늘날 이 기울기는 23.5도이며, 북극권에서 자정에 해가 떠 있는 경계가 된다. 오늘날 지축의 기울기는 꾸준히 감소하고 있으며 북극권은 매년 14미터씩 북쪽으로 이동하고 있다. 이 경계를 표시하기 위해 1990년에 세워진 살트펠레트의 북극권 센터는 위치가 이미 0.5킬로미터 정도 어긋났다.[21]

이 과제는 지구가 항상 회전하고 흔들리기 때문에 해결하기가 거의 불가능했지만 밀란코비치는 고군분투했다. 1912년, 그는 제1차 발칸전쟁이 일어나자 세르비아 군대에 입대했다. 세르비아군은 국경을 넘어 오스만제국으로 진격했다. 그는 자신이 속한 연대가 오늘날 몬테네그로의 스타락산을 점령하는 장면을 목격했을 때, "수학적 문제에 대한 해답이 떠올랐다"라고 적었다. 오스만제국군이 패배하고 휴전이 체결되자 밀란코비치는 베오그라드로 돌아와 자신의 연구를 완성했다. 1914년 그의 획기적인 논문 〈빙하기의 천문학적 이론 문제에 관하여〉가 세르비아어로 처음 출판되었다.

행성들의 움직임은 마치 거대한 시계와 같아서 과거와 미래의 움직임을 계산할 수 있다. 밀란코비치는 특정한 패턴을 발견했는데, 지구 자전축의 기울기가 약 4만 1,000년을 주기로 변한다는 것이다. 세차운동은 1만 9,000년에서 2만 4,000년 사이의 주기로 변하며, 궤도 이심률(타원율)은 10만 년을 주기로 변동을 보인다는 것이다. 그는 세차운동, 지구 궤도의 형태, 그리고 자전축 기울기가 어떻게 상호작용하는지를 계산했다. 그러고 나서 이 복잡한 궤도의 상호작용이 지난 몇백만 년 동안 지구를 빙하기와 간빙기로 이끌었다고 주장했다.

현재 세차운동과 자전축 기울기는 단지가 지구의 특정 지역과 계절에 따라 태양복사열을 다르게 분포시키는 역할을 한다. 반면 지구의 공전궤도(타원형)는 지구에 도달하는 전체 태양복사량에 약 0.1퍼센트의 차이를 만든다. 밀란코비치는 이러한 지구 공전궤도의 미세한 변화가 어떻게 빙하기를 일으킬 수 있는지를 설명하는 데 어려움을 겪었다.

결국 밀란코비치는 크롤의 제안대로 겨울이 아니라 여름이 빙하기를 이해하는 열쇠라는 것을 깨달았다. 여름이 더 시원하면 겨울에 내린 눈이 모두 녹지 않는다. 작은 눈 더미가 점차 쌓이고 두꺼워져 빙하가 되었다.[22] 밀란코비치는 북위 55도, 60도, 65도 등 위도에 따라 여름철 태양복사열이 어떻게 달라지는지 계산했다. 태양복사량이 가장 낮은 시기는 당시 알려진 네 번의 빙하기와 일치했으며, 이 빙하기들 사이에 짧은 간빙기가 있었다. 그렇다면 무엇이 빙하기를 촉발했을까?

밀란코비치가 직접 계산한 바로는 북반구의 여름이 추운 시점은 자전축의 기울기가 낮을 때(계절 변화가 적음), 지구가 태양으로부터 가장 멀리 떨어져 있는 6~7월에 나타난다(세차운동과 이심률의 영향을 받음). 이로 인해 여름철 북반구로 들어오는 태양복사열이 줄어들어 빙하기가 시작되었다. 반면 간빙기는 마지막 간빙기인 에미안 시기처럼 여름철 북반구로 들어오는 태양복사열이 많을 때 발생했다. 지구의 공전궤도는 타원형이고 여름철 지구는 태양에서 가장 가깝고(북반구), 자전축의 기울기가 높다는 3가지 요인이 모두 작용한 것이다. 시베리아만 해도 마지막 간빙기의 여름에 태양복사량은 오늘날보다 13퍼센트 더 많았다. 이는 대량의 메탄가스를 방출할 수 있는 영구동토층이 녹지 않고도 지금보다 2도 정도 더 따뜻했다는 의미다.[23]

1941년 63세의 나이에 밀란코비치는 천문학적 기후 이론에 대한 연구를 완성했다. 그는 아들에게 말했다. "일단 큰 물고기를 잡으면 작은 물고기는 신경 쓰지 않게 돼. 25년 동안 태양복사 이론을 연구해왔는데 이제 완성되었으니 더 이상 할 일이 없구나. 새로운 이론을 시작하기에는 너무 늦었고 그 정도 규모의 이론은 나무에서 저절로 자라는 게 아니니까." 밀란코비치의 이론은 생전에 박수갈채를 받았지만 시간이 지나면서 논란이 일었다.

크롤에게 제기된 비판이 밀란코비치에게도 동일하게 적용되었다. 지구의 공전궤도와 그에 따른 태양복사량은 거의 변하지 않았다. 북반구의 햇빛이 줄어들면 남반구의 햇빛은 그에 상응하여 증가하므로 전반적으로 태양복사량은 거의 동일하게 유지된다. 이렇게 사소한 변화가 어떻게 지구가 빙하기에 들어서고 다시 벗어나는 것과 같은 큰 기후

변화를 일으킬 수 있을까? 밀란코비치도 크롤과 마찬가지로 일련의 변화들이 어떻게 서로 영향을 미치는지에 대해 깊이 생각했다. 여름이 조금 더 시원해지고 봄에 내린 눈이 북쪽에서 조금 더 늦게 녹으면 알베도가 증가한다. 전체적인 공전궤도의 영향이 미미하더라도 눈과 얼음이 점점 더 많이 쌓이고 열 손실이 증가하는 이러한 증폭 메커니즘은 새로운 빙하기를 초래할 수 있다고 보았다.[24]

1958년 밀란코비치가 세상을 떠났을 때 대부분의 사람들은 그의 이론을 버렸고, 과학자들은 실제로 대빙하기를 촉발한 원인이 무엇인지 여전히 확신하지 못했다. 그들은 단지 몰랐을 뿐이다. 밀란코비치의 이론이 맞았을까? 그 답은 밀란코비치가 사망한 몇십 년 후에야 밝혀졌다.

지구의 맥박

우리 지구의 기억은 희미하다. 대부분 얼음, 물, 바람에 의해 지워지고 깎여 나갔기 때문이다. 빙하로 덮인 대륙들, 털코뿔소와 매머드 무리들로 가득한 지구의 선사시대 이야기는 화려한 책이나 야심차게 제작된 대규모 TV 프로그램에서 종종 묘사된다. 하지만 이것은 오랜 세월 동안 잃어버린 시간을 잠깐 엿볼 수 있는 단편적인 발견들로 짜맞춘 것이다. 지질학자들이 길쭉한 빙퇴석과 같은 빙하기의 흔적을 처음 지도에 표시했을 때 그것은 육지에 한해 이루어진 것이다. 빙하기가 반복될 때마다 이전 빙하기의 흔적들을 조금씩 지워버리기 때문에 이러한 퇴적물들은 믿을 수 없다. 마치 해변의 발자국이 파도에 쓸려 지워지는 것처럼 말이다. 북반구에 수 킬로미터 두께의 빙하가 자리 잡고 있을 때, 심해와 같이 거의 영향을 받지 않은 곳도 있었다. 이곳의 퇴적층은 과거의 삶과 풍경, 특히 마지막 빙하기의 기후 변동에 대한 이야기를 미세하게 들려준다.

1970년, 지질학자 제임스 헤이즈(James Hays)와 존 임브리(John Imbrie)가 미국 컬럼비아대학교에서 함께 점심을 먹고 있었다. 그들의 목표도 빙하기가 주기적으로 격렬하게 왔다가 사라지는 이유를 알아내는 것이었다. 이를 위해 그들은 완벽한 데이터뿐만 아니라 다양한 분석 방법이 필요하다는 것을 알고 있었다. 1950년대에 밀란코비치의 이론이 거의 폐기된 후에도 그가 옳은 방향으로 가고 있었다고 생각하는 견해가 퍼져 있었다.

헤이즈는 심해의 미스터리를 풀기 위해 노력했고, 인도양 깊은 곳에서 해답을 발견했다. 2개의 해저 코어를 채취한 것이다. 이 코어들은 45만 년에 걸친 기간을 포함하고 있었으며, 이는 온도의 주기적인 변화를 나타내기에 충분했다.[25] 이 코어는 미생물이 가득한 진흙과 실트(silt)로 이루어진 2개의 로제타석(이집트의 상형문자를 해독하는 데 중요한 역할을 한 비석에 비유)으로 밝혀졌다. 매우 다양한 종으로 구성된 생물군인 와편모조류, 유공충류, 규조류, 방사성아메바(방산충류) 등 플랑크톤과 조류가 해저를 뒤덮고 있었다. 핀 크기만 한 이 생물들은 바다의 물질을 흡수해서 자신의 껍질을 만든다. 따라서 조개껍데기는 그들이 살았던 당시 바다의 화학성분에 대해 알려주는 작은 타임캡슐과도 같다. 바다의 화학성분은 기후에 대해 많은 비밀을 알려주기 때문이다. 연구자들은 이 작은 유기체의 층을 하나하나 분석해서 수백만 년 전 기후가 어떻게 변화했는지 파악할 수 있다.

헤이즈는 전문가들로 구성된 드림팀과 함께 작업에 착수했다. 그는 전 세계 바다에 거의 무한대로 떠다니는 규조류의 일종인 방사성아메바의 최고 권위자였다. 헤이즈는 해양 온도에 대한 정보를 제공하는 사이클라도포라 다비시아나 종을 연구했다. 프로젝트의 또 다른 참가자는 닉 섀클턴(Nick Shackleton)이었다. 과학자이자 뛰어난 음악가였던 그는 회의에서 클라리넷으로 빙하기의 기후 변동을 묘사한 연주를 선보이기도 했다. 섀클턴은 과거의 얼음 양을 알 수 있는 산소 동위원소 분석의 대가였다. 모든 원소에는 다양한 동위원소가 존재한다. 어떤 것은 안정적이고 어떤 것은 방사성이다. 섀클턴은 플랑크톤성 석회조류인 유공충 글로비게리나 불로이데스 껍질의 산소 동위원소를 분석했다. 그는 무거운 산소 동위원소의 양이 어떻게 변하는지를 통해 북반구의 빙상이 생성되고 후퇴하는 과정을 재구성할 수 있었다(바닷물은 2가지 산소 동위원소인 ^{18}O와 ^{16}O을 포함하고 있다. 이들의 양은 육지의 얼음 양에 따라 변동한다. ^{16}O는 ^{18}O보다 쉽게 증발하기 때문에 ^{16}O는 강수와 빙하에 농축된다. 이로 인해 빙하기에는 바다에서 ^{18}O의 비율이 증가하지만 빙하가 녹으면 ^{16}O가 다시 바다로 흡수되어 ^{18}O의 비율이 다시 감소한다). 이처럼 작고 눈에 띄지 않는 조류가 강력한 이야기를 전하고 있다. 과학자들은 층별로 유공충의 동위원소 수치가 어떻게 오르내렸는지를 관찰함으로써 빙상의 크기가 언제 커지고 작아졌는지를 밝혀냈다.

　해양학자 존 임브리도 연구팀의 일원이었다. 그는 인도양에서 얻은 시추 코어의 온도와 산소 동위원소 곡선을 밀란코비치 주기와 비교했는데 거의 일치하는 것으로 나타났다. 연구진은 2만 3,000년, 4만 2,000년, 10만 년의 빙하기 주기가 각각 세차운동, 자전축의 기울기, 지구 공전궤도의 이심률 변화에 따라 일어나는 것을 확인했다. 연구진은 10만 년 주기가 특히 중요하다고 밝혔다. 빙모가 성장하는 데 9만 년이 걸리고 붕괴하는 데는 1만 년밖에 걸리지 않는다는 사실을 확인했기 때문이다. 그들은 과거의 기후와 지구 공전궤도의 주기 사이에 명확한 연관성이 있음을 입증했다. 그들은 1976년 《사이언스》에 발표한 유명한 논문에서 "결론은 지구 공전궤도의 변화가 빙하기를 초래한 근본적인 원인"이라고 밝혔다. 또한 오랫동안 주장되어 왔던 것처럼 빙하기가 네 번만 있었던 것은 아니라는 사실도 서서히 깨달았다. 해저 코어를 통해 40번 넘게 빙하기가 있었다는 사실이 밝혀졌다.

　헤이즈와 동료들은 지구 공전궤도의 주기가 지구 전체의 태양복사량에는 미미한 영향을 미쳤지만, 그것이 빙하기를 촉발했다고 주장했다. 공전궤도 주기는 일종의 심박조율기처럼 기온을 상승 또는 하강시켜서 기후 시스템을 작동하는 메커니즘이었다. 예를 들어 오늘날의 궤도 구성은 1만 8,000년 전의 궤도 구성과 매우 유사하다. 당시에는 유럽과 북미 대부분의 지역에 수 킬로미터의 얼음층이 덮여 있었다.[26] 지구 공전궤도의 변화에 따른 얼음층의 알베도와 온실가스 수치의 변동이 상호작용해서 빙하기를 오간 것이다.

동시에 연구자들은 나중에 '10만 년의 문제'라고 불리게 될 문제를 언급했다. 100만 년 전, 지구의 자전축 기울기에 따라 빙하기와 빙하기 사이에 약 4만 1,000년의 간격이 있었고, 가장 최근의 빙하기 간격은 10만 년이었다. 이것이 전적으로 이심률 때문일까, 아니면 지구 공전궤도의 타원형 때문일까? 아니면 다른 요인이 작용했을까?[27] 헤이즈와 동료들이 획기적인 논문을 발표한 지 거의 50년이 지난 지금까지도 아직 답을 찾지 못하고 있다.

빙하기에 지구는 따뜻한 시기와 추운 시기를 반복했는데 이것이 인류에게 어떤 영향을 미쳤을까?

기후가 인류의 진화를 주도했을까?

1984년 8월, 카모야 키메우(Kamoya Kimeu)는 케냐의 투르카나 호수에서 야외 조사를 하고 있었다. 나리오코토메강의 메마른 흔적을 따라 인류의 초기 화석을 찾고 있었던 것이다. 키메우는 노련한 화석 사냥꾼으로 1964년 탄자니아의 나트론 호수에서 오스트랄로피테쿠스 보이세이의 아래턱 화석을 발견했다. 불과 몇 년 후, 그는 에티오피아에서 현생 인류인 호모사피엔스의 두개골을 발견했다. 이 두개골은 13만 년 전의 것으로 우리 인류의 기원이 생각했던 것보다 훨씬 오래되었음을 증명 했다. 숲속에서 자란 키메우는 지형을 읽는 데 익숙했고 사냥꾼으로서 동물의 물과 먹이를 찾아주는 훈련을 받았다. 이를 통해 얻은 무언의 지식과 재능을 바탕으로 연이어 엄청난 발견을 했다.

키메우는 나리오코토메강의 자갈과 용암바위 사이에서 강둑으로 삐져나와 있던 두개골 조각을 발견했다. 그는 이 뼛조각이 매우 특별한 것임을 금세 알아차렸다. 그것은 호모에렉투스(신생대 제4기 홍적세에 살았던 화석인류)의 뼛조각이었다. 5년이 넘는 발굴 작업 끝에 키메우는 지금까지 발견된 호모에렉투스 골격 중 가장 완전한 것을 발견했다.[28] 연구진은 치아를 통해 어린 소년으로 보이는 이 골격의 나이를 12세로 추정했다. 소년은 등에 부상을 입어 다른 사람보다 느리게 걸었고 이로 인해 사망한 것으로 추정되었다. 해골은 160만 년 된 것으로 밝혀졌다. 이 화석은 투르카나 소년(Turkana Boy)으로 불렸다. 이 발견으로 키메우는 1985년 백악관에서 로널드 레이건 대통령이 직접 수여하는 내셔널 지오그래픽 협회의 명예훈장을 받았다.

우리는 모두 유인원이다. 머나먼 선사시대의 기원은 동아프리카에서 시작되었다. 이곳은 수많은 발견이 이루어진 인류의 요람으로 인류의 가장 초기 조상인 호미닌들이 발견되기도 했다. 440만 년 전, 인류의 가장 오래된 조상 중 하나인 아르디피테쿠스 라미두스는 에티오피아의 아와시 강변 숲 가장자리에서 출현했다. 수십만 년 후, 오스트랄로피테쿠스 속, 즉 남부 유인원이 진화했다. 이들은 현생인류와 유사한 점이 몇 가지 있다. 가장 유명한 것은 1974년에 발견된 오스트랄로피테쿠스 아파렌시스 화석으로 과학자들은 이 화석의 발견을 축하하기 위해 연주한 비틀스의 노래 '루시 인 더 스카이 위드 다이아몬드(Lucy in the Sky with Diamonds)'의 이름을 따서 나중에 루시라고 불렀다. 루시는 에티오피아 아파르에서 발굴되었다. 오스트랄로피테쿠스 아파렌시스는 두 발로 움직일 수 있는 이족보행의 특징을 뚜렷하게 보여주었다. 하지만 루시의 뇌는 상대적으로 작아 우리 뇌의 20퍼센트에 불과했다.[29]

동아프리카가 수많은 새로운 호미닌이 출현한 중심지였다는 사실은 과학계의 위대한 미스터리 중 하나이다. 많은 학자들은 600만~700만 년 전부터 기후와 지형이 변화하기 시작했고, 이것이 인류의 진화에 큰 영향을 미쳤다고 강조했다. 지구는 빙하기로 향하고 있었다. 기후는 더 차갑고 건조해졌고 숲은 풀이 무성한 대초원과 사바나(나무가 없는 평야)로 바뀌었다.[30]

지구 전체의 기후뿐만 아니라 지형도 변했다. 투르카나 호수와 에티오피아의 아파르 지역은 모두 지각이 약한 아프리카 열곡대에 위치해 있다. 아프리카판은 3,000만 년 전부터 시작된 누비아판과 소말리아판으로 나뉘는 과정에 있다. 지각에 금이 가고 얇아지면서 상처에 피가 흐르듯 용암이 지표로 흘러나왔다. 킬리만자로산과 케냐산과 같은 화산이 솟아났으며 이 균열은 숲, 대초원, 고원, 계곡, 깊은 호수로 이루어진 복잡한 지형을 만들어냈다. 균열을 따라 능선과 산맥이 솟아오르면서 비를 막아 건조한 기후가 되었다. 작가 루이스 다트넬(Lewis Dartnell)의 표현을 빌리자면 "타잔이 나오는 풍경(열대우림)에서 라이온 킹이 나오는 풍경(사바나)으로 넘어가는 전환점"이라고 할 수 있다.

동아프리카의 많은 지역에서 숲이 조각조각 나뉘고 사바나로 대체되면서 오스트랄로피테쿠스 속과 같은 유인원은 새로운 서식지를 찾아야 했다. 이러한 변화는 유인원의 가장 중요한 특징 중 하나인 두 발로 걷는 능력과 직결된다. 덕분에 유인원은 숲에서 평원에 이르기까지 다양한 환경을 이동할 수 있었다. 두 발로 걷는다는 것은 여러 가지 이점을 제공했는데, 손이 자유롭고 먹이와 위험을 더 잘 포착할 수 있었으며 지상에서 더 먼 거리까지 더 빠르게 이동할 수 있었다. 이것이 소위 고전적인 사바나 가설(서식지 전환이 직립보행의 원동력이 되었다는 이론)이다.

이후 이 가설은 크게 수정되었다. 기후와 지형이 숲, 사바나, 사막, 초원으로 다양하게 변화하면서 유인원은 건조한 사바나뿐만 아니라 새로운 환경에 끊임없이 적응해야 했다. 이것이 진화의 원동력이 되었다. 오스트랄로피테쿠스는 두 발로 걷는 것뿐 아니라 숲이든 사바나든 어디에서나 생존할 수 있도록 적응했다. 이러한 적응 능력은 인류의 가장 중요한 특징 중 하나이다.

인류의 먼 친척인 호모에렉투스는 인류의 계보와 기후에 대한 통찰력을 제공한다. 이 인류는 조상들보다 다리가 길고 팔이 짧았으며, 더 직립에 가까운 걸음걸이 때문에 에렉투스라는 이름이 붙었다. 뛰어난 지구력으로 장거리를 달리면서 사냥감을 지치게 만들었다. 가장 중요한 것은 똑똑한 유인원이었다는 점이다. 두뇌가 엄청나게 커진 호모에렉투스는 더 정교한 방법으로 석기를 만들었다. 타원형과 배 모양의 독특한 손도끼가 바로 그것이다. 또한 이 유인원은 불을 잘 다루었는데 케냐의 투르카나 호수에 있는 쿠비 포라에서 160만 년 전의 증거가 발견되었다. 이 종과 그 조상인 아르디피테쿠스, 오스트랄로피테쿠스 등의 출현이 우연이었을까? 일부 연구자들에 따르면 그렇지 않다고 한다. 진화가 한창 진행되던 시기와 이 지역에서 극적으로 변화한 기후가 밀접한 관련이 있다는 것이다. 인류의 중요한 발견이 대거 이루어진 투르카나 호수 자체가 이를 증명하고 있다.

오늘날 투르카나 호수는 동아프리카 열곡대에 6,000제곱킬로미터에 걸쳐 길고 넓게 펼쳐져 있으며, 노르웨이에서 가장 큰 미에사 호수보다 20배 더 크다. 하지만 역사적으로 투르카나 호수는 덥고 비가 많이 오는 여름의 물웅덩이처럼 크기가 계속 바뀌었다. 160만 년 전 투르카나 소년이 안타깝게도 사망했을 때 호수는 현재보다 2배 더 컸다.[31] 하지만 소년이 사망한 지 '겨우' 10만 년이 지난 후에는 습한 기후에서 건조한 기후로 바뀌면서 호수가 완전히 사라져버렸다. 우리 시대와 가까운 과거에도 호수의 크기는 계속 바뀌었는데 불과 7,500년 전에는 오늘날보다 수백 킬로미터 더 북쪽으로 뻗어 있었다. 또 다른 중요한 점은 이러한 기후변화 중 일부가 수백 년이라는 매우 짧은 기간에 일어났다는 점이다.

연구원 마크 매슬린(Mark Maslin)은 이러한 기후변화가 호미닌의 진화와 일치한다고 주장한다. 예를 들어 호미닌의 수가 가장 많았던 190만 년에서 170만 년 전 사이에 기후변화가 극심했고, 이 시기에 호모에렉투스가 출현했다는 것이다. 이 이론은 논란의 여지가 있지만 매슬린은 270만 년에서 90만 년 전에 발생한 세 번의 극심한 기후변화 시기를 강조한다.[32] 그에 따르면 기후변화로 인해 호미닌은 습기와 건기 둘 다 적응해야 했고, 이로 인해 새로운 특징이 나타나게 되었다. 습기가 많은 시기에는 먹이가 풍부하고 호미닌의 개체수가 많아져 다양한 유전적 특징을 나타냈다. 반면 건조한 기간에는 더 작은 집단으로 나뉘어 새로운 종이 출현했다.

초기 선사시대의 많은 부분은 여전히 어둠 속에 있어서, 기후와 인류의 진화를 연결하는 작업은 어렵고 논란의 여지가 있다. 발견된 화석들은 조각조각 흩어져 있고 호미닌의 기원은 점점 더 과거로 거슬러 올라가고 있다. 예를 들어 2013년에 발견된 한 턱뼈는 호모하빌리스 또는 호모루돌펜시스에 속하는 것으로 추정되며 그 연대는 280만 년 전이다. 이 발견으로 갑자기 호모 속의 역사가 40만 년 더 오래된 것으로 재조정되었다.[33] 또한 새로운 종들이 계속 출현하고 있기 때문에 끊임없이 가계도를 수정해야 한다. 1987년 이후에만 12종의 새로운 호미닌이 발견되었다.[34] 이는 마치 전국의 모든 마을과 도시에 씨를 퍼뜨린 악명 높은 삼촌과 같다. 매년 가족 모임에 새로운 사촌들이 등장하는 것이다.

이처럼 기후변화는 아프리카 대륙의 진화를 촉진하는 데 기여했지만 그것이 전부가 아니었다. 기후변화로 지구에 대규모 식민지를 건설할 수 있는 토대가 마련된 것이다. 그리고 우리 종은 이동과 적응, 새로운 땅을 정복하는 데 뛰어난 존재다.

아프리카 대륙을 넘은 인류의 이동

우리는 모두 가까운 친척이다. 옛날 옛적에 현생인류인 호모사피엔스가 아프리카에서 이주해 왔다. 아프리카의 한 구석에 있던 하찮고 작은 종이었던 호모사피엔스는 이내 지질시대의 이름으로 명명하자는 이야기가 나올 정도로 퍼져 나갔다. 큰 두뇌를 가진 인류는 계획을 세우고 정보를 저장하고 추상적인 문제를 해결할 수 있었다. 최초의 인간은 사회성이 뛰어났고 대규모 집단을 이뤄 협력할 수도 있었다. 무엇보다 습득한 지식은 끊임없는 개선을 통해 대를 이어 전수되었다. 이를 누적된 문화 혁명이라고 하며, 그 결과 인간은 지구의 먹이사슬에서 경쟁자가 없는 최상위 포식자가 되었다. 하지만 애초에 인류가 아프리카에서 탈출하게 된 이유는 무엇일까?

오늘날 아프리카의 위성사진을 보면 사하라사막과 아라비아사막이 열대성인 짙은 녹색의 아프리카와 보다 살기 좋은 유라시아 사이에 노랗고 건조한 장벽처럼 놓여 있다. 척박하고 황량한 이 사막은 먼 옛날 우리 조상들에게 벽과도 같았다. 하지만 몬순이 북쪽으로 이동해 비가 더 북쪽으로 퍼지면서 메마른 사막이 녹색으로 덮인 언덕과 평원으로 변했다.[35] 최근에 기후 연구자 악셀 팀머만(Axel Timmermann)과 토비아스 프리드리히(Tobias Friedrich)는 모델링을 통해 13만 년에서 2만 9,000년 전 사이에 다섯 번의 우기가 있었다고 밝혔다. 각각의 우기는 밀란코비치 주기의 변화와 연관되어 1만 년 동안 지속되었다. 이 기간에 몬순은 북쪽으로 이동하여 사막을 가로지르는 녹색 통로를 만들었다. 흥미롭게도 이것이 현대 인류에게 가장 중요한 '아프리카 탈출'의 원동력으로 보인다.[36]

'기후 펌프'라고 불린 이 습한 단계의 '밸브'가 열리면서 오늘날과 같은 메마른 사막의 벽 없이 남부 아프리카와 유라시아가 연결되었다. 사하라사막과 아라비아사막은 늪과 작은 호수가 있는 풀이 무성한 사바나로 변모했다.[37] 하지만 이 에덴동산은 일시적인 것이었다. 습한 기후에 이어 갑자기 극심한 건기가 찾아왔고 녹색의 통로는 다시 사람이 살 수 없는 사막으로 변했다. 이 지역은 고인류학자 크리스 스트링거(Chris Stringer)가 말한 것처럼 먼 조상들의 안정적인 서식지라기보다는 "깨어진 꿈의 대로"에 가까웠다. 예를 들어 7만 1,000년에서 6만 년 전 사이에는 사막이 초원을 잠식하고 습지가 말라버렸다. 펌프의 밸브가 닫히

고 남부 아프리카가 다시 고립되었던 것이다.[38]

이 주제는 뜨거운 논쟁을 불러일으키고 있다. 팀머만과 프리드리히가 연구를 발표한 지 불과 1년 후, 미국 과학자들은 정반대의 주장을 펼쳤다. 그들은 호모사피엔스의 이동이 실제로는 건기에 일어났다고 믿었다. 우리 조상들은 가뭄 때문에 아프리카를 떠나야 했고 아라비아반도 해안, 이른바 남방 루트를 따라 바다에서 식량을 구했다.[39] 당시 사람들이 이주한 이유는 오늘날과 마찬가지로 복잡했을 것이다. 가뭄 등으로 인해 어쩔 수 없이 떠나야만 했던 것일까? 아니면 더 나은 선택지의 유혹이 있었을까?

우리 조상들이 아프리카를 떠난 여정은 로제타석처럼 이야기로 새겨져 있지 않다. 그렇기에 이 이야기는 역동적이고 끝이 없다. 매주 인류에 대한 우리의 인식을 바꾸는 새롭고 놀라운 발견이 보고되고 있다. 유전학자에 따르면 아프리카를 벗어난 인류의 대확장은 5만 년에서 6만 년 전에 이루어졌지만, 더 오래된 호모사피엔스의 발견이 이어지면서 이 이야기에 도전장을 내밀고 있다. 유럽 이외의 지역에서 발견된 가장 오래된 인류 화석은 9만 년에서 13만 년 전의 것이지만 2018년 이스라엘의 미슬리야 동굴에서 18만 년 전의 두개골이 발견되기도 했다. 그 이듬해에는 그리스의 석회암 동굴에서 21만 년 전의 호모사피엔스 두개골이 발견되었다.[40] 이러한 발견은 기후변화로 인해 아프리카에서 여러 차례의 이주가 이루어졌음을 보여준다.

해수면 변동 역시 인간의 지구 식민지화에 기여했다. 얼음층이 가장 컸을 때 해수면은 지금보다 130미터나 낮았다. 지금은 물속에 잠겨 있는 광활한 지역이 육지였기 때문에 우리 조상들은 새로운 대륙을 탐험할 수 있었다. 6만여 년 전, 최초의 인류는 당시 파푸아뉴기니와 호주 사이의 좁은 해협을 건너 모험을 떠났다. 이후 해수면이 여전히 낮았던 마지막 빙하기 말기에 우리 조상들은 베링해협을 건너 북아메리카에 정착했다.[41] 흥미롭게도 아프리카를 벗어난 것은 호모사피엔스만이 아니었다. 다른 인류 종들도 도전에 나섰다.

1891년, 네덜란드의 괴짜 과학자 외젠 뒤부아(Eugene Dubois)는 자바섬에서 나중에 자바원인으로 알려진 사람의 뼈와 두개골 조각을 발굴했다. 당시 자바섬도 네덜란드의 식민지였다. 뒤부아는 이곳에서 1만 2,000개가 넘는 동물 뼈를 발견하고 그의 베란다가 가득 찰 정도로 보관했다. 뒤부아에 대해서는 전설적인 이야기가 많이 전해진다. 그는 자바섬에서 말라리아, 위협적인 호랑이, 동굴 붕괴 등으로 여러 번 죽음의 위험을 겪었다. 자바에서 돌아오는 길에는 뒤부아와 그의 가족을 태운 배가 폭풍우를 만나서 선장이 승객들에게 구명보트에 타라고 명령했다. 이때 뒤부아는 자바원인의 뼈가 든 여행 가방을 가슴에 메고 아내 안나에게 구명보트에 무슨 일이 생기면 자신은 화석을 구해야 하니 세 자녀를 책임지라고 말했다고 한다. 이후 얼마 지나지 않아 그의 결혼생활은 끝이 났다.

이 자바원인은 과학자들 사이에서 논쟁을 불러일으켰다. 뒤부아는 이 두개골 조각이 현대인과 유인원의 중간 형태라고 주장했고, 다른 과학자들은 유인원이라고 반박했다. 뒤부아는 엄청난 반대에 직면했고 다른 많은 과학자들과 마찬가지로 오해 속에서 비통하게 죽었다. 이 화석은 나중에 호모에렉투스로 분류되었고 투르카나 소년보다 훨씬 오래된 100만 년 전의 것으로 밝혀졌다. 하지만 자바원인은 현생인류가 아프리카를 벗어나 이동했다는 중요한 증거였다. 이후 중국과 조지아에서 호모에렉투스의 화석이 발견되었는데 각각 170만 년과 185만 년 전의 것이었다. 이것은 우리에게 흥미로운 이야기를 들려준다. 인류의 조상들은 아프리카에서 무리를 지어 이동했다. 호모에렉투스가 아시아와 유럽에서 새로운 땅을 찾은 이유에 대해서는 논란의 여지가 있다. 기후변화 때문에 이동한 것이었을까? 동아프리카의 대호수 주변에 너무 많은 유인원이 있었기 때문일까?[42] 지금까지는 그 답이 모호하고 불분명하다.

어쨌든 결국 호모에렉투스는 멸종했고 현생인류인 호모사피엔스는 살아남아 전 세계를 정복했다. 세상은 다시는 예전과 같지 않을 것이다.

다음 빙하기는 언제 오는가?

1972년, 42명의 과학자들이 로드아일랜드의 브라운대학교에서 열린 회의에 모였다. 이들은 다음 빙하기의 도래에 대해 논의했는데 결론이 불길했다. "인간이 개입하지 않는 한 현재의 온난기는 곧 끝날 것"

이라는 결론이었다. 이는《제4기학회지(Quaternary Research)》에 요약되었다. [43]

여가 시간에 기후에 대해 책을 읽던 일반인이 아니라 미국과 유럽의 주요 대학 교수로 당시의 과학계 엘리트들이었던 그들은 징후가 명확하다고 믿었다. 바로 기후가 점점 더 추워진다는 것이었다. 현재의 간빙기는 간빙기의 전형적인 기간인 1만 년 동안 지속되었는데 이제 기후가 점점 더 추워지고 있다는 것이었다. 연구진은 지난 수십 년 동안 기후가 점차 추워지다가 1972년에 닥친 혹독한 겨울이 낮은 기온과 다량의 폭설로 마무리되면서 새롭게 추운 시기가 다가오고 있다고 확신했다. 이들은 "의심할 여지 없이 온난기의 끝이 가까워졌다"라고 썼다. 그리고 "향후 수천 년 또는 수 세기 내에" 다음 빙하기에 들어설 수 있다고 경고했다.

회의 주최자인 지질학자 조지 쿠클라(George Kukla)와 로블리 매튜스(Robley Matthews)는 미국 대통령 리처드 닉슨에게도 경고했다. 그들은 서한을 통해 "전 세계적인 기후 악화"를 경고하면서 기후변화는 식량 생산량 감소, 눈보라 같은 극한 날씨와 홍수, 살인적인 서리를 초래할 것이라고 주장했다. 이는 오늘날의 기후 논쟁에서 접하는 것과 다르지 않지만 정반대의 주장이다. 이 모든 논란은 1976년 로웰 폰테(Lowell Ponte)의 저서《냉각(The Cooling)》에서 절정에 달했다. 오늘날에는 과장되고 시대에 뒤떨어진 내용으로 여겨지는 이 책에서 그는 대담하게 주장했다. "이미 수십만 명의 사람들이 더 추운 기후로 인해 사망했다.

이 상황은 점점 더 악화될 텐데 책의 부제처럼 이렇게 묻는다. 우리는 살아남을 수 있을까?" 폰테가 제시한 해결책 중 하나는 베링해협을 막아 북쪽의 차가운 해수가 유입되지 않도록 하는 것이었다. 그런데 이 아이디어 자체는 새로운 것이 아니었다. 이미 1950년대에 소련이 시베리아 연안에서 베링해협에 이르는 방파제를 건설하는 계획을 세운 바 있다. 여러 개의 원자력 펌프장을 이용해 북극에 있는 엄청난 양의 차가운 물을 미국 해안으로 수송하겠다는 것이었다. 그렇게 하면 북미 지역에 더 추운 날씨와 더 많은 폭풍우가 발생하여 미국 경제에 막대한 손실을 입힐 수 있으리라고 생각했던 것이다. 그렇지만 1974년 회의에서 소련과 미국 정부는 "지구의 암석권, 수권 및 대기를 변경하는 등 환경을 변화시키는 기술을 사용하지 않겠다"는 합의에 서명했다.

아마도 폰테의 책에서 가장 많은 생각을 불러일으키는 부분은 서문일 것이다. 서문을 쓴 미국의 과학자 리드 브라이슨(Reid Bryson)은 1970년대를 대표하는 기후과학자 중 한 사람으로 특히 대기 중의 미세 입자와 물방울인 에어로졸에 대한 이론으로 잘 알려져 있다. 그는 산업혁명 이후 배출된 대량의 에어로졸이 지구를 냉각시켰다고 주장했으며, 이산화탄소의 농도가 늘어난 것은 그다지 중요하지 않다고 생각했다. 폰테뿐만이 아니라 지금은 고인이 된 저명한 기후과학자 스티븐 슈나이더(Stephen Schneider)도 이 의견에 동조했다.

스티븐 슈나이더는 1970년대에 지구 냉각화를 경고하며 '러시안 룰렛'에 비유했다. 이 표현은 나중에 지구온난화를 경고하는 비유에도 쓰였다.

이 시기에는 새로운 빙하기에 대한 두려움이 뉴스 헤드라인을 장식했다. 《뉴스위크》는 1975년에 '냉각하는 세계(The Cooling World)'라는 제목의 기사에서 "지구의 기후가 극적으로 변화하기 시작했다는 불안한 징후가 포착되었다"라고 보도했다. 이 기사는 30년 후에 다시 주목받는데 강력한 공화당 정치인인 제임스 인호프(James Inhofe)가 상원 연설 중 이 기사를 인용했다. 그는 이것이 지구온난화에 대해 잘못된 정보를 보도했다는 증거라고 주장하면서 언론은 새로운 빙하기 또는 지구온난화와 같은 문명의 멸망을 예측한 기우론자들이라고 비판했다.

또한 인호프는 우리가 더 추운 시기로 접어들고 있다고 주장했다. 전 세계의 기온이 계속해서 새로운 기록을 경신하고 있는데도 여전히 일부 집단에서는 '냉각화'되고 있다고 주장한 것이다. 제임스 인호프는 몇 년 전 그 유명한 눈뭉치 연설을 했다. 그는 "2014년이 전 세계적으로 그렇게 더웠다고 말할 수 있는가"라고 하며 상원 건물 밖에 쌓인 눈뭉치를 들고 와서 회의장 바닥에 던졌다.

1970년대에 과학자들은 혼란스러웠다. 기온이 상승하고 있지는 않았지만 당시에도 많은 전문가들이 지구가 점차 따뜻해지는 상황을 우려했다. 그중 한 명이 저명한 기후과학자 월러스 브로커였다. 그는 《사이언스》에 실린 획기적인 기사에서 이산화탄소 배출량의 꾸준한 증가로 지구온난화가 올 수 있다고 경고했다. 그는 에어로졸은 기후에 미치는 영향이 적으며 1940년부터 1970년까지의 냉각 추세는 자연적인 변동에 의한 것이라고 주장했다.

이렇듯 새로운 빙하기로 향하고 있다는 것을 과학계 전체가 믿고 있었던 것은 아니다. 그럼에도 격렬했던 논쟁에서 배울 수 있는 교훈이 있다. 지나치게 단순화하거나 과장하면 잘못된 결과를 초래한다는 것이다. 겨울에 눈이 많이 오거나 적게 온다고 해서 어떤 의미가 있는 것은 아니며, 중요한 것은 장기적인 기후변화 패턴이다. 많은 사람들이 날씨와 기후가 다르다는 것을 깨달았기를 바란다.[44]

몇 년 전, 포츠담 기후영향연구소의 안드레이 가노폴스키(Andrey Ganopolski)가 만든 모델에 따르면 다음 빙하기는 5만 년 후에나 일어날 것이다. 이 연구에서 밀란코비치 주기가 앞으로 어떻게 변화할지, 그리고 다양한 이산화탄소 농도 수준과 결합되었을 때 어떤 결과가 나타날지를 분석했다. 가노폴스키는 현재의 간빙기와 40만 년 및 80만 년 전에 발생한 간빙기를 비교했다. 빙하기가 발생하는 조건은 첫째, 세차운동으로 북반구의 여름에 지구가 태양으로부터 가장 멀리 떨어져 있고, 둘째, 지축의 기울기가 작아지는 것이다. 따라서 여름은 더 시원하고 겨울은 더 따뜻해지는 등 계절적 변화가 줄어든다. 이 2가지 요인이 지배적이었다면 우리는 지금쯤 새로운 빙하기를 향해 전속력으로 나아가고 있었을 것이다. 가노폴스키에 따르면, 지구의 공전궤도가 상대적으로 원형에 가깝기 때문에 북반구의 여름철 기온이 떨어지는 것을 막을 수 있었다.[45]

가노폴스키는 또한 빙하기에 들어서거나 벗어나는 데 온실가스가 어떤 영향을 미치는지 모델링했다. 대기 중 이산화탄소 수치가 높으면 빙하기가 지연될 수 있다. 그가 내린 가장 흥미로운 결론은 우리가 새로운 빙하기를 간발의 차이로 피할 수 있었다는 것이다. 산업화 이전의 대기 중 이산화탄소 농도가 80만 년 전 간빙기 때처럼 280ppm이 아니라 240ppm이었다면 우리는 다음 빙하기를 향해 전속력으로 나아갔을 것이다. 빙하기의 대재앙을 비켜갈 수 있었던 것은 겨우 40ppm의 이산화탄소로, 오늘날 대기 중으로 배출하는 데 10년 남짓 걸리는 양이다.

이 40ppm이 자연적인 변동 때문인지 아니면 우리 조상들이 거의 만 년 전에 숲을 개간하기 시작했기 때문인지에 대한 논쟁이 뜨겁다. 또한 이 연구는 현재 인위적인 이산화탄소 배출량이 매년 몇 ppm씩 증가하고 있는지를 바탕으로 다음 빙하기가 최소 5만 년 지연될 수 있음을 보여주었다.[46] 우리가 살고 있는 간빙기가 온실가스 배출로 인해 최대 수십만 년 동안 지속되는 초간빙기로 발전할 수 있다는 의미다.

따라서 우리는 2가지 다른 미래에 직면한다. 단기적으로는 이제 막 윤곽이 드러나기 시작한 지구온난화이고, 장기적으로는 새롭고 파괴적인 빙하기가 바로 그것이다. 1925년 시인 로버트 프로스트는 〈불과 얼음(Fire and Ice)〉에서 서로 다른 미래를 예언적으로 묘사했다. 어떤 이들은 세상이 불로 끝날 것이라고 하고, 어떤 이들은 얼음으로 끝날 것이라고 한다.

4장

전환점의
기후

코펜하겐 외곽 브뢴뷔의 산업 지역에 있는 갈색과 무채색의 창고 317호에는 현대문명에 치명적 재앙을 초래했을 수도 있었던 증거들이 잠들어 있다. 그것은 역사의 기록이 아니라 동위원소, 먼지, 나트륨, 황산염, 납 등 물질적인 흔적들이다. 이곳에는 모두 합치면 24킬로미터에 달하는 세계 최대의 빙핵 저장고가 있는데 이 얼음에는 한때 그린란드에 내린 강수의 흔적이 기록되어 있다. 수천 년 전에 내린 눈에서 추출한 희미한 증거를 통해 기후가 어떻게 변동했는지 알 수 있다. 특히 빙핵을 통해 마지막 빙하기를 벗어나는 과정에서 나타난 급격한 기후변화를 자세히 알 수 있다. 지구의 오랜 기후 역사를 생각하면 이러한 변화는 갑작스럽고 급격한 것이었다.

우리는 가장 추웠던 마지막 빙하기 이후부터 현재까지 기온이 급격한 변화 없이 꾸준히 상승했다고 잘못 알고 있다. 오히려 기후는 불안정한 카누와 같아서 때때로 갑자기 추웠다가 따뜻해지기도 했다. 기후과학자들이 미래에 대해 우려하는 점이 이것이다. 기후가 급격하게 변해 임계점을 넘어서면 카누가 전복될 수 있다는 말이다. 많은 사람들이 "돌이킬 수 없는 기후 재앙에서 지구를 구하기 위해 지금 행동해야 한다"고 말한다. 그리고 우리가 배출하는 것이 "자연계에 지속적이고 돌이킬 수 없는 변화"를 일으키고 있다고 주장한다. 이러한 임계점에 대한 관심은 폭발적으로 증가해, 지난 10년 동안에만 '급격한 기후변화'에 관한 연구 논문이 1만 5,000건이나 발표되었다. 과학자들은 지난 빙하기 내내 급격한 변화가 일어났다는 사실을 입증했는데 오늘날 특히 중요한 시기가 있다. 바로 마지막 빙하기 말, 우리가 후빙기(후기 빙하기)라고 부르는 바로 그 시기다.[1]

나는 코펜하겐의 빙핵 저장고보다 훨씬 더 이국적인 그린란드의 내륙 빙하를 상상해보았다. 작가와 저널리스트들이 기후의 극적인 변화를 취재하기 위해 그곳을 방문한다. 나는 칸게를루수악으로 가는 비행기와 에어그린란드 비행기의 날개 아래 펼쳐진 하얗고 거대한 그린란드 빙하에 대해 글을 쓸 수 있었다. 그런 다음 바퀴가 아닌 스키를 장착한 헤라클레스 군용기를 타고 동쪽으로 수백 킬로미터 떨어진 그린란드 빙하 위를 장시간 비행한 이야기를 쓸 수도 있었다. 빙하가 서쪽의 배핀만에서 북동쪽 대서양까지 뻗어 있는 모습을 볼 수 있었을 것이다. 세계에서 두 번째로 큰 이 빙모는 두께가 최대 3킬로미터에 달하며 거의 섬 전체를 덮고 있다. 이 빙모에는 지구상 모든 담수의 10퍼센트 이상이 포함되어 있다.

얼음 한가운데 착륙했을 때, 빙하 연구자들이 얼음 속을 뚫고 들어가 수 미터에 달하는 빙핵 샘플을 채취하는 모습을 보았다. 정신없이 몇 시간을 보낸 후 나는 다시 비행기를 타고 칸게를루수악으로 돌아왔다. 이 자체는 짧고 바쁘고 유익한 방문이었지만, 사실은 긴 여정에 상당한 양의 온실가스가 배출되었을 것이다.

그래서 이번에는 짧은 여행 일정을 선택했다. 어떤 의미에서 창고 317호는 모험보다 과학에 관심이 많은 사람들에게는 더 이국적인 여행지일 수도 있다. 많은 빙핵이 보관되어 있는 이곳은 덴마크인들이 이루어낸 20세기의 위대한 연구 업적 중하나다. 이 코어를 사용하여 지구의 긴 역사에서 매우 짧지만 다사다난했던 지난 12만 5,000년 동안 기후가 어떻게 변동했는지 해독할 수 있었다.[2] 이 기간 동안 지구는 간빙기(에미안)에서 빙하기(바이흐젤)로, 그리고 새로운 간빙기(홀로세)로 이동해왔다.

코펜하겐에서 회의를 주선하는 것은 쉽지 않았지만 나는 곧바로 빙핵 큐레이터이자 코펜하겐대학교 교수인 요르겐 페데르 스테펜센(Jørgen Peder Steffensen)

에게 연락했다. 그는 "당연히 볼 수 있다"고 대답했지만 바쁜 사람이라 약속을 잡는 데 꽤 시간이 걸렸다. 6개월 동안 수십 통의 이메일을 주고받은 후에야 안개 낀 11월의 어느 날 빙핵, 동위원소, 임계점, 해류에 관한 자료가 가득 담긴 아이패드를 들고 미래형 지하철을 타고 코펜하겐에 도착했다. 그는 문제를 회피하지 않고 솔직하게 말하는 사람이다. 수많은 인터뷰에서 임계점을 넘어설 수 있으며 우리가 "중대한 실험을 하고 있다"라고 말해왔다.

나는 대학교의 갈색 벽돌 건물 밖에서 스테펜센을 만났다. 그는 키가 크고 활기찼으며 크고 거친 수염 아래로 입술이 간신히 보였다. 그린란드에서 그를 만난 몇몇 기자들이 왜 그를 산타클로스 같다고 썼는지 알 것 같았다. 빙핵 저장소로 가기 전, 우리는 그의 사무실에 앉아 기후, 에너지, 인류의 미래에 대해 이야기를 나누었다. 작은 사무실에서 큰 주제들이 오갔다. 주로 빙핵과 그 속에서 무엇을 꺼낼 수 있는지에 대한 이야기였다. 이산화탄소 수치가 상승함에 따라 기온이 꾸준히 상승하는 것이 전부가 아니다. 그런 경우에는 기후가 예측 가능한 수준으로 움직이지만, 실제로는 전혀 다른 방식으로 진행될 수 있다. 스테펜센은 "빙핵은 기후가 빠르고 갑작스럽게 변할 수 있다는 것을 보여준다"라고 덧붙였다. 그리고 임계점과 기후 시스템이 어떻게 급속하게, 그리고 재앙적인 결과를 초래할 정도로 재구성될 수 있는지에 대해 이야기했다.

눈송이가 떨어져 그린란드 빙상에 내려앉을 때마다 자연은 지문을 남긴다. 한층한층 눈이 쌓여 결국 얼음으로 변한다. 어떤 해에는 눈이 30센티미터밖에 내리지 않지만 어떤 해에는 1미터가 넘게 내릴 수도 있다. 이렇게 해서 내륙 빙상이 존재할 수 있으며, 빙모는 기후 기록 저장소가 되었다. 스테펜센과 동료들은 서로 다른 특성을 지닌 각각의 층을 해독하려고 노력하고 있다. 빙하를 한 층씩 분석하고 측정하면 과거의 강수량과 기온을 알 수 있다.

"역사에 관심이 많은 내게는 빙핵이 단순히 자연과학에 국한된 것이 아닙니다. 얼음을 뚫는다는 것은 곧 역사를 뚫는 것이지요. 우리는 얼음 조각을 가지고 아우구스투스가 황제가 되었을 때나 카이사르가 암살당했을 때 이 눈이 내렸으리라 추정할 수 있습니다"라고 스테펜센은 검지로 테이블을 두드리며 말했다.

지난 12만 5,000년 동안의 기후에 대한 정확한 정보는 남극을 포함한 지구상의 그 어느 곳에서도 얻을 수 없다. 그린란드의 빙핵을 이용해 과거 스칸디나비아를 포함한 북반구 대부분의 지역에 나타났던 과거의 기후변화를 추적할 수는 있다. 그렇다면 얼음층이 어떻게 기후에 대한 이야기를 들려줄 수 있을까? 만 년 전 눈이 내렸을 때 아무도 그곳에 없었고 온도나 강수량을 측정한 사람도 없었는데 말이다. 그런데 창의적이고 대담한 이 덴마크인은 얼음의 비밀을 밝혀냈다.

1천 세기에 걸친 기후변화

1952년 어느 여름날, 윌리 단스고르(Willi Dansgaard)는 코펜하겐 외곽의 한 정원에 맥주병을 놓고 주둥이에 깔때기를 꽂아 빗물을 모았다. 그날 그가 한 일은 놀라운 발견으로 이어졌다. 1952년 6월의 어느 날, 덴마크 상공에 저기압 전선이 잇따라 이동해 비가 쏟아졌다. 단스고르가 연구하는 산소 동위원소는 다양한 방식으로 선사시대 기후에 대한 독특한 지식을 제공한다.

물속의 산소는 주로 ^{18}O(가장 무거운 동위원소)와 ^{16}O(가장 가벼운 동위원소) 2가지로 구성된다. 가장 무거운 것은 500개의 물 분자 중 하나에 불과하다. 단스고르는 소나기의 동위원소 구성이 항상 같은지 궁금했다. 그는 일정한 간격으로 병에 받은 빗물을 작은 용기에 비웠다. 용기가 다 떨어지자 집에 있는 모든 병과 주전자를 동원해 빗물을 모았다. 주말 동안 그는 이 샘플들을 대학으로 가져가 분석했는데 그 결과는 놀라웠다. 기온이 떨어짐에 따라 강수의 ^{18}O의 양이 감소했다.

물속에 얼마나 많은 ^{18}O가 있었는지를 통해 강수가 형성된 구름의 온도를 추정할 수 있다. 온도가 낮을수록 ^{16}O가 더 많고 온도가 높을수록 ^{18}O가 더 많은 것이다. 단스고르는 다음과 같은 질문을 던졌다. 동위원소의 변화를 통해 과거의 기후가 어떻게 변화했는지를 알 수 있지 않을까? 강수 전선에서 관찰된 것처럼 추운 시기에는 ^{18}O가 더 적었을까?[3]

1964년, 미국인들은 그린란드의 군사 연구 기지인 캠프 센추리에서 최초로 심층 빙하를 시추했다. 이 기지는 냉전시대에 소련이 북극해를 통해 공격할 가능성을 우려하여 설립된 것이다. 기지 안에 매점, 바, 미용실, 영화관, 교회, 도서관 등이 있지만 눈 속에 파묻혀 위에서는 거의 보이지 않는다.

기지는 작은 원자력발전소에 의해 구동되었고 방들은 눈 속의 거대한 통로로 연결되어 있었다. 캠프 센추리는 '얼음 밑의 도시'라고 불렀다. 기지의 연구원들은 오클라호마에서 오래된 시추 장비를 구입하여 빙상으로 운반했다. 한 걸음씩 빙상 바닥까지 시추를 진행한 결과 1,360미터 길이의 빙핵이 발견되었다. 작업을 마친 후 그들은 예수님이 태어났을 때 만들어진 얼음을 음료수에 넣으며 자신들의 성과를 축하했다.

조금 성급하지만 명예욕이 강했던 단스고르는 열심히 노력해 빙핵을 연구할 기회를 얻었다. 그는 산소 동위원소 연구를 위해 1,600개의 샘플을 채취했고 질량 분석기를 통해 눈에 보이지 않는 것을 관찰했다. 그는 얼음층 아래에서 ^{18}O 값이 오르락내리락하는 것을 발견했는데, 이 동위원소 값이 공기의 온도가 어떻게 변했는지를 알려준다고 믿었다.

1969년 《사이언스》에 실린 '그린란드 빙상의 캠프 센추리에서 찾아낸 1천 세기의 기후 기록'이라는 시적인 제목의 기사에서 단스고르는 공동 저자들과 함께 불안정한 기후에 대해 설명했다. 해저에서 채취한 코어가 대규모 빙하기의 주기를 밝혀냈다면 빙핵은 훨씬 더 자세한 이야기를 들려준다. 동위원소 값의 증가와 감소는 마지막 빙하기 동안 기후가 불안정하게 변동했음을 보여준다. 얼음은 기억을 저장해두었다가 기후의 역사를 말해주었던 것이다.

단스고르의 발견은 학계에 큰 충격을 주었다. 이전까지 빙하기와 간빙기는 안정적으로 춥거나 따뜻하게 유지된다고 여겨졌기 때문이다. 하지만 이것이 잘못되었다는 주장이 제기되었다. 단스고르의 주장이 맞는지 테스트하기 위해 DYE-3, GISP, GRIP라는 암호명을 가진 새로운 빙핵이 시추되었다. 캠프 센추리 빙핵과 같은 결과가 나왔는데, 지구온난화가 정치적 의제로 심각하게 대두되던 시기에 일부 사람들에게는 충격적인 결과였다. 기후는 꾸준히 변화한 것이 아니라 마지막 빙하기 동안 25번이나 갑작스럽게 변화했다. 이러한 변화는 일반적으로 수십 년 내에 5~10도의 급격한 온난화로 시작된 후 수백 년에 걸쳐 서서히 냉각되는 식으로 진행되었다. 흥미롭게도 급격한 온난화 사이에는 약 1,500년의 간격이 있었다.

단스고르와 비슷한 시기에 스위스 과학자 한스 외슈거(Hans Oeschger)는 베른 근처 호수에서 퇴적층을 분석했다. 그 역시 빙핵의 연구 결과와 일치하는 '급격한 기후변화'를 발견했다. 이러한 급격한 기후변화를 '단스고르-외슈거 현상(Dansgaard-Oeschger Event)' 또는 줄여서 DO 현상이라고 부른다. 이 현상들로 말미암아 기후에 '불안정한 카누' 또는 '깜빡이는 심장병 환자'라는 별명이 붙었다. 미국의 기후학자 리처드 앨리(Richard Alley)는 기후가 전등 스위치를 막 발견한 세 살짜리 아이와 유사하다고 보았다. 아이가 전등 스위치를 빠르게 켰다 껐다 하다가 잠시 흥미를 잃고 다시 켜는 것과 같다고 표현했다.

자연은 정말 까다롭다

요르겐 페데르 스테펜센(Jørgen Peder Steffensen)은 23세였을 때 한 통의 전화를 받았다. 상대는 다름 아닌 윌리 단스고르였다. 그는 스테펜센에게 그린란드로 오지 않겠냐고 물었다. 4일 후, 스테펜센은 그린란드의 내륙 빙상 위에 서 있었다. 스테펜센은 40년 후에 이때를 돌아보며 당시 자신은 모험에 먼저 끌렸고 뒤이어 자연스럽게 과학적 작업을 하게 되었다고 말했다. 그는 처음에 8주간 체류하며 빙핵을 시추하는 임무를 맡았다. 이후로 그는 얼음 시추 전문가가 되어 그린란드에서 35번의 계절을 보냈다. 그곳에서 그는 저명한 기후과학자인 도르테 달-옌센(Dorthe Dahl-Jensen)을 만나 결혼했다. 그는 "아내는 제 상사이자 두뇌입니다. 아내가 자금을 마련하고 저는 그 돈을 쓰죠"라고 말하곤 했다.

스테펜센과 나는 사무실에서 나와 작은 전기차를 타고 코펜하겐을 떠나 브뢴뷔 항구로 향했다. 평평한 덴마크 풍경이 눈앞에 펼쳐졌다. 많은 사람들이 생각해본 적 없겠지만 이 또한 기후의 결과이다. 수많은 빙하기가 없었다면 이 나라는 바다에 흩어진 바위와 섬들에 불과했을 것이다. 얼음이 이 바위들을 거대한 양의 자갈, 모래, 점토와 함께 북쪽에서 운반해 와서 덴마크가 자리 잡은 땅을 만들었다. 눈에 보이는 증거가 바로 노르웨이와 스웨덴에서 옮겨 온 암석으로 지어진 많은 교회들이다. 덴마크의 아이들 대부분이 노르웨이 돌로 만든 교회에서 세례를 받는다.

스테펜센은 자신이 온실가스 배출을 줄이기 위해 노력하고 있다고 했다. 그는 전기차를 운전하고 비행기를 덜 타려고 노력하며 최근에는 일본 정부의 초청을 거절하기도 했다. 그는 우리가 온실가스 배출을 제한하고 합리적인 조치를 도입해야 한다는 입장을 분명하게 밝혔다. 그는 운전하면서 기후 논쟁의 모든 측면에 대해 열변을 토했다. 스테펜센은 태국으로 다이빙 휴가를 떠나는 덴마크 정치인들을 조롱하는 동시에 육류를 덜 먹어야 한다고도 주장한다. 그는 인간이 지구를 온난화시키고 있다는 사실은 의심의 여지가 없다면서 정치적으로 조금 부적절한 표현인 '기후 공포'나 '불필요한 공포심'을 조성하는 말도 스스럼없이 한다. 연구 경력으로 보아 그는 동료, 연구기관의 관료 및 정치인에게 비위를 맞추며 굽실대는 단계는 넘어선 것이 분명하다.

그는 연구 결과를 과장하며 마치 중고차를 파는 딜러처럼 행동하는 기후과학자들을 조롱하고 허위 정보를 퍼뜨리는 기후 부정론자들도 비판한다. 또한 그는 모든 기후변화가 반드시 나쁜 것만은 아니라고 강조하며 "자연은 정말 까다롭다. 지구는 역동적인 행성이며 미래에는 그어떤 것도 오늘이나 어제와 같지 않을 것이다. 우리가 지구온난화에 대해 걱정하지 않는다면 그 반대인 지구 냉각에 대해 걱정해야 할 것이다"라고 말했다.

스테펜센과 대화를 나누면 혼란스러울 수밖에 없다. 극단적인 기후변화 경고론자들을 조롱하더니 갑자기 그들처럼 말하며, 인간이 유발한 기후 시스템의 급격한 변화 가능성을 경고하기 때문이다.

우리는 브뢴뷔의 갈색 창고 앞에 멈췄다. 따뜻한 소렐 신발을 신고 커다란 금속 문으로 들어서자 추위가 우리를 덮쳤다. 냉각 팬이 쿵쾅거리며 돌아가는 냉동창고 안은 영하 30도로 그린란드 빙상의 평균기온과 거의 비슷하다. 얼음장 같은 공기는 예전의 혹독한 북유럽의 겨울을 떠올리게 했다. 우아하게 꺼낼 수 있는 대형 유리 용기에 빙핵을 보관하고 코어마다 전자 라벨이 붙어 있는 좀 더 발전된 모습을 기대했을지도 모르지만 그렇지 않았다. 이곳의 빙핵은 6미터 높이의 철제 선반 위의 회색 골판지 상자에 담긴 채 쌓여 있었다. 마치 냉동 채소나 냉동 피자를 담아놓은 것처럼 보였다. 지금까지 가장 많은 코어를 시추한 것은 덴마크인들이다. 우리는 연구 논문에서 유명한 DYE-3, GRIP, Camp Century, NGrip, Byrd, NEEM, 그리고 EASTGrip 등의 빙핵들이 줄지어 놓인 곳을 따라 걸었다.

스테펜센은 매우 특별한 빙핵을 꺼내 보이며 "이것은 그린란드에서 발견된 가장 오래된 얼음 조각으로 100만 년 전의 것입니다"라고 말했다. 얼음은 거의 녹슨 것처럼 붉은색을 띠었는데 다량의 진흙이 포함되었기 때문이다. 이것은 빙하 바닥 가까이 있었다는 뜻이다. 덴마크인들은 그린란드 빙상의 맨 밑에서 나뭇조각도 발견했다. 스테펜센은 "빙하가 오기 전에는 울창한 숲이 우거진 섬이었는데 빙하가 그린란드에 정착하면서 모든 것이 쓸려 나갔지요"라고 말했다.

빙하가 사라지고 해수면이 상승하고 있다는 우려에 대해 이야기하자 스테펜센의 이중적인 시각이 다시 드러났다. "빙하가 사라진다는 사실에 감정적으로 동요할 수 없습니다. 우리는 빙하가 숨기고 있는 것을 잊어서는 안 됩니다. 그린란드는 한때 무성한 숲으로 덮인 섬이었는데, 지금은 얼음으로 덮여 있습니다." "나는 1990년대에 빙하가 불도저처럼 식물과 동물을 밀어버리는 것을 직접 목격했습니다"라고 그는 큰 소리로 말했다.

빙핵은 점점 더 세밀한 역사를 들려준다. 산소 동위원소뿐만 아니라 여러 다른 요소들도 분석된다. 예를 들어 먼지(건조한 기후를 나타내며, 보통 추운 시기에 발생), 나트륨(해빙이 더 많은 염분 먼지를 생성), 칼슘(바람의 출처를 알려줌), 수소 동위원소(강수의 기원을 알려줌), 화산재 입자(화산 폭발의 흔적), 황산, 불산(화산 폭발과 관련) 및 납과 같은 중금속, 그리고 이산화탄소와 메탄 같은 가스들이 포함된다. 빙핵 연구자들은 대리지표들을 통해 기후에 대한 놀라운 이야기를 알아낸다.

예를 들어 연구자들은 빙핵의 산도를 측정하여 1783년의 라키 화산 폭발, 1104년의 헤클라 화산 폭발, 기원전 43년의 오크목 화산 폭발(이른바 카이사르 화산) 등의 큰 화산 폭발에 대한 화학적 흔적을 발견했다. 또한 페로제도의 삭수나르바튼(기원전 10200)과 노르웨이 순뫼레 지역의 베데(기원전 12100)에서 발견된 화산재에서 나온 더 오래된 대규모 화산 폭발의 흔적도 빙하에서 찾아볼 수 있다.[4] 스테펜센은 "우리는 빙핵에서 방사능 신호를 분명히 볼 수 있습니다"라고 설명하며, 가장 강한 신호는 지구상에서 폭발한 가장 큰 폭탄인 소련의 차르 폭탄에서 나온 것이라고 했다. 히로시마 원폭보다 3,800배 더 강력한 위력을 가진 이 폭탄은 1961년 노바야제믈랴제도 상공에서 투하되었고 방사능구름이 하늘을 떠다니며 그린란드 빙상 위에 낙진(방사성물질)을 뿌렸다. 많은 사람들은 이 첫 번째 시험 폭발이 인류의 시대, 즉 인류세(Anthropocene, 파울 크뤼천이 2000년에 제안한 새로운 지질시대 개념)의 시작을 알렸다고 생각한다.

핵폭탄의 낙진보다 훨씬 오래된 인류의 또 다른 화학적 흔적은 납이다. 빙핵에서 다양한 납 동위원소를 분석하여 세계사의 일부를 재구성할 수 있는데 이는 납이 기체 상태로 존재하여 멀리 이동이 가능하기 때문이다. 고대에 납은 주로 은을 녹여 추출하는 데 사용되었다.

그래서 우리 모두는 로마 경제의 기복을 목격할 수 있다. 스테펜센은 로마제국의 경제가 번성할 때 납이 많이 배출되었고 쇠퇴할 때는 납이 적게 배출되었다고 설명한다. 빙핵을 통해 로마제국의 번영기에는 납 배출량이 가장 많았고 2세기 이후 전염병과 전쟁이 발생했을 때는 납 배출량이 감소한 것을 확인했다. 이는 오늘날의 온실가스 배출량과 비슷하다. 경제가 성장할 때는 증가하지만 경기가 침체될 때는 감소하는 것과 같은 현상이다.

갑작스러운 빙하기의 종말

코펜하겐 근처의 빙핵 저장소에서 북쪽으로 불과 몇 마일 떨어진 곳에는 너도밤나무 숲과 구불구불한 들판으로 둘러싸인 알레뢰드 점토 채취장이 있다. 과거에는 이곳에서 벽돌 원료로 사용할 대량의 점토를 채취하며 깊은 고랑을 파기도 했다. 덴마크의 식물학자이자 지질학자인 니콜라이 하르츠(Nikolaj Hartz)에게 이 채취장은 과거로 가는 창이었다. 이곳에서 그는 만 년 전의 역사를 탐구했는데, 1897년 여름 획기적인 발견을 했다.

대규모 빙하기가 있었다는 사실은 19세기 말에 이미 널리 알려져 있었다. 알레뢰드에서도 빙하의 흔적이 뚜렷하게 남아 있었고, 빙하가 후퇴하면서 떨어져 나온 빙하와 빙상 위에 형성된 호수의 흔적도 보여준다.[5] 만 년 전 덴마크는 지금처럼 아름다운 땅이 아니었다. 빙하기는 어떻게 끝났을까? 빙하가 천천히 물러났을까, 아니면 불규칙한 변화를 겪으며 후퇴했을까? 알레뢰드에서 과학자들은 빙하기가 격렬한 과정을 거쳐 끝났다는 사실을 알게 되었다.

하르츠는 점토 채취장에서 여러 층의 퇴적물을 연구했다. 처음에는 난쟁이자작나무와 북극버들 같은 북극 식물의 잔해가 있는 퇴적물에서 기후가 척박하고 추웠음을 알 수 있었다. 특히 그는 드라이아스 식물, 즉 북극담자리꽃나무의 잔해를 많이 발견했다. 이 식물은 참나무 잎과 닮은 아름다운 흰색 산꽃으로, 칼 폰 린네(Carl von Linné)는 그리스 신화에 나오는 참나무 숲의 요정 이름을 따서 드라이아스라고 명명했다. 오늘날 스칸디나비아, 북극, 시베리아 및 알프스의 높은 산에서 흔히 볼 수 있지만 과거에는 덴마크와 유럽 대부분을 덮고 있던 툰드라에서 자랐다.

이 시기는 '가장 오래된 드라이아스' 시대로 불리는데 이 식물의 이름을 딴 것이다. 점토 채취장에는 다른 보물들도 숨겨져 있었는데, 예를 들어 늑대의 턱뼈와 순록의 잔해가 발굴되었다. 순록은 빙하로 덮인 툰드라에 살았고 빙하의 가장자리를 따라 북쪽으로 이동했다. 유틀란트에서 부싯돌 화살촉이 박힌 1만 4,200년 된 순록의 척추뼈가 발견된 것에서 알 수 있듯이 인간도 그 뒤를 따랐다.

하르츠는 점토 채취장에서 중요한 발견을 했다. 그는 가장 오래된 드라이아스 층 위에서 규트예(gytje)라 불리는 유기물이 풍부한 짙은 색의 퇴적층을 발굴했다. 자작나무와 노간주나무의 잔해가 드러났고 진흙 채취장에서 크고 아름다운 엘크 사슴 뿔이 발견되었다. 이것은 마지막 빙하기가 끝날 무렵 기후가 변해 더위가 퍼졌다는 것을 의미한다. 툰드라를 가로질러 빙하에서 불어오던 얼음바람이 가라앉고 숲이 지형을 가로질러 퍼져 나간 것이다. 하르츠는 이 지층이 '빙하기 말기의 기후 변동'을 나타낸다고 결론지었다. 규트예 층은 알레뢰드 시대를 정의하는 퇴적물이고, 나중에 유틀란트 남쪽의 한 연못에서 뵐링 시대라는 또 다른 온난기가 발견되었다. 오늘날 1만 4,700년 전부터 1만 2,800년 전까지 지속되었던 이 짧은 시기는 발견된 곳의 이름을 따서 뵐링-알레뢰드 온난기로 널리 알려졌다.

짧고 강렬했던 온난기는 끝이 났다. 1만 2,800년 전, 다시 한 번 툰드라가 넓게 퍼졌다. 북극담자리꽃나무가 바람이 몰아치는 춥고 광대한 평야 지역을 다시 덮으면서 자작나무 숲은 후퇴할 수밖에 없었다. 인간은 다시 한 번 추위와 강력한 하강풍을 피해 남쪽으로 이동했다. 이 시기를 '영거 드라이아스기(Younger Dryas)'라고 한다. 그때 북반구 전역에 빙하가 빠르게 밀려들었다. 사하라사막이 남쪽으로 퍼지고 아프리카의 큰 호수가 줄어들었다. 천 년이 넘는 기간 동안 지구는 춥고 건조하며 바람이 많이 부는 곳이었다.

한파는 지형에도 영향을 미쳤다. 빙하는 스칸디나비아에 약 1만 2,000년 된 라에트 빙퇴석을 남겼다. 이 빙퇴석은 핀마르크에서 시작해 트론헤임의 타우트라와 베르겐 외곽의 헤르들라를 거쳐 노르웨이 해안을 따라 바위와 자갈의 능선처럼 구불구불하게 이어진다. 남쪽으로는 아그데르와 텔레마르크(트로뫼야, 욤프룰란드), 베스트폴(묄렌)을 지나 오슬로 피오르를 건너 외스트폴까지 이어져 반쇠 호수를 막고 있다. 그런 다음 스웨덴의 베네른 호수 남쪽을 따라 발트해를 건너 핀란드까지 이어져 러시아 국경을 따라 북쪽의 콜라반도 쪽으로 미끄러져 내려간다. 이것이 스칸디나비아와 북아메리카의 대부분을 덮은 마지막 빙하이다. 1만 1,700년 전에 마지막 빙하기가 끝났고 빙상이 해안선에서 급속히 후퇴했다.

하르츠는 점토층을 차례로 연구하면서 이 변화무쌍한 시간을 새롭게 조명했다. 그는 당시에도 "이러한 기후 진동이 완전히 국지적인 현상일 수는 없었다"고 가정했다. 이후로 북반구 전체의 도랑, 늪지, 호수에서 발견된 화석들이 모두 같은 결과를 보여주었는데 기후는 갑자기 변할 수 있고 불안정하다는 것이었다. 숲이 생겼다 사라졌고 툰드라는 확장되었다가 북쪽으로 후퇴했다. 동물과 인간이 이주해 왔지만 기후가 다시 악화되면 이들은 기후 난민이 되어 떠나야 했다. 하르츠는 기후가 변했다는 사실을 이해했다. 하지만 언제 그런 일이 일어났을까? 왜, 그리고 얼마나 빨리 일어났을까? 1,000년이 걸렸을까, 100년이 걸렸을까? 아니면 10년? 스테펜센과 동료들은 알레뢰드에서 남쪽으로 불과 몇 킬로미터 떨어진 곳에 저장된 그린란드의 빙핵에서 이 질문에 대한 해답을 찾고 있었다.

결정적인 순간

냉동창고 안의 추위가 온기를 모두 앗아가 마치 빙하기가 우리 몸속에 자리 잡은 것 같았다. 상자를 옮기고 있는 스테펜센의 얼굴이 빨갛게 달아오르고 수염에 낀 서리가 점점 더 늘어났다. 그는 나를 위해 100년 전 하르츠가 연구했던 빙하기 직후의 기후변화에 대해 말해줄 특별한 코어를 찾아내려고 했다.

스테펜센은 입김을 내뿜으며 종이 상자에서 빙핵을 조심스럽게 꺼냈다. 얼음은 얇고 흐릿한 줄무늬로 반짝였다. 이 빙핵은 매우 상세하게 연구되었으며, 그의 가장 유명한 과학적 공헌으로 《사이언스》에 실린 〈고해상도 그린란드 빙핵 데이터는 몇 년 안에 급격한 기후변화가 일어날 수 있음을 보여준다〉라는 묵시록적인 제목을 가진 논문의 출발점이기도 하다. 이 논문은 스테펜센과 전 세계 대학에 있는 19명 이상의 저자가 공동 저술했다.

'몇 년'이란 무엇을 의미하는가? '갑작스러운'이란 무엇인가? 창고 안에서 스테펜센은 들쭉날쭉한 곡선을 그렸다. 그는 곡선의 고점을 가리키며 "이 시기는 알레뢰드, 뵐링, 홀로세의 온난기입니다"라고 설명했다. 그리고 "이 시기는 올디스트 드라이아스기, 올드 드라이아스기, 영거 드라이아스기입니다"라고 덧붙였다. 빙핵은 1만 4,700년 전, 즉 뵐링-알레뢰드가 시작되던 시기의 '놀라운 3년' 동안 10도 이상의 급격한 기온 상승이 있었음을 보여준다. 과학자들이 차분하고 조심스럽게 쓴 논문에서 '놀랍다'와 같은 표현을 사용한다면 그건 정말 놀라운 일이다. 이 맥락에서 3년은 매우 짧은 시간이며 10도는 매우 높은 온도 상승이다.

이는 기후 시스템에 엄청난 전환이 있었음을 의미한다. 이러한 기온 상승으로 숲이 유럽의 대부분을 다시 덮었고 동물과 사람들이 북쪽으로 이동하게 되었다. 스테펜센에 따르면, 이러한 급격한 변화는 1,000년, 100년, 심지어 10년이 아닌, 몇 년 만에 발생했을 가능성이 있다.

"불과 3년 만에 빙핵의 층 두께가 2배로 증가했습니다. 이는 강수량이 증가하고 눈이 더 많이 내렸다는 뜻입니다"라고 스테펜센이 설명했다. 간단히 말해, 공기는 날씨가 추울 때보다 따뜻할 때 더 많은 수분을 머금고 있기 때문이다. 이것이 바로 마지막 빙하기의 가장 추운 시기에 사하라사막이 지금보다 훨씬 더 건조했던 이유다. 따라서 그린란드에 눈이 더 많이 내렸다는 사실은 기후가 더 따뜻해져서 더 많은 수분이 내륙으로 운반되었다는 의미다. 이런 식으로 얼음층들의 두께를 통해 기온에 대해 많은 것을 알 수 있다.

빙핵에는 또 다른 중요한 메시지가 담겨 있다. 강설량이 증가함에 따라 빙핵의 먼지와 칼슘의 양은 10~15년 동안 급격히 감소했다. 그린란드의 먼지는 대부분 고비사막과 같은 중앙아시아의 사막에서 비롯된다. 따뜻한 기간에 종종 그렇듯이 기후가 습할수록 먼지가 줄어듦으로 먼지의 양은 산소 동위원소에 의해 결정되는 온도와 거의 일치한다. 이뿐만이 아니다. 단기간 내에 나트륨의 양도 급격히 줄어들었는데, 이는 해빙이 줄어들었다는 증거로, 역시 더 따뜻한 기후의 징후이다. "이것은 중요한 기후변화입니다"라고 스테펜센이 말을 마쳤다.[6]

급격한 온난화는 1만 1,700년 전에도 발생했다. 당시 지구는 홀로세라고 알려진 간빙기에 접어들었고 불과 수십 년 만에 기온이 10도나 상승했다. 수염에 점점 더 큰 서리가 생긴 스테펜센은 "영거 드라이아스기에 살았던 뵐링과 알레뢰드 사람들은 힘들었을 것이다"라며 말했다. "그들은 위험하고 불안정한 기후 때문에 정기적으로 이동했을 겁니다." 스테펜센은 "이러한 급격한 변화는 주로 빙하기의 특징이며, 우리가 겪고 있는 간빙기와는 관련이 없습니다"라고 안심시켰다. 하지만 얼마 지나지 않아 "가장 우려되는 것은 어떤 기후 모델도 이러한 변화를 시뮬레이션할 수 없다는 점입니다. 너무 갑작스럽고 격렬합니다. 이럴 때 시스템은 위기에 처하게 됩니다"라고 말했다.

스테펜센이 들고 있는 빙핵에는 작은 점들이 가득했는데 그는 이를 '보물'이라고 말했다. 이 작은 점들은 눈이 내린 후 압축되면서 눈송이 사이의 공기가 일부 갇힌 기포이다. 연구자들은 이를 분석하여 대기의 구성 요소를 재구성할 수 있다. 빙핵은 산업혁명 이전과, 1958년에 대기 중 이산화탄소의 양을 측정하기 전에 이산화탄소 수준이 어떻게 변화했는지 파악하는 데 매우 중요한 자료이다. 이 기포는 어떤 의미에서 대기 중 온실가스와 온도 사이의 관계를 보여주는 대기 타임캡슐이다. 무엇보다 중요한 것은 오늘날 대기 중 이산화탄소 수치가 100만 년 전보다 훨씬 높다는 것이다. 이는 남극의 돔 C에서 채취한 빙핵을 분석한 결과에서도 알 수 있다. 놀랍게도 이 돔에는 최소 9번의 빙하기 동안의 눈이 포함되어 있으며 80만 년 전으로 거슬러 올라간다.[7]

돔 C 빙핵은 빙하기와 간빙기를 오가는 동안 이산화탄소의 수치가 빙하기에 최저 170ppm에서 따뜻한 간빙기에는 거의 2배에 달하는 300ppm까지 크게 높아졌음을 보여준다. 빙핵에 기록된 이산화탄소의 가장 빠른 자연적 증가량은 1,000년 동안 약 20ppm이다. 1만 2,000년 전 마지막 빙하기가 끝날 무렵으로 지난 10년간 이산화탄소 농도의 증가와 동일하며 현재 우리가 얼마나 빠르게 대기의 구성을 변화시키고 있는지 알려준다.

온도가 상승하면 이산화탄소의 양이 증가하고 온도가 떨어지면 감소한다. 이 원칙은 또 다른 강력한 온실가스인 수증기에도 동일하게 적용된다. 이는 이산화탄소가 오늘날처럼 지구의 온도를 높일 뿐만 아니라, 수증기와 함께 빙하기 주기 동안 온도가 상승하거나 하강하는 요소로 작용할 수 있음을 보여준다. 엄청난 양의 산림이 빙하와 가뭄으로 인해 사라졌기 때문에 빙하기가 진행됨에 따라 이산화탄소의 농도가 실제로 상승했다고 생각할 수도 있지만 이는 그보다 훨씬 더 복잡한 문제이다. 비록 가설이 완벽하지 않지만 스테펜센과 대부분의 전문가들은 그 원인을 바다에서 찾고 있다.

바다는 거대한 온실가스 저장고다. 최대 4만 기가톤의 이산화탄소가 존재하며 이는 대기보다 50배나 많은 양이다. 바다는 또한 우리가 배출하는 많은 양의 이산화탄소를 흡수한다. 그렇다면 바다는 빙하기와 간빙기 동안 온실가스 농도에 어떤 영향을 미쳤을까? 가장 간단한 설명은 이렇다. 바다가 따뜻해지면 이산화탄소를 덜 보유하게 되고, 따라서 가스가 대기 중으로 스며든다. 더운 여름날 콜라의 마개를 연 채 그대로 두면 차가울 때보다 더 빨리 탄산이 빠지는 것과 같은 이치다.

이것으로 모든 것이 설명되지는 않으며, 많은 사람들이 이를 이해하는 열쇠는 심해의 이산화탄소 저장 능력에 있다고 생각한다. 바다에 있는 거의 모든 탄소가 심해에 숨겨져 있다. '해양 탄소 펌프'라고 불리는 한 가지 가설은 바다 표면에서 광합성이 일어나 거의 무한한 양의 조류가 이산화탄소를 포집한다는 때문이다. 그리고 조류는 죽으면 심해로 가라앉는다. 이 가설에 따르면 빙하기에는 바다의 조류 생산량이 더 많았기에 더 많은 이산화탄소가 해수면에서 심해로 운반되어 저장되었다.

이것이 가능한 이유 한 가지는 빙하기에 강한 바람이 불면서 기후가 건조해졌기 때문이다. 그 결과 철분이 풍부한 먼지가 더 많이 날아와 바다를 비옥하게 만들었고, 이로 인해 해조류가 대규모로 번식하면서 공기 중에서 이산화탄소를 빨아들였다. 또 다른 가설은 남극을 둘러싸고 있는 남극해의 순환이 빙하기 동안 감소했다는 것이다. 바다의 해수층은 더욱 뚜렷이 분리되었고 이산화탄소가 많은 물이 표면으로 올라오는 양이 줄어들었다.[8] 대기 중 이산화탄소의 자연적 변동을 통제하는 요인을 이해하고, 특히 해양이 탄소를 흡수할 수 있는 용량이 얼마나 되는지 알려면 이러한 과정을 이해하는 것이 필수적이다. 이는 현재의 기후 논쟁과 매우 밀접한 관련이 있다. 바다는 인간이 배출한 탄소를 얼마나 더 흡수할 수 있을까?

강력한 온실가스인 메탄의 양 또한 빙하 주기에 따라 변동된다. 간빙기에는 대규모 습지와 늪에서 배출되는 메탄이 더 습한 기후에서 증가한다. 빙하기에는 이러한 습지가 마르거나 얼음으로 덮여 메탄의 배출량이 감소했다. 간빙기에 늘어난 메탄과 이산화탄소가 기온을 더욱 상승시켰으며, 이는 소위 긍정적 피드백 또는 증폭 메커니즘의 예이다. 스테펜센이 말했듯이 기후는 카누가 이쪽저쪽으로 기울듯이 갑작스럽게 변했다. 이는 빙핵이 들려주는 침묵의 언어라고 할 수 있다. 그렇다면 기후가 변하는 주요 원인은 무엇일까? 많은 사람들이 대서양에서 그 해답을 찾을 수 있다고 생각한다.

대형 벨트컨베이어

'기후과학의 할아버지'라는 별명을 지닌 월러스 브로커(Wallace Broecker)는 선견지명이 있는 지구과학자였다. 그는 1975년에 지구온난화라는 용어를 사용하기 시작했다. 당시에는 지구의 기후가 점점 더 추워지는지 따뜻해지는지 불확실했다. 브로커는 해양학자로서 대양 해류에 대한 연구로 가장 잘 알려졌다. 특히 그는 자신이 대형 벨트컨베이어라고 부르는, 대서양의 북쪽 출구에서 시작되는 거대한 멕시코만류에 관심이 많았다. 이 벨트컨베이어는 거대한 강과 같아서 1억 5,000만 세제곱미터의 물이 흐르며 이는 아마존강 유량의 1,000배에 달한다.

멕시코만류는 거대한 지역난방 시설과 같아서 편서풍과 함께 스칸디나비아 연안에 노르웨이의 연간 에너지 소비량의 5만 배에 해당하는 열을 공급한다. 덕분에 얼지 않는 항구와 온화한 겨울을 누릴 수 있다. 이는 러시아 동해안 남쪽의 블라디보스토크와는 극명한 대조를 이룬다. 해류가 없었다면 스칸디나비아는 그린란드처럼 얼어붙은 황무지가 되었을 것이고 기온은 지금보다 6~8도 더 낮았을 것이다. 영국은 캐나다의 쌀쌀한 북동부 해안과 같은 기후를 갖게 되었으리라. 해류는 이렇게 지구 표면의 열을 분산하는 데 도움을 준다.

멕시코만류가 열을 방출한 후 차가워져 염도가 높아진 물이 거대한 폭포처럼 심해로 가라앉아 남쪽으로 대서양을 지나 남극해로 흘러간다. 그리고 다시 태평양과 인도양의 표면에 도달하기 전에 수중 해류가 먼저 태평양과 인도양으로 흘러간다. 그곳에서 따뜻해진 해류는 대서양으로 되돌아와 더 북쪽으로 흘러간다. 바닷물의 이러한 여정이 약 1,000년 걸린다. 즉, 바이킹이 항해했던 바닷물이 현재 노르웨이 해안을 거슬러 올라가고 있는 중이다.

브로커는 이 거대한 해류를 '기후 시스템의 아킬레스건'이라고 불렀다. 1960년 그는 카리브해 카리코 분지의 해저 코어를 연구하면서 몇 가지 놀라운 발견을 했다. 그는 1만 1,000년 전에 해저의 물이 갑자기 어떻게 변했는지 확인했다. 산소가 풍부했던 해저에 해류의 변화로 인해 산소가 부족해진 것이다. 멕시코만에도 거대한 미시시피 삼각주에서 운반되는 미사와 점토의 양이 훨씬 줄어들어 경계가 명확해졌다. 기후가 더 따뜻해지면서 식생이 더 많이 생겨난 결과 토양이 더 잘 유지되었다. 이러한 미묘한 징후를 통해 브로커는 다음과 같은 웅장한 결론을 도출했다. "기후의 급격한 변화가 발생했다. 1,000년도 안 되어 임계점에 도달했다. 그 뒤에는 거대한 해류가 있었고, 그것이 바로 기후 시스템의 아킬레스건이었다."

스테펜센은 빙핵 저장소에서 멕시코만류는 마지막 빙하기에 적어도

12번 이상 '켜졌다 꺼졌다'를 반복했다고 말했다. 이것이 추운 시기가 끝날 무렵 기후의 급격한 변화를 가져왔다. 무언가 '벨트컨베이어의 스위치를 끄는' 순간 북대서양 전체의 온도가 변한 것이다. 하지만 어떻게 이런 일이 일어난 걸까?

멕시코만류의 원동력 중 하나는 따뜻한 표층 해수가 북쪽으로 이동하는 동안 차가워지고 염분이 많아진다는 것이다. 따라서 바닷물은 더 무거워져 바닥으로 가라앉았다가 차갑고 짠 해류가 되어 다시 남쪽으로 운반된다.[9] 무거운 바닷물이 가라앉으면 염분과 온도가 해류를 주도하기 때문에 열염순환(바닷물의 온도와 염도 차이에 의해 발생하는 해양 순환-옮긴이)이라고도 알려진, 따뜻한 지표수를 남쪽에서 북쪽으로 끌어들이는 거대한 펌프가 만들어진다. 해류가 강해지면 더 따뜻해지고 해류가 약해지면 더 차가워진다.

빙하기 주기의 온난기에는 빙모가 녹아 북쪽 지역의 바다로 많은 양의 담수가 유입되었다. 1만 2,800년 전 북아메리카에서 거대한 바다가 갈라져 마지막 빙하기가 끝날 무렵 영거 드라이아스기에 1,000년 동안 혹한이 지속되었을 때처럼 갑작스럽게 이런 일이 발생하기도 했다. 차갑고 신선한 빙하수가 북쪽으로 이동하면서 무겁고 염분이 많은 바닷물과 섞여 물이 가라앉는 것을 막아주었다. 해류가 약해지고 북쪽으로 이동하는 열이 줄어들어 기온이 떨어지고 빙모가 다시 커졌다. 이렇게 추운 시기에 멕시코만류는 이미 포르투갈 연안에서 남쪽으로 이동하고 있었고, 북유럽의 기온은 지금보다 10~15도 더 낮았다.[10] 추위는 전체 시스템이 갑작스럽고 예상치 못하게 변할 때까지 지속되었다. 빙하가 녹는 속도가 느려지면서 바다로 유입되는 담수의 양이 줄어들었다. 멕시코만류는 다시 더 짜고 차가워졌으며 갑작스럽고 격렬하게 북쪽으로 흐르기 시작했다. 이로 인해 해빙은 후퇴하게 되었고 북쪽의 기온은 수십 년 만에 10~20도까지 상승했다.

뉴욕의 엔지니어 캐롤 리빙스턴 라이커(Carroll Livingston Riker)는 1912년 그의 저서 《멕시코만류의 힘과 통제》에서 멕시코만류가 날씨에 미치는 영향을 인간이 통제해야 한다고 주장했다. 그는 캐나다 연안에 350킬로미터 길이의 방파제를 건설할 것을 제안했다. 차가운 해류가 북아메리카 연안에 도달하는 것을 막으면 멕시코만류가 더 강화될 것이라고 믿었다. 라이커는 그 이점이 엄청날 것이라고 보았다. 모든 안개가 사라지고 북극의 얼음이 녹아 유럽과 북아메리카가 더 이상 차가운 폭풍과 얼음 해류에 노출되지 않을 것이라고 말이다.

우리는 기후가 왜 이렇게 빨리 변화하는지에 대해 표면적인 부분만 파악했을 뿐이다. 우리가 아는 것은 온도, 해빙, 기류, 태양복사 및 해류 사이의 복잡한 상호작용이 있다는 점뿐이다. 가장 큰 문제는 무엇이 무엇을 촉발했는가? 닭이 먼저냐 달걀이 먼저냐 하는 것이다. 해류가 변화하여 기온, 기류, 해빙에 영향을 미쳤을까? 아니면 그 반대였을까? 어떤 기후과학자도 이 문제를 완전히 이해했다고 당당하게 주장할 수는 없을 것이다.[11]

브뢴뷔의 창고 안에서 스테펜센은 멕시코만류의 또 다른 독특한 특징을 강조했다. 남극을 둘러싸고 있는 얼음처럼 차가운 남극해에서 일어나는 일의 영향을 받는다는 것이다. 그린란드와 남극의 기후를 비교하면 특정한 패턴이 나타나는데, 북쪽이 따뜻해지면 남극은 서서히 추워지고 그 반대의 경우도 마찬가지라는 것이다.[12] 이를 '양극성 시소(The Bipolar Seesaw)'라고 부르지만 지난 30년 동안 한 가지 예외가 있었다. "이제 두 곳의 기온이 동시에 상승하고 있습니다"라고 스테펜센이 말했다. 해류의 변화와 같은 지역적 차이가 아니라 전 세계적으로 지구온난화가 진행되고 있다는 것이다.

왜 이런 일이 일어날까? 열은 북쪽에서 남쪽, 남쪽에서 북쪽으로 이동한다. 북쪽이 따뜻하면 남쪽의 열이 북쪽으로 이동하기 때문에 이를 '대서양 열 해적(The Atlantic Heat Piracy)'이라고 부른다. 북쪽이 몹시 추워 해빙이 포르투갈 해안까지 뻗어 있을 때는 보통 북쪽으로 흘러가는 따뜻한 물이 남극해에 갇혀 있었다. 그러다 남극의 열기로 인해 남쪽의 빙하가 녹고 해수면이 상승하여 북쪽의 빙하가 더 자주 해양으로 붕괴되었다. 빙산 군단이 바다로 밀려 들어갔는데, 이것을 하인리히 현상이라고 한다.[13] 빙산이 녹으면서 바닷물의 염도가 낮아지면 멕시코만류는 더욱 약해져서 북쪽은 추운 날씨에서 혹한의 날씨로 바뀐다. 이것은 기후 현상 간의 복잡한 상호작용을 보여준다. 하나의 현상이 다른 사건을 유발하는 연쇄 반응처럼 작용하는데, 이는 마치 도미노 패가 연쇄적으로 쓰러지는 것과 비슷하다.

아직 얼음, 해양, 대기 사이의 복잡한 상호작용을 완전히 이해하지 못하기 때문에 하인리히 현상을 유발한 원인에 대한 몇 가지 이론이 있다. 한 가지 가설은 북아메리카의 빙상이 두꺼워지면서 지구의 열이 빙상 아래에 점점 더 많이 저장되었다는 것이다. 이로 인해 얇은 물막이 형성되어 더 쉽게 미끄러지게 되었고 결과적으로 많은 양의 얼음이 북대서양으로 떠내려갔다는 것이다. 외부 요인 없이도 발생할 수 있는 이러한 현상은 더욱 예측하기 어렵다.

스테펜센의 연구에 따르면 추운 시기가 갑작스럽게 끝나고 북극에서 급격한 온난화가 일어났다. 해빙이 북쪽으로 후퇴하고 해류가 갑자기 남쪽에서 북쪽으로 열을 전달하기 시작했다. 오늘날 우리가 경험하고 있는 온난화조차 이러한 기후변화에 비하면 미미한 수준이며, 가장 큰 의문은 다음과 같다. 이런 일이 다시 일어날 수 있을까? 우리 시대에 이러한 임계점을 경험할 수 있을까?

심판의 날이 다가오다

거대한 해일이 뉴욕을 덮친다. 토네이도가 로스앤젤레스의 스카이라인을 휩쓴다. 도쿄에는 축구공만 한 우박이 쏟아진다. 이어진 정적 속에서 사람들은 얼음에 반쯤 파묻힌 맨해튼의 고층빌딩 사이를 발을 질질 끌면서 천천히 걸어간다. 종말론 영화 〈투모로우(The Day After Tomorrow)〉(2014)는 돌이킬 수 없는 급격한 기후 붕괴가 임박했음을 예고한다.

여느 재난 영화와 마찬가지로 지구가 심각한 위기에 처해 있다고 예언한 인물이 있다. 그 주인공은 기후학자 또는 영화 속 정치인이 말하듯이 "무슨 일을 하는지 전혀 모르는 사람"이다. 그 과학자는 무기력하고 무책임한 정치인들과 국가 지도자들의 청문회에서 100년 또는 최대 1,000년 이내에 멕시코만류가 약화될 것이라고 예측했다. 하지만 그는 틀렸다. 실제로는 변화가 훨씬 더 빠르게 진행되었다. 이미 임계점을 넘어섰고 재앙은 몇 년이 아닌 며칠 만에 일어났다.

영화의 주요 줄거리는 멕시코만류가 멈추고, 얼음이 퍼지고, 알베도가 격렬하게 높아지면서, 마침내 재난이 닥친다는 것이다. 빙하가 지구의 대부분을 흰 유리처럼 덮고 지구가 눈덩이처럼 변하는 상황을 그린다. 기후가 더워지는 것뿐만 아니라 예기치 않게 갑작스럽게 변화하여 해일과 폭풍으로 우리의 문명이 멸망하는 최악의 재앙을 묘사한다. 〈투모로우〉는 기후 불안을 달래기는커녕 오히려 자극하는 영화다. 재난의 규모는 완전히 비현실적이지만 영화는 질문을 던진다. 여기에 진실의 핵심이 있을까? 결국 언론은 이미 멕시코만류가 곧 멈출 것이라며 전쟁과 같은 헤드라인으로 경고한다. 정치인들은 종종 사람들이 공포에 사로잡히면 과감하고도 필요한 기후 조치를 더 쉽게 받아들일 수 있다고 믿는다.

조금 얼어붙은 듯한 상태로, 스테펜센과 나는 짧고 바쁜 빙핵 저장소 방문을 마치고 차에 다시 올라탔다. 안개가 덴마크 수도를 휘감고 있었다. 그가 코펜하겐 기차역까지 태워다 주는 동안 우리는 덴마크의 연구 결과가 미래의 기후를 이해하는 데 어떻게 도움이 될지 논의했다. 이러한 큰 기후변화가 발생했을 때 세상은 오늘날과는 완전히 달랐다. 거대한 빙상이 북반구를 덮었고 대서양으로 흘러드는 빙하수는 지금 보다 훨씬 많았다. 그린란드의 더 많은 빙하수와 강수가 대서양 북부로 흘러들어 해류의 '바닷물 엔진'을 조작하더라도 멕시코만류가 머잖아 비상 브레이크를 밟을 것이라고 우려하는 사람은 거의 없다. 지구온난화는 아마도 해류에 의해 북쪽으로 이동하는 열이 줄어드는 것을 보완할 수 있기 때문이다.

지구온난화로 인해 멕시코만류가 시간이 지남에 따라 약화될 것이라는 데는 대체로 동의한다. 하지만 유엔의 IPCC에 따르면 적어도 금세기에는 "붕괴 가능성이 매우 낮다"고 한다.[14] 언론은 여전히 자주 굵은 글씨로 보도하고 있다. "멕시코만류가 곧 붕괴할 수 있다." 마지막으로 보도된 것은 2021년으로, 《네이처》에 실린 연구 논문이 촉발한 것이다.[15] 이것은 전문가들 사이에 균열을 일으켰다. IPCC의 전문가 중 한 명은 트위터에 글을 올려 멕시코만류의 위기를 부인했다. 얼마 지나지 않아 다른 연구 그룹이 해류가 실제로 강화되었다고 보고했지만, 이 연구는 훨씬 적은 주목을 받았다.[16] 이것은 기후과학이 복잡하며 언론이 위험성이 낮은 현상을 과장하는 경향이 있음을 보여준다. 물론 이런 현상들이 실제로 발생하면 치명적인 결과를 초래할 수 있다.

스테펜센이 걱정하는 것은 기후 시스템이 본질적으로 불안정하다는 것이다. 카누처럼 완전히 기울어지면 상대적으로 작은 변화에도 엄청난 영향을 받을 수 있다. "중간은 없습니다. 양자택일만 있을 뿐입니다." 브뢴뷔의 기차역으로 차를 몰고 가면서 스테펜센은 "마치 주사위 게임을 하는 것과 같습니다. 계속 던지다 보면 갑자기 한 방에 원하는 점수가 나오는 것처럼 기후변화도 완전히 무작위로 발생합니다. 기후변화가 발생한 지 오래될수록 더 큰 변화가 나타납니다"라고 말했다. 사실 지구의 기후가 점점 더 차가워졌을 때 기온 변동이 더욱 격렬하고 빠르게 일어났다. 다시 말해 우리는 기후적으로나 지구의 길고 극적인 역사를 고려했을 때도 매우 이례적인 시대에 살고 있다.[17]

덴마크의 연구 결과는 지구의 온도가 시간이 지남에 따라 꾸준히 상승하고 하락한다는 신화를 깨뜨렸다. 기후 부정론자들은 인위적인 기후변화를 '자연스러운 현상'이며 "과거에도 이런 일이 있었다"라고 주장한다. 반면 일부 기후운동가들은 "오늘날 지구의 기온이 과거보다 훨씬 더 빠르게 변화하고 있다"라고 말한다. 오늘날 우리가 경험하고 있는 기온 상승은 불안하지만 이 마지막 주장은 기후에 대해 입증되지 않은 반쪽짜리 진실일 뿐이다.

소셜미디어에서 많이 공유되는 그림 하나는 지난 2만 년 동안 기온이 꾸준히 상승하여 현재 수준에 이르렀지만 최근 수십 년 동안 지구온난화로 인해 가파르게 상승한 곡선을 보여준다. 빙하기에서 간빙기로 넘어가는 과정에서 전 세계적으로 나타났던 급격한 기후변화는 이 그림에서 생략되었다.[18] 이는 인간이 기후를 조작하기 전에는 기후가 안정적이고 예측 가능했다는 신화를 공고히 하는 데 도움이 된다. 스테펜센과 동료들은 오래전부터 이러한 주장을 반박해왔지만 그렇다고 반드시 안심할 수 있는 것은 아니다.

덴마크의 연구자들은 기후가 얼마나 갑작스럽게 변할 수 있는지, 멕시코만류가 켜졌다 꺼졌다 할 때와 같이 임계점을 어떻게 넘어설 수 있는지를 보여주었다. 이러한 임계점은 더 많이 존재할 수 있다. 300만 년 전 플라이오세 때처럼 엘니뇨가 고착화될까? 서남극대륙의 빙상이 13만 년 전처럼 사라질까? 여름철 북극의 해빙은 영원히 사라질까? 스테펜센은 작은 변화가 큰 영향을 미칠 수 있으므로 우리가 카누를 많이 흔들듯 대량의 온실가스를 대기 중으로 방출하지 말라고 경고한다. 지구상에는 거의 80억 명의 인구가 있다.

월러스 브로커는 "기후 시스템은 변덕스러운 괴물이고 우리는 막대기로 그것을 자극하고 있다"고 말했다. 그는 우리가 지난 빙하기를 벗어나는 과정에서 겪었던 것과 같은 기후 시스템의 상황을 유발하면 재앙이 될 수 있다고 경고했다. 역에 도착했을 때 스테펜센은 "결국 우리 모두는 농부입니다"라며 우리가 역사적으로 자연 시스템에 의존해왔다는 점을 언급하며 기후변화의 위험성을 강조했다.

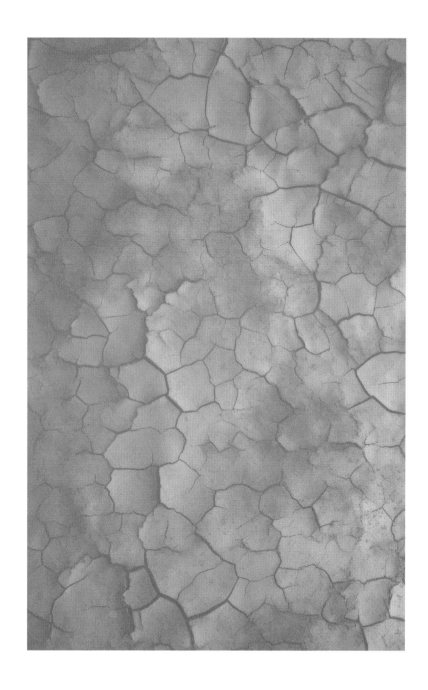

5장

마지막
낙원

오슬로 푸루셋에 위치한 스투베루드뮈라는 이케아, 맥도날드, 창고, 고속도로, 축구경기장 사이에 끼어 있다. 150여 년 전, 세계적으로 유명한 식물학자 악셀 블리트(Axel Blytt)는 이곳에서 놀라운 발견을 했다. 당시 이곳은 울창한 경작지의 작은 삼림지대에 불과했다. 습지의 물웅덩이에는 개구리와 도롱뇽이 살고 있었고, 그 주변은 통풍이 잘되는 소나무 숲으로 둘러싸여 있었다. 오늘날에는 이런 목가적인 모습을 상상하기 어려울 수 있다. 조금만 더 가면 E6 고속도로에서 트레일러가 굉음을 내며 지나간다. 굴삭기와 불도저는 습지를 잠식하며 교통량이 많은 교외 도시를 건설했고, 플라스틱 코르크, 골프공, 쓰레기봉투, 빈 병, 인분 등이 널려 있다.

블리트는 늪지대를 뚫고 들어가 그루터기와 통나무가 이탄층과 번갈아 쌓여 있는 것을 발견했다.[1] 과거에 숲이 우거져 있었던 습지는 기후 기록 보관소였다. 그는 마지막 빙하기 이후 건조한 기후에서 습한 기후로, 다시 건조한 기후로 변화했다고 추측했다. 그는 빙하기 이후의 시간을 여러 시기로 나누었는데 가장 오래된 시기는 프리보레알과 보레알로 건조한 시기를 의미한다. 다음은 아틀란티쿰으로 습한 시기, 그리고 서브보레알로 다시 건조한 시기를 지나, 가장 최근에는 다시 습한 시기인 서브아틀란티쿰으로 구분했다.[2]

오늘날 이 구분은 대부분 폐기되었지만, 당시에는 엄청난 관심을 받았다. 실제로 찰스 다윈은 그의 연구를 칭찬하고 당시 저명인사들 사이에서 흔히 볼 수 있었던 서로의 초상화를 교환하기도 했다.[3]

블리트는 노르웨이의 많은 지역을 탐험한 자유로운 영혼이었다. 때로는 계획대로 진행되지 않을 때도 있었다. 구브란스달렌 계곡을 여행하던 중 그는 옷을 머리에 뒤집어쓰고 얼음 강을 헤엄쳐 건너야 했다. 강물에 옷이 휩쓸려 가자, 이 식물학자는 알몸으로 기어가서 여자 농부에게 옷을 빌려야 했다. 며칠 동안 그는 여자 농부의 옷을 입고 식물학을 연구했다.

블리트는 전국의 여러 습지를 방문했고 스투베루드뮈라와 동일한 통나무 층을 발견했다. 블리트의 혁신적인 연구는 우리가 홀로세라고 부르는 간빙기에 기후가 변동했음을 보여주었다. 홀로세는 지구 역사상 매우 추운 시기 뒤에 나타난 1만 년간의 따뜻한 중간 휴식기로 이 기간 동안 인류는 수렵과 채집 생활을 거쳐 달에 사람을 보내고 핵폭탄을 터뜨릴 정도로 발전했다.

스웨덴의 과학자이자 활동가인 요한 로크스트룀(Johan Rockström)은 "홀로세야말로 지구의 낙원, 우리의 에덴동산"이라고 말했다. '긴 여름'은 홀로세 시대의 또 다른 별명이다. 이 간빙기에 주요 문명이 출현했다는 사실은 기후가 안정적이었다는 뜻이다. 여러 곳에서 '홀로세의 안정된 환경 조건', '비정상적으로 안정된 시기', '빙하기 이후 맑고 안정된 시기'에 대해 언급했다. 이러한 시대를 기준으로 우리는 현재의 기후변화를 바라본다. 전 세계적으로 온난화가 진행되고 점점 더 예측할 수 없는 기후로 접어들고 있는 것이다. 안정은 거의 표준이자 이상적인 상태로 여겨지며, 우리는 이러한 안정을 추구하고 재현하려고 한다. 하지만 이 좁은 온도 범위를 벗어나면 문명은 파멸로 향하게 될 것이라고 경고한다.

저명한 기후과학자 피터 드 메노컬(Peter de Menocal)과 제러드 본드(Gerard Bond)는 기후가 안정적이라는 오랜 신화에 도전장을 내밀었다. 그들은 최근의 기후가 소빙하기만큼이나 불안정했다고 강조하며, '우리 시대'에도 기후가 "이전에 생각했던 것보다 덜 안정적"이었다는 결론을 내렸다. 홀로세 기후를 어떻게 바라보느

나는 아마도 대부분 의미론의 문제일 것이다. 안정적이라는 것은 무엇을 의미할까? 지구가 빙하기로 들어가고 다시 벗어나는 과정에서 겪은 기후는 수천 년뿐만 아니라 수십 년에 걸쳐서 급격하게 변동했다. 온도 곡선은 심전도 곡선처럼 보인다. 빙하기에 들어가고 나오는 과정에서 나타난 기후변화는 상상할 수 없을 정도로 긴 지질의 역사에서 유례를 찾아보기 어려울 정도로 급격했다. 이에 비해 홀로세는 안정적이라고 할 수 있지만, 간빙기를 따로 떼어놓고 보면 이 시대가 특별히 안정적이었다고 말하기는 어렵다. 오히려 기후가 변덕스러웠던 시기였다. 기온이 변동하고, 몬순이 바뀌고, 해류의 흐름이 바뀌었다. 이러한 변동은 사회를 뒤흔들고 사람들을 이주하게 만들었다.

영국의 기후과학자 프랭크 올드필드(Frank Oldfield)가 이를 가장 잘 요약했다. "홀로세는 강력한 플라이스토세 교향곡에 비해 억제된 차분하고 특징이 없는 코다(한 악장이나 곡 전체의 끝부분-옮긴이)처럼 보이지 않는다. 오히려 지속적인 변화가 특징인 시기다. 또한 미래 기후변화에 대한 우려가 커지면서 이러한 변화를 기록하고 이해하는 것이 더욱 시급하다."[4] 오슬로의 푸루셋 습지에서 악셀 블리트가 처음 발견한 것은 오늘날 우리가 훨씬 더 많이 알고 있는 사실이다. 사막이 녹색으로 변하고 숲이 더 북쪽으로, 산으로 이동하는 등 홀로세의 기후변화가 어떻게 지형을 변화시켰는지에 대한 이야기다.

눈 덮인 산의 숲

1816년 여름, 스웨덴의 스벤 닐손(Sven Nilsson)은 노르웨이를 여행했다. 신학을 공부하는 학생이었던 그는 학문적으로 만능 재주꾼이어서 고고학, 동물학, 지질학 등 다양한 분야를 다루었다. 그는 훗날 룬드대학교의 저명한 자연사 교수가 되었다.

"노르웨이의 도로는 열악했다"라고 그는 일기에 썼다. 깊은 계곡을 지나고 황량한 산악지대를 지나야 했기 때문에 시간이 오래 걸리는 여행이었다. 닐손은 할덴에서 트론헤임까지 혼자 한 달간 여행했는데 오늘날로 치면 자동차로 하루가 걸리는 거리다. 고된 여정 중 그는 한 농장에서 순록 뿔과 늑대 두개골이 벽에 못 박혀 있는 것을 발견하고 주의 깊게 기록했다. 그는 도시들, 예를 들어 크리스티아니아(현재의 오슬로-옮긴이)에서 멀어질수록 '정직과 경건함'을 더 많이 만날 수 있었다고 썼다. 그는 도브레피엘의 친절한 농부들에게 감탄했지만 그 역시 험한 일을 겪기도 했다. 산에서 내려와 트론헤임으로 가는 길에 마차가 강도의 습격을 받았다. 닐손이 기압계의 가죽 안감을 들어 올리자 강도들은 이를 흉기로 착각하고 달아났다.

그는 자연을 예리하게 관찰했다. 5월 말, 숲의 경계선보다 훨씬 높은 도브레의 포크스투뮈렌 습지를 지날 때 그는 "가지와 뿌리가 달린 채 쓰러진 통나무"를 발견했다. 닐손은 이 통나무들이 어떻게 숲 위의 높은 이곳까지 올라왔는지 궁금했다. 스웨덴의 농부는 이 통나무들이 홍수에 쓸려 왔다고 했다. 당시에는 이러한 믿음이 일반적이었지만 교육을 받은 닐손은 회의적이었다. 그는 기후가 온화했을 때 그곳에 숲이 조성되어 있었다고 결론 내렸다. [5]

닐손이 이 통나무를 발견한 지 200여 년이 지난 후, 나는 기후과학자 아게 포우스(Aage Paus)와 함께 바로 그 통나무를 찾아 피크펠달렌 계곡을 따라 도브레의 포크스투뮈렌에서 동쪽으로 몇 마일 떨어진 투브쇼나로 여행을 떠났다. 늪과 연못이 반짝이고, 회색과 갈색 빛이 산을 물들였다. 구름이 낮게 깔렸지만 가끔씩 태양이 뚫고 나와 자작나무, 솔송나무, 버드나무, 크랜베리 등의 식물로 뒤덮인 고원을 비췄다. 마지막 빙하기 직후, 스칸디나비아의 험준한 산들은 큰 숲으로 덮여 있었고, 닐손이 발견한 것이 바로 그 숲의 흔적이다. 그리고 우리가 찾고 있던 것도 바로 이것이었다. 험준한 산에는 거대한 나뭇조각들이 숨겨져 있었다. 진흙과 축축한 이끼, 습지의 물속에 마치 거대한 악어처럼 잠겨 있었다. 그들을 마주할 때면 거의 전율할 정도다.

노르웨이 산에서 아게 포우스보다 더 많이 통나무를 발견하고 연대를 측정한 사람은 없다. 그는 20년 동안 여름마다 연못과 습지에서 통나무를 찾아다녔다. '통나무 경'이라는 별명이 붙을 정도였다.

우리는 주로 소나무를 찾았다. 송진을 머금은 이 나무는 차갑고 산소가 적은 환경에서도 수천 년 동안 보존될 수 있다. 그래서 가끔 연못이나 습지에서 수천 년 된 소나무를 캐내 식탁으로 사용하거나 고원지대에 산장을 짓는 데 사용하곤 했다.

어떤 사람들에게는 소나무 조각을 찾는 것이 별 볼 일 없는 취미처럼 보일 수 있다. 하지만 소나무 조각은 숲이 얼마나 높이 조성되어 있었는지를 알아내는 데 중요하다. 나무가 자랄 당시의 여름 기온에 대해 알 수 있기 때문이다. 100년 전 악셀 블리트가 깨달았듯이 통나무에는 이야기가 담겨 있다. 소나무는 일종의 선사시대 온도계이다. 여름이 더워지면 숲은 천천히 더 높은 산으로 퍼져 나갈 것이고, 기온이 1도 상승할 때마다 숲의 경계는 실제로 170미터씩 상승한다. 따라서 이 한계를 알면 소나무가 자랄 때의 기온을 알 수 있다. 그러나 실제로 수목한계선이 어디에 있었는지를 파악하기는 어렵다. 수많은 현장 조사와 약간의 운이 필요하다.

포우스는 최근 《홀로세(The Holocene)》 학술지에 자신의 평생 연구를 요약한 논문을 발표했다. 그는 344개의 통나무를 분석했는데, 9,700년 된 소나무로 판명되었다. 노르웨이에서 가장 오래된 통나무인 요툰헤이멘 산지에서 발견된 1만 200년 된 소나무 다음으로 오래된 기록이다. 이는 두꺼운 가지와 붉은 갈색의 줄기, 그리고 벗겨지고 얼룩진 껍질을 가진 소나무 숲이 수천 년 전에 노르웨이 산악 지역에 정착했음을 보여준다.[6] 소나무는 토지 융기로 인해 수목한계선이 오늘날보다 200미터 더 높았다는 것을 보여주었다. 따라서 포우스는 홀로세 초기의 여름이 오늘날보다 1도 이상 더 따뜻했다고 주장했다.

수목한계선은 스칸디나비아뿐만 아니라 산악지대에서도 더 높았다. 알프스산맥의 수목한계선은 오늘날보다 300미터 더 높았다. 숲은 또한 북쪽으로 확장됐다. 시베리아에서는 가문비나무와 시베리아 낙엽송이 북극해에 닿을 정도로 이동했다. 북아메리카에서는 숲이 오늘날보다 300킬로미터나 더 북쪽으로 퍼져 있었다. 열을 좋아하는 낙엽수림도 스칸디나비아에서 북쪽으로 멀리 퍼져 나갔다. 이 시기 스웨덴에서 발견된 늪지의 거북 뼈 화석에서 더 따뜻한 기후의 증거를 찾을 수 있다. 적도의 풍경도 바뀌었다. 열대우림은 빙하기 동안 후퇴해 작은 지역에만 존재했다. 간빙기가 시작되자 열대우림은 더 습한 기후로 인해 확장되었고, 홀로세 기후의 최적기로 알려진 마지막 빙하기 직후의 이 온난기에는 북반구가 특히 따뜻했다.

빙하기 직후 북쪽의 기후가 더 따뜻했다는 흥미로운 증거가 몇 가지 발견되었다. 9,000여 년 전만 해도 스발바르의 바다에서는 타조조개와 홍합이 흔했는데, 당시에는 지금보다 1,000킬로미터나 더 북쪽에 있었다.[7] 당시 바다의 온도는 지금보다 6도 더 높았다. 4,500년 전이 되어서야 이 군도에서 홍합이 사라졌지만 기후가 따뜻해지면서 놀랍게도 홍합이 다시 돌아왔다. 빙핵을 분석한 결과 그린란드도 오늘날보다 몇 도 더 따뜻했던 것으로 나타났다. 그린란드의 빙상은 줄어들고 해안에서 200킬로미터 후퇴했다.[8] 이는 오늘날 몇 도의 온도 상승이 빙상에 극적인 영향을 미칠 수 있음을 나타낸다.[9] 그 당시 북쪽의 기후가 그렇게 따뜻했던 이유는 무엇일까?

당시 여름철 북반구의 태양복사 에너지는 오늘날보다 거의 10퍼센트, 즉 제곱미터당 30와트나 더 높았다. 마치 제곱미터당 에너지 절약형 전구 2개가 24시간 내내 켜져 있는 것과 같았다. 이에 비해 현재 온실가스의 증가는 전 지구적으로 제곱미터당 3.5와트의 에너지를 더 가두어 지구를 데우는 효과를 내고 있다. 세차운동은 오늘과 정반대로 지구가 여름에는 북반구에서 태양에 가장 가깝고 겨울에는 가장 멀리 떨어져 있었다. 그 결과 오늘날보다 계절 변화가 훨씬 컸고, 북반구의 여름은 더 따뜻하고 겨울은 더 추웠다.

북극은 오늘날 우리가 목격하는 것과 유사한 모습으로 변했다. 툰드라와 대초원이 다시 자랐는데, 이것은 몇 가지 특이한 영향을 미쳤다. 기후 시스템에 존재하는 많은 피드백 메커니즘 중 하나가 발생했다. 숲은 어둡기 때문에 툰드라보다 알베도가 낮다. 침엽수림이 북쪽과 고지대로 퍼지면서 더 많은 열을 유지하는 데 도움이 되어 홀로세 초기에 온난화가 증폭되었다.[10] 눈은 겨울철에 더 짧은 기간 동안 존재했으며 해빙도 줄어들었다. 이로 인해 온도가 더욱 상승했다.[11]

도브레의 투브쇼나에서 포우스와 나는 현재의 숲 경계에서 100미터가 훨씬 높은 위치에 있는 습지와 연못을 탐험했다. 작은 개울이 합류하고 있었는데 마치 칼로 벤 듯 이탄층을 갈라 습지의 깊은 층이 드러났다. 우리는 덤불을 헤치고 개울을 훑어보았다. 갑자기 바닥에서 길쭉한 무언가가 드러났다. 소나무 통나무였다. 우리는 조심스럽게 소나무를 들어 올려 톱으로 잘라내 라벨을 붙이고 가방에 넣었다. 나중에 통나무의 연대를 측정한 결과 6,800년 된 것으로 밝혀졌다. 당시 이곳은 숲이 울창했지만 지금은 나무가 없는 고원지대이다.

포우스와 함께 최근 몇 년 동안 여러 차례 여행을 다녀왔다. 노르웨이 론다네 바로 남쪽에서 9,000년 이상 된 통나무를 발견했는데, 가장 오래된 통나무는 산에서 가장 높은 곳에 있었다. 한때 이곳은 얼음이 없고 숲이 자리 잡고 있었다. 얼음으로 뒤덮인 산속 호수에서 수영도 많이 했다. 가끔 우리는 두툼한 소나무 조각을 건져 올리지만 때로는 길쭉한 돌이거나 호수 바닥의 특이한 결빙이기도 했다. 굉장한 발견을 한 줄 알았지만 결국 순록 사냥꾼이나 어부들이 남긴 훨씬 더 어린 통나무였다. 현장 조사 때 드론으로 통나무처럼 보이는 것을 발견하고는 기절할 듯이 차가운 물 속으로 들어가 꺼내 왔으나 오래된 나무배의 잔해일 뿐이었다.

일부 기후변화 회의론자들은 마지막 빙하기 직후에 나타난 북반구의 온난화와 같이 "현재 우리가 겪고 있는 온난화는 자연적인 현상이다"라고 주장했다. 하지만 중요한 사실을 상기할 필요가 있다. 여름철 복사열의 증가로 북쪽은 따뜻했지만 지구의 기온은 20세기 평균보다 약간 높았을 뿐이다.[12] 기후과학자 숀 마콧(Shaun Marcott)이 《사이언스》에 발표한 내용에 따르면, 지난 1만 1,300년에 대한 73개의 기후 연구를 종합한 결과 1만 년에서 5,000년 전의 온난기 이후 전 세계적으로 0.7도 떨어진 것으로 나타났다. 불과 200년 전에 끝난 소빙하기에 기온이 처음으로 최저점에 도달했다. 마지막 빙하기 이후에는 지리적으로 기후의 차이가 컸다. 약 9,000년 전에는 북쪽이 가장 따뜻했던 반면, 발트해는 6,500년 전에 처음으로 최대치를 기록했다.[13] 이것은 지구의 공전궤도, 해빙의 범위, 주요 빙상과의 거리 등 여러 가지 요인에 의해 결정되었다.

더욱 복잡한 것은 홀로세 초기에 지구의 평균기온이 예상보다 훨씬 낮았으며 지난 1만 년 동안 꾸준히 상승했다는 사실이다. 이는 마콧의 연구를 비롯한 다른 여러 연구와는 상반되는 결과이다. 연구팀은 이를 통해 '홀로세 수수께끼'를 해결할 수 있다고 믿었다.[14] 수수께끼란 홀로세 기간에 대기 중 이산화탄소 수치가 소폭 증가한 반면 기온은 떨어졌다는 것인데, 이는 기후 모델과 일치하지 않는다. 이 연구자들의 주장이 맞다면 마지막 빙하기 직후에 온난기가 있었다는 가정은 산산이 부서진다. 이 논의는 아직 끝나지 않았으며 최근 한 연구팀이《사이언스》에서 '홀로세 수수께끼'를 풀었다고 주장했다. 홀로세 초기에 스칸디나비아와 북극의 고원지대에서 식물이 늘어나면서 태양으로부터 더 많은 열이 흡수되어 이산화탄소의 농도가 줄어드는 현상을 상쇄했다는 것이다. 하지만 이것이 끝이 아니다. 앞으로 추가적인 연구가 계속될 것이다.

우리는 지금 거의 1만 년 전의 홀로세와는 다른 새로운 따뜻한 시대로 돌아가고 있다. 우리가 익숙하게 보고 걷고 있는 풍경은 빠르게 변화하고 있다. 더 따뜻한 기후는 자연을 변화시켜서 천천히 낯선 풍경을 만든다. 북쪽의 툰드라는 결국 나무로 뒤덮일 것이고 숲은 점점 더 높은 산으로 확장될 것이다.[15] 우리는 오늘날 빙하가 후퇴하는 것을 보고 있다. 하지만 숲이 고원을 덮고 북쪽이 더 따뜻해졌을 때 빙하는 어떻게 되었을까?

빙하 붕괴

가파른 절벽이 시그네스카르바트넷 호수를 둘러싸고, 두껍고 거대한 요스테달 빙하가 산 위에 크림처럼 하얗게 반짝이고 있다. 연구원들은 이곳에서 빙하와 기후변화에 대한 새로운 발견을 했다. 1996년, 연구진은 무거운 시추 장비를 얼음 위로 끌고 나가 호수 바닥을 뚫고 5미터 길이의 코어 샘플을 채취했다. 이를 통해 빙하가 성장했는지 아니면 녹아 없어졌는지 알 수 있었다. 빙하가 성장했다면 모래와 실트가 강을 따라 빙하에서 청록색 호수로 운반되었을 것이고, 유기물이 풍부한 퇴적층이 있다면 빙하가 후퇴하고 식생이 자리 잡았다는 뜻이다.

빙하 중심부를 면밀히 조사한 결과 놀랍게도 분해되어 퇴적된 식물 잔해가 발견되었다. 이는 요스테달 빙하가 한때 완전히 녹아 없어졌다는 것을 의미했다. C-14(방사성 탄소) 연대 측정 결과 7,300년 전, 즉 홀로세의 기후 최적기에 숲이 오늘날보다 훨씬 더 높은 산으로 확장되어 있었다.[16] 6,100년 전에 이르러서야 빙하가 다시 형성되기 시작했다. 여러 빙하 호수를 조사한 결과 동일한 패턴을 보였다. 폴게포나, 하르당에르요쿨렌 등 노르웨이의 빙하 대부분이 녹아 없어졌는데, 이는 당시 북반구의 여름이 2도 정도 더 따뜻했기 때문이다. 빙하가 영원히 변하지 않는 것을 상징한다고 생각하는 사람들은 빙하가 항상 변함없이 그 자리에 있었던 것이 아니라는 사실을 알아야 한다.

그렇다면 빙하가 얼마나 빨리 녹아 없어졌을까? 퇴적층과 빙퇴석 사이의 경계가 매우 뚜렷한 것을 보면 빙하가 아주 빠르게, 어쩌면 단 몇백 년 만에 녹았을 가능성이 있다. 이것은 2300년이면 스칸디나비아에서 사실상 빙하가 사라질 수 있다는 단서를 제공한다. 온난화가 계속된다면 말이다. 산 위로 빙하가 하얗게 반짝이는 풍경이 사라지는 것을 안타까워하는 사람들도 있을 것이다.

홀로세의 온난기 동안 스발바르, 그린란드, 알프스에서도 빙하가 줄어들었지만,[17] 제3의 극이라고도 불리는 히말라야산맥에서는 일부 빙하가 실제로 증가했으며, 특히 산맥 서쪽에서 빙하가 더 많이 증가했다. 이는 겨울철 강수량이 증가했기 때문이다. 겨울에 눈이 더 많이 내리면 날씨가 따뜻해지고 기온이 올라가도 빙하가 더 커질 수 있다. 이것은 오늘날 히말라야의 역설이기도 하다. 세계에서 가장 높은 산맥에서 빙하가 녹고 있다는 걱정스러운 소식이 들려오지만 이는 일부 정정할 필요가 있다. 현재로서는 오히려 카라코룸의 빙하가 더 두꺼워지고 있다. 이를 '카라코룸 이상 현상'이라고 한다. 그 이유는 6,000여 년 전과 마찬가지로 겨울철 강수량이 증가했기 때문이다. 이러한 사실을 통해 기후변화에 대한 논쟁에서 반드시 기억해야 할 것이 있다. 기온 상승이 항상 동일한 결과를 초래하는 것은 아니라는 점이다.

선사시대를 지나치게 단순화해서 큰 재앙과 추세를 따르는 이야기를 만들고 싶은 유혹에 빠지기 쉽다. 사실 선사시대는 복잡하고 불확실성이 크다. 꽃가루 다이어그램 분석, 퇴적물 코어, 화석나무, C-14 연대 측정 등을 통해 선사시대는 우리가 상상했던 것과는 다른 독특한 모습을 보여준다. 따뜻한 시기라고 해서 항상 따뜻하기만 했던 것은 아닌 것처럼, 추운 시기라고 해서 항상 춥기만 했던 것은 아니다. 연구자들은 요스테달 빙하 아래의 시그네스카르바트넷 호수에서 지난 1만 년 동안 41번의 성장기와 36번의 쇠퇴기가 반복되었다는 증거를 발견했다. 기후는 꾸준히 변화하지 않고 불규칙적으로 변화했다.

스칸디나비아의 설산은 숲으로 뒤덮였고 빙하는 사라졌지만, 더 남쪽인 아열대지방의 풍경은 더욱 급격하게 변했다. 태양복사, 대기, 해류의 미세한 변화로 인해 기후 시스템의 균형이 깨지면서 전례 없는 기상이변이 발생했다. '녹색 사하라'로 알려진 이러한 현상을 보면 안정된 홀로세는 더 이상 안정적이었다고 여겨지지 않는다.

녹색 사하라사막

1993년, 포드 A 모델 세 대가 모래언덕 한가운데 멈춰 섰다. 키가 크고 깡마른 신사가 차에서 내렸다. 그는 오늘날의 이집트, 수단, 리비아 사이에 자리 잡은 척박하고 건조한 리비아사막의 깊숙한 곳에 있는 길프 케비르의 가파른 절벽을 탐험할 것이다. 사막에 숨겨진 '작은 새들의 오아시스'라는 뜻의 제르주라(Zerzura)에 대한 아랍 신화가 전해진다. 16세기 아랍어로 '숨겨진 보물에 관한 책'이라는 뜻의 신비로운 작품인 《키타브 알 카누즈(Kitab al Kanuz)》에 따르면 제르주라는 '비둘기처럼 하얀 도시'였다. 이 전설은 이 황량한 사막을 탐험하고 싶은 인간들의 열망을 불러일으켰다. 전설에 따르면 파라프라와 바하리야 사이에 있는 카라반의 경로 서쪽 어딘가에 잊혀진 오아시스 제르주라가 있었다고 한다.

연한 카키색 유니폼을 입은 남자가 가장 높은 절벽으로 올라갔다. 3주 동안 사막에서 고대 정착지를 찾고 있는 그는 이제 귀중한 발견을 앞두고 있다. 마침내 길쭉한 모래언덕 위로 어렴풋이 보이는 붉은 사암 절벽 사이에 있는 동굴에 도착했다. 동굴 안으로 들어서자 벽에 새겨진 문구와 그림이 나타났다. 소, 기형적인 괴물, 가젤, 타조, 그리고 무엇보다도 수영하는 인간이 노란 사암 위에 황토색으로 그려져 있었다.[18]

그 남자는 헝가리의 모험가 라슬로 알마시(László Almásy)였다. 그는 일명 '수영하는 사람들의 동굴(Cave of Swimmers)'에서 독특한 그림을 발견했다. 알마시는 자신이 찾던 것을 찾은 셈이다. 바로 신화 속 오아시스 제르주라였다. 이 지역은 '그림의 계곡'이라는 뜻의 와디 수라로 불리게 되었다.

이 동굴벽화는 현재 세계에서 가장 건조한 지역이 과거에는 훨씬 더 습한 기후에서 여러 시대에 걸쳐 사람들이 살았음을 증언한다. 수많은 동굴벽화와 암각화가 발견된 것은 길프 케비르뿐만이 아니다. 알제리의 타실리 나제르와 같은 사하라사막의 다른 곳에서도 발견되었다. 사자, 가젤, 악어, 기린, 하마가 바위에 새겨져 있다.

오랫동안 이 동물과 인간의 흔적은 미스터리였다. 알마시는 그의 저서 《미지의 사하라(The Undiscovered Sahara)》에서 사하라사막의 기후가 한때 더 습했다고 주장했다. 이 주장은 논란의 여지가 많아 편집자가 책의 각주를 통해 반박할 수밖에 없었다. 1960년대에 이르러서야 이 습한 시대가 언제쯤이었는지 밝혀졌다. 프랑스의 연구자 위그 포레(Hugues Faure)는 새로운 연대 측정법을 통해 가장 건조한 사하라사막 한가운데 있는 말라붙은 호수가 놀라울 정도로 젊다는 사실을 발견했다. 빙하기 때 생겨났다고 생각한 호수는 사실 1만 년밖에 되지 않았다. 지질학적 관점에서 볼 때 당시에 사하라사막은 오늘날보다 훨씬 더 습하고 울창했다. 알마시가 발견한 놀라운 동굴벽화는 전례 없는 기후변화가 사하라사막을 변화시켰다는 것을 보여주었다. 빙하기에는 사막이 오늘날보다 남쪽으로 400킬로미터까지 확장되었지만 몬순이 이 메마른 지역에 서서히 강수량을 늘리면서 간빙기의 가장 매혹적인 지형 변화 중 하나인 녹색 사하라가 탄생했다.

나중에 차드호와 같은 거대한 호수도 지도에 표시되었다. 보존된 옛 해안선을 통해 거의 1만 년 전에는 이 호수가 사하라사막까지 확장되었음을 알 수 있다. 가장 컸을 때는 오늘날의 카스피해에 버금갔다. 케냐의 투르카나 호수는 오늘날보다 2배 더 컸다. 알마시의 탐험 목적지인 길프 케비르에서 불과 20마일 떨어진 곳에 우기에는 물이 가득 차는 호수가 있었다. 말리 북부와 수단 서부의 다르푸르 지역은 현재 연간 강수량이 5밀리미터 미만인데, 이곳에서 하마와 나일악어의 뼈가 발견되었다. 오늘날 수단 서부에서는 와디 하와르라는 거대한 강의 물줄기가 위성사진에서 모습을 드러냈다. 이곳은 한때 나일강의 지류였다.

지금은 메마른 사막이 한때는 호수가 반짝이고 강이 흐르며, 풀밭으로 덮여 아카시아 나무가 자라고 다양한 야생동물이 살고 있었다. 사하라사막은 아프리카 습윤기로 알려진 시기에 사바나 지역이었다. 따라서 사막의 서쪽 끝에 있는 오아시스 제르주라에 관한 이야기에는 일말의 진실이 담겨 있다.

강수량이 증가함에 따라 숲은 사막으로 퍼져 나갔다. 숲은 더 많은 수분을 만들어냈고 이는 또 다른 복잡한 순환 과정을 생성했다. 나무의 뿌리는 깊은 지하수에서 물을 흡수하고 밤에는 잎에서 귀중한 수증기를 내뿜는데 이를 증발산이라고 한다. 많은 사람들이 이 사실을 잊고 있다. 사막에서 나무를 베면 나무만 사라지는 것이 아니다. 나무가 공기를 습하게 하고 땅에서 물을 흡수하며 그늘을 만들어내기 때문에 나무 전체를 제거하면 서서히 가뭄이 찾아온다.

북아프리카의 이 습한 환경의 흔적은 대서양에서도 볼 수 있다. 규산염 껍질을 가진 작은 담수 규조류가 해저의 코어(샘플)에서 발견되었다. 그들은 사하라의 호수가 마르면서 대서양으로 날아간 것이다. 다시 한 번 해저는 우리가 잃어버린 시간에 대한 거대한 공동 기억 창고

임을 보여준다. 당시 사하라뿐만 아니라 인도의 거대한 타르 사막과 아라비아반도 역시 더 습했다. 오늘날 지도를 노랗게 물들이는 지역이 사바나와 풀이 무성한 대초원이었던 것이다.

약 1만 년 전에 습한 시대가 시작된 이유는 무엇일까? 크게 2가지 요인이 있다. 당시 지구의 자전축은 현재보다 더 기울어져 있었다. 또한 지구의 세차운동으로 인해 여름에는 세계에서 가장 큰 사막에 도달하는 태양복사열이 더 많았다. 이로 인해 녹색 사하라사막이 형성되었는데 지표면이 더 뜨거워져 바다와 육지 사이의 온도 차가 더 커졌다. 그 결과 바다의 습한 공기가 아프리카 대륙으로 더 많이 빨려들어 갔다. 열대수렴대라는 저압대가 북쪽으로 이동하면서 북아프리카뿐만 아니라 동남아시아까지 여름철 몬순이 강해졌다. 여름 몬순은 더운 여름날의 해풍과 비슷한데 화창한 날에는 지표면이 바다보다 더 빨리 가열되면서 따뜻한 공기가 상승하고 바다에서 차가운 공기가 밀려들어 오는 것과 같은 원리다.[19]

그러나 사하라사막의 에덴동산 시대는 막을 내렸다. 갑작스럽게 일어났는지 서서히 일어났는지는 과학자들 사이에서 논란이 있지만 사바나가 있던 자리에 사막이 펼쳐진 것은 분명하다. 비가 내리지 않자 가뭄이 찾아왔고 5,200년 전에는 대가뭄이 발생했다. 투르카나와 같은 호수는 줄어들었고 수백 년 만에 거의 완전히 사라졌다.[20] 한때 세계에서 가장 큰 호수였던 차드호는 형체를 알아볼 수 없을 정도로 줄어들었다. 에티오피아의 샬라 호수가 줄어들면서 대량의 물고기가 폐사한 것처럼 생태계에 미친 영향은 엄청났다. 가뭄은 지역 전체를 변화시켰고 사람들은 기후 난민이 되어 나일강을 따라 습한 강 유역으로 밀려 내려 갔다.

IPCC에서 발표한 우울한 보고서에도 몇 가지 희망적인 부분이 있다. 그중 하나는 기후 모델에 따르면 기온이 1.5도 상승했을 때 사하라 사막의 일부 지역에서 강수량이 미미하지만 다시 증가할 수 있다는 것이다. 이러한 메커니즘은 거의 만 년 전과 동일할 것이다. 지구가 더워지면 사막의 몬순이 강화될 수 있다. IPCC의 예측은 전문가들 사이에서 논쟁을 불러일으켰다. 기후 예측은 더 불가능해질까? 갑작스러운 폭우가 발생해서 풍부한 초원이 아니라 홍수와 재앙을 가져올 가능성도 있지 않을까?[21] 비록 불확실성이 크지만 이 건조한 지구가 다시 녹색으로 변할 수 있다는 이야기가 나오고 있다.

북쪽의 온난함과 지금의 사막에 비를 뿌리는 몬순이 특징인 홀로세 초기는 안정적이지 못했다. 기후 위기는 수시로 찾아왔고, 8,200년 전에는 가장 악명 높은 기후 위기가 북반구를 강타했다.

홍수 재해

캐나다에는 대규모 점토 지대(Great Clay Belt)가 온타리오에서 퀘벡까지 펼쳐져 있다. 1930년대에 이민자들은 낙원일 거라는 기대감으로 이곳에

몰려들었다. 이곳에서 땅을 얻어 비옥한 토양을 경작할 수 있을 것이라고 생각했지만, 이는 말처럼 쉬운 일이 아니었다. 농부들은 여름은 너무 습하고 겨울에는 눈이 너무 많이 내려서 힘들었다. 현재는 황폐하고 척박한 암반 사이에 자리 잡은 땅의 일부만 경작되고 있다. 이곳은 적어도 현재로서는 지구온난화가 긍정적인 영향을 미치고 있는 지역 중 하나이다. 따뜻해진 기후 덕분에 지난 30년 동안 농작물 수확량이 증가했다.

이 대규모 점토 지대는 짧지만 극적인 역사를 가지고 있다. 이 점토는 미국 북부에서 캐나다까지 뻗어 있던 오래전에 사라진 거대한 호수 밑바닥에 퇴적되어 있었던 것이다. 이 점토 퇴적물이 갑자기 격렬하게 바다로 배출되면서 전 세계의 기후에 큰 영향을 미쳤다.

1880년대에 지질학자 워런 업튼(Warren Upton)은 이 잃어버린 호수의 흔적을 조사했다. 그는 능선처럼 구불구불한 고대 해안선을 지도에 표시했다. 이는 엄청난 작업으로 7년이 걸렸다. 걸어서, 또는 말과 수레로 1만 8,000킬로미터를 이동하면서 조사했다. 호수는 정말 거대했으며 남쪽 미네소타에서 서스캐처원까지 북쪽으로 뻗어 있었다. 그는 빙하기의 발견자 중 한 명인 스위스의 지질학자 루이 아가시의 이름을 따서 아가시즈 호수라고 불렀다. 그의 현장 조사는 엄청났으며, 그의 연구를 정리한 논문은 분량이 772쪽에 달했다.

지도를 보면 아가시즈 호수는 거대한 해빙 호수였음을 알 수 있다. 약 2만 년 전 마지막 빙하기가 서서히 물러간 후, 북미 대륙에 우뚝 솟은 거대한 얼음 보호막에 녹은 물이 고였다. 빙하로 인해 호수는 매년 커졌고 가장 컸을 때는 거의 50만 제곱킬로미터로 오늘날 세계에서 가장 큰 호수인 카스피해보다 약간 더 컸다. 호수는 불규칙하게 성장했다. 때때로 호수가 터져 엄청난 양의 담수가 바다로 흘러들기도 했다.[22]

8,400년 전 어느 날, 결국 댐(자연 댐 역할을 하고 있는 빙하)이 완전히 무너졌다. 물의 압력으로 얼음 속에 갈라진 틈이 생겨 넘쳐흐른 물이 얼음 속으로 더 깊이 파고들었다. 폭포는 점점 커졌고 마침내 댐이 무너진 것이다. 대규모의 굉음과 함께 엄청난 양의 얼음처럼 차가운 담수가 허드슨해협을 거쳐 대서양으로 단시간에 쏟아져 나왔다. 이 사건은 기후과학자들의 골칫거리가 되었다. 아가시즈 호수와 그로 인한 홍수가 지형을 바꾼 것뿐 아니라 기후에 어떤 영향을 미쳤을까?

1990년대에 연구자들은 노르웨이 해역에서 해양 퇴적물 코어를 채취했다. 길이 5미터의 코어층을 분석한 결과, 약 8,200년 전에 추위를 좋아하는 작은 유공충류인 네오글로보콰드리나 파치더마의 개체 수가 급격히 증가했다는 사실을 발견했다. 연구진은 바다의 온도가 최소 2도 이상 떨어졌을 것으로 추정했다.[23] 아일랜드의 동굴에 있는 석순도 같은 현상을 보였다. 온도가 급격히 떨어진 것이다. 빙핵을 통해 그린란드의 온도가 3도 이상 떨어졌다는 사실이 밝혀졌다. 노르웨이의 도브레에서는 날씨가 너무 추워서 소나무가 꽃을 피우지 않고 씨앗을 맺지 않았다. 추위와 함께 가뭄이 닥쳤다. 오만, 아랍에미리트, 베네수엘라에서는 강수량이 줄어들고 사막이 확산되는 징후가 나타났다. 많은 사람들이 그로부터 몇백 년 전에 일어난 아가시즈 호수의 붕괴와 연관 지어

'8,200년 사건'이라고 부르는 기간 동안에는 더 춥고 건조해졌다. 그렇다면 왜 기후가 변했을까?

한 가설에 따르면 아가시즈 호수의 엄청난 담수량이 기록적인 속도로 대서양으로 흘러들어 가면서 멕시코만류의 열염순환이 중단되었다고 한다. 해류와 그에 따른 열의 북상 이동이 약화되었다는 것이다. 이미 언급했듯이 멕시코만류는 빙하기 동안 여러 번 멈췄다. 오늘날과 다른 점이라면 더 '따뜻한 세상'이었다는 것이다. 얼음과 눈이 빠르게 녹아 생명에 중요한 멕시코만류가 다시 약화될 수 있다는 것이다. 미래의 훨씬 더 뜨거운 지구에 대한 무서운 시나리오다.

"큰 홍수가 40일 동안 땅에 임하니…… 크고 강한 홍수가 땅에 임하여 하늘 아래의 모든 높은 산을 덮었더라"고 〈창세기〉에 기록되어 있다. 이것은 신화와 종교에 등장하는 많은 홍수 중 하나이다. 실제로 일어난 일에 뿌리를 두고 있는 것일까? 빙하가 녹으면서 발생한 홍수는 기후를 변화시켰을 뿐만 아니라 신화와 종교적 신념을 통해 우리의 집단적 상상력에 불을 지폈을지도 모른다.

아가시즈 호수가 붕괴됐을 때, 시간이 지남에 따라 전 세계적으로 해수면이 몇 미터 상승했다.[24] 페르시아만의 해안선은 10킬로미터 이상 내륙으로 이동했다. 영국이 영국해협을 사이에 두고 유럽과 분리된 것도 이 시기였다. 당시 사람들에게 큰 충격이었을 것이며, 아마도 성경에 나오는 대홍수 신화의 기원이 되었을지도 모른다.

북쪽의 빙하가 녹으면서 여러 차례 홍수 재해가 발생했다. 고고학자들은 흑해에서 해수면 아래 91미터 깊이의 진흙 속에 묻혀 있던 집의 잔해를 발견했다. 이것은 흑해가 약 7,500년 전에 급격하게 물에 잠겼다는 이론을 뒷받침해주었다. 그 무렵 지중해의 수위는 내륙 빙상이 녹으면서 서서히 상승했고 오늘날 이스탄불의 보스포루스해협을 가로지르는 좁은 육교가 마침내 붕괴되었다. 유럽과 아시아를 잇는 좁은 해협을 거대한 홍수가 휩쓸고 지나간 것이다. 당시 해안은 물에 잠기고 마을은 매몰되는 등 성경에 나오는 규모의 재앙이 흑해를 강타했다. 극적인 방식으로 흑해는 호수에서 바다로 변했다. 아마도 그것은 경전에 기록되기 전 대대로 모닥불 주위에 모여 이야기했던 홍수였을까?

북유럽 신화에서도 홍수는 인간을 괴롭힌다. 미드가르드 뱀이 라그나로크 전투에 참여하기 위해 바다 위로 솟아오르면서 거대한 해일을 일으켜 모든 땅이 물에 잠겼다고 한다. 이 신화는 남쪽에서 구전되었거나 아니면 스칸디나비아 지역의 대홍수에 대한 막연한 기억에서 비롯된 것으로 추측할 수 있다.

마지막 빙하기에는 빙하가 후퇴하면서 엄청난 양의 자갈, 모래, 점토가 노르웨이 해안 바깥으로 밀려와 대륙붕에 쌓였다. 약 8,200년 전 어느 날, 스코틀랜드 크기의 해저지층이 붕괴되어 심해로 가라앉았다. 그 후 재난 영화에서나 나올 법한 일이 벌어졌다. 해안을 따라 살던 석기시대 사람들은 바다가 물러나고 물고기가 해안에 널브러져 있는 것을 보았지만 1시간도 채 지나지 않아 재앙이 닥쳤다. 거대한 쓰나미가 해변으로 밀려왔고 피오르에서는 해일의 높이가 25미터에 달했다. 연구원들은 노르웨이 서해안 전역의 습지와 호수에서 파도의 흔적을 발굴했다.

올레순 외곽에서는 습지를 시추하는 것이 거의 불가능했다. 쓰나미에 휩쓸린 거대한 통나무들이 쌓여 있었던 것이다. 순뫼레 지역에서는 작은 청어 떼가 파도에 휩쓸려 내륙의 호수에서 발견되었다. 이 대규모 붕괴를 '스토레가 해저 산사태'라고 부른다.

북유럽 신화에 나오는 홍수의 기원은 더 오래된 것일까? 시간을 더 거슬러 올라가면 스칸디나비아에도 아가시즈 호수와 유사한 지역적 변형이 있었다. 1만 300년 전, 거대하고 넓은 네드레 글롬 호수가 붕괴되어 외스테르달렌 계곡으로 물이 범람했다. 이 격렬한 사건에서 가장 눈에 띄는 흔적은 렌달렌에 있는 수 킬로미터 길이의 유툴호게트 협곡이다. 옛사람들은 트롤이 만들었다고 믿을 정도로 거대한 협곡이지만 트롤이 아니라 물이었다.

홀로세 초반에는 적어도 북반구는 따뜻했지만 서서히 기후가 다시 변하기 시작하면서 기온이 내려갔다. 알프스의 빙하가 녹으면서 이 중요한 기후변화를 밝히는 뛰어난 발견이 이루어졌다.

빙하 위의 죽음

1991년, 에리카와 헬무트 시몬 부부는 이탈리아와 오스트리아 경계의 외츠탈-알프스산맥에 있는 피닐스피체산을 내려오기 시작했다. 이들은 정해진 등산로를 가지고 않고 지름길을 택해 빙하를 지나가던 중 얼음 속에 있는 갈색 물체를 발견했다. 처음에는 쓰레기라고 생각했는데, 가까이 다가가서 보니 두개골이 얼음 밖으로 튀어나와 있었다. 가죽 인형처럼 보이는 그것은 시체였다.

처음에는 수십 년밖에 되지 않은 시신이라고 생각했다. 어쩌면 죽은 산악인의 시신일 수도 있다고 말이다. 하지만 법의학자들이 조사한 결과, 매우 오래된 시신이라는 사실을 알아챘다. 고고학자들은 구리 도끼도 발견했는데 석기시대와 청동기시대 사이의 전형적인 것으로 시체가 아주 오래된 것이라는 의혹이 더욱 강해졌다. 연대 측정 결과 5,300년 전의 것으로 밝혀졌다. 고인은 외치(Ötzi), 즉 아이스맨이라는 이름을 얻었다. 시몬 부부는 놀라운 발견을 한 셈이다. 외치는 자신의 시신이 역사상 가장 많이 회자되고 연구될 줄은 몰랐을 것이다.

외치의 시신은 거의 모든 부분이 면밀히 조사되었다. 시신에 관한 연구 논문만 7,000여 편에 달했다. 연구자들은 그가 마지막으로 먹은 음식이 염소 고기, 사슴 고기, 곡물이었고, 비소 중독과 진드기에 물려 라임병에 걸렸으며, 위장에 편충의 일종인 장내 기생충이 있었다는 사실을 밝혀냈다. 외치의 몸에는 61개의 문신이 새겨져 있었는데, 모두 목록으로 자세히 설명되어 있다. 그의 치아는 닳아 있었는데 아마도 맷돌에서 나온 모래 알갱이를 먹었기 때문일 것이다. 외치는 키가 160센티미터였고 45세 정도까지 살았던 것으로 추정된다.

외치는 5,000여 년 전 유럽의 생활상을 엿볼 수 있게 해준다. 그는 사냥을 위해 주목나무로 만든 활과 부싯돌 화살촉이 달린 회화나무 화살을 사용했다. 그는 염소 가죽으로 만든 상의와 허리에 두르는 옷을 입고 있었다. 모자는 곰 가죽으로 만들었고 건초를 덧대어 만든 신발을 신었다. 허리에는 부싯돌 단검을 차고 있었다. 그가 들고 다녔던 구리 도끼는 당시에는 다른 사람들이 거의 가지고 있지 않은 매우 특별한 무기였다. 그의 몸에서 높은 수준의 비소가 검출된 것으로 보아 그가 구리 세공 기술자였음 알 수 있다. 고대 살인 사건도 밝혀졌다. 화살이 그의 동맥을 관통하여 단 몇 분 만에 피를 흘리고 사망한 것이다.

외치는 녹아내리는 빙하 속에서 깨어난 과거 인류를 상징하게 되었다. 그는 갈등과 신화의 중심에 서 있으며, 이집트 미라처럼 아이스맨에게도 저주가 걸려 있다는 이야기가 나왔다. 2004년 아이스맨을 발견했던 헬무트 시몬은 얼마 떨어지지 않은 곳에서 눈보라에 휩쓸려 사망했다. 같은 해 시신을 연구하거나 함께 작업하던 여러 사람들이 사망했다. 이 놀라운 발견이 있고 나서 외치의 소유권을 둘러싸고 오스트리아와 이탈리아 사이에 논쟁이 벌어졌다. 외치는 이탈리아 쪽 국경선에서 90미터 떨어진 곳에서 발견되었기 때문에 결국 볼차노의 한 박물관에 보관되었다.

우리는 기후 덕분에 외치에 대해 많은 것을 알게 되었다. 그는 사망 직후 눈 속에 빠르게 묻혔다. 낮은 기온과 건조한 공기, 눈과 얼음으로 이루어진 보호막 덕분에 그의 시신은 미라가 될 수 있었다. 그는 사실상 동결 건조된 것이나 다름없었는데, 이는 외치에게 불행 중 다행인 부분이다. 앞서 언급했듯이 당시 유럽의 빙하는 지금보다 훨씬 작았지만 아이스맨이 살았을 무렵 급격한 기후변화가 일어났다.[25] 따라서 그는 1991년에 발견될 때까지 대부분 눈과 얼음으로 덮여 있었다. 이는 마치 냉동고에 갇혀 있었던 것과 같다. 그가 2,000년 전에 죽었다면 그의 시신은 썩어 없어졌을 것이다.

외치가 사망한 것은 새로운 시대가 시작되는 시기였다. 신빙하기라고 불리는 이 시기에 북반구는 더 차갑고 습한 시대로 접어들고 있었다. 이는 악셀 블리트가 스칸디나비아의 습지에서 발견한 것이기도 하다. 습기가 많아지면서 건조한 온난기에 자랐던 숲이 물에 잠겨서 유명한 통나무층이 생겨났다. 추운 날씨는 여름철 북반구의 태양복사량이 감소했기 때문이다. 지구가 여름에 태양으로부터 점점 더 멀어지고 지구의 자전축이 점차 수직에 가까워지면서 계절 간의 기온차가 줄어들었다. 여름은 더 시원해지고 겨울은 더 따뜻해진 것이다. 이로 인해 빙하가 커지고 눈이 얼어 외치의 시신을 덮어버렸다.

그 당시 기후가 더 추워졌다는 증거는 많다. 거대한 그린란드 빙하가 두꺼워졌고, 캐나다 북부의 엘즈미어섬에 있는 아가시즈 빙하와 스발바르의 빙하도 마찬가지였다. 거의 완전히 사라졌던 스칸디나비아의 빙하도 확장되었다. 높은 산에 있던 숲은 서서히 낮은 고도로 내려왔고, 광대한 숲이 있던 침엽수림대는 시베리아와 북아메리카에서 남쪽으로 밀려났다. 적도 주변의 저기압은 더 남쪽으로 내려갔고 사하라

사막, 아라비아와 아시아 전역에 건조한 기후가 확산되었다. 바다도 차가워져 노르웨이해의 기온이 5도나 떨어졌다.[26]

5,000년이 지난 후에야 온기가 외치의 얼어붙은 무덤을 열었고, 빙하가 다시 빠르게 줄어들었다. 알프스의 녹아내리는 빙하에서 외치가 출현한 것처럼 스칸디나비아의 녹아내리는 빙원에서 유물도 등장했다. 요툰헤이멘에서는 3,400년 된 가죽 신발과 화살촉, 심지어 1,300년 된 나무 스키 한 쌍이 발견되었다.[27] 외치의 시신은 그가 사망했을 당시 알프스의 빙하가 지금보다 훨씬 작았으며, 빙하가 시간이 지남에 따라 변화해왔음을 보여준다. 홀로세 동안 빙하는 기후변화에 따라 끊임없이 후퇴하거나 성장했다. 북아메리카 산악지대에는 기후가 냉각되었다는 것을 증언할 고대의 증거들이 남아 있다. 그곳에서 자생하는 지구상에서 가장 오래된 나무들의 나이테는 기후에 대한 수수께끼를 풀어줄 것이다.

세계에서 가장 오래된 나무를 베어낸 남자

미국 캘리포니아 연안의 숲에는 115미터까지 자라는 해안 세쿼이아(레드우드)가 있다. 세계에서 가장 큰 생명체인 이 나무는 그리스 신화에 나오는 거인의 이름을 따서 하이페리온이라고 불린다. 해안에서 불과 수십 마일 떨어진 세쿼이아 국립공원의 보호림에도 세계에서 가장 큰 단일 생명체가 자라고 있다. 이 나무 역시 세쿼이아의 일종으로 제너럴 셔

먼이라고 부른다. 이 나무의 무게는 거의 2,000톤으로 대왕고래 10마리와 맞먹는다. 이 숲이 아직 부분이나마 온전할 수 있었던 것은 북아메리카가 오랫동안 미개척지로 남아 있었기 때문이다. 덕분에 유럽인들의 열렬한 도끼질을 오랫동안 피할 수 있었고, 19세기 중반에 보존이라는 개념이 뿌리를 내리게 되었다. 지구상에서 가장 오래된 생명체 중 일부도 미국 서부에 자리 잡고 있다. 네바다와 캘리포니아의 높은 산에는 므두셀라 소나무라고도 알려진 브리슬콘 소나무가 자라고 있다.[28] 회색으로 뒤틀린 줄기는 거의 죽은 것처럼 보이지만 몇 개의 싱싱한 가지들이 나무가 살아 있음을 보여준다. 므두셀라 소나무는 건조하고 척박한 환경에서 매우 느리게 자라지만 덕분에 곰팡이와 곤충의 공격을 받지 않는다. 이처럼 오래 살고 느리게 자라는 독특한 존재들은 기후의 미스터리에 대한 해답을 줄 수 있다. 연구자들은 이 장수 나무의 나이테를 연구함으로써 홀로세 시대의 역사적 '일기예보'를 제공할 수 있었다.

1964년, 미국 학생 도널드 러스크 커리(Donald Rusk Currey)는 네바다의 산에서 고대 브리슬콘 소나무로 추정되는 나무를 발견했다. 커리는 나이테의 폭을 연구하여 성장에 좋은 해와 나쁜 해, 즉 더운 여름과 추운 여름을 알아냈다. 수천 년 전의 나무일 수도 있다는 사실을 깨달은 후, 그는 오래된 나무 한 그루를 골라 WPN-114라고 명명했다. 그는 샘플을 채취하기 위해 소나무에 성장 드릴을 박았지만 매번 드릴이 끼거나 부러졌다. 결국 그는 산림관리원에게 벌목 허가를 받아내 나무를 베어내고 몸

통의 일부를 잘라냈다. 그날 저녁, 그는 호텔 방에서 나이테를 세어보다가 4,862개나 된다는 사실을 깨달았다. 거의 5,000년이나 된 나무였던 것이다. 커리는 자신이 세계에서 가장 오래된 나무를 쓰러뜨렸다는 사실을 깨닫고 경악했다. 그는 밤새도록 나이테를 세고 또 세었지만 매번 같은 결과가 나왔다. 세계에서 가장 오래된 나무를 베어버린 것이다. 그 소나무는 그리스 신화에서 신에게 불을 훔쳐 인간에게 준 프로메테우스의 이름을 따서 명명했다.

그의 실수에 대한 이야기가 알려지자 사람들은 분노했고 커리는 살해자로 낙인찍혔다. 결국 그는 연구 분야를 바꿔서 마지막 빙하기 말기의 갑작스러운 기후변화로 인해 오늘날 유타주 그레이트솔트호의 전신인 보네빌호가 어떻게 축소되고 성장했는지 연구하기 시작했다. 커리는 유타대학교의 저명한 지리학 교수가 되었지만, 어디를 가든 세계에서 가장 오래된 나무를 베어버린 사람으로 유명했다. 그런데 그가 사망한 지 불과 몇 년 후인 2013년에 더 오래된 나무, 즉 5,065년 된 브리슬콘 소나무가 발견되었다. 아이스맨 외치만큼이나 오래된 나무로 피라미드가 세워질 때 자라고 있었다. 이 나무가 어디에 있는지는 비밀이다.

브리슬콘 소나무는 살아 있는 기후 기록 보관소이며 불운의 프로메테우스 소나무처럼 그 나이테가 우리에게 수천 년 전의 정보를 제공한다. 전문가들은 화석화된 소나무 표본과 살아 있는 표본을 모두 조사하여 흥미롭게도 8,800년 전으로 거슬러 올라가는 연대기를 만들어냈다.

그렇다면 이 소나무의 나이테는 우리에게 무엇을 알려줄 수 있을까?

7,000년 전 미국 서부의 날씨가 시원해지기 시작했으며 그 이후로 여름 기온이 평균 1도 이상 떨어졌다는 것이다. 따라서 브리슬콘 소나무의 나이테는 유럽의 기후 기록과 거의 동일하다는 것을 보여준다. 홀로세 온난기에는 숲이 오늘날보다 더 높은 산지에 있었고 북서부 아메리카의 여름은 더 더웠다. 중요한 것은 전문가들이 브리슬콘 소나무에서 발견한 냉각 현상은 19세기 중반에 시작된 온난화로 인해 중단되었고, 최근 수십 년 동안에는 속도가 더 빨라지고 있다는 점이다.

비록 홀로세에는 적어도 북반구의 기후가 점차 더 차가워지기는 했지만 브리슬콘 소나무는 이 시기에도 기온이 변동했음을 보여준다. 예를 들어 약 3,700년과 2,400년 전의 여름은 평균보다 2도 정도 더 따뜻했던 반면, 15세기 말에는 1도 정도 더 추웠다. 이는 오랜 기간의 기후 변화가 매년 변하는 날씨와는 다르다는 것을 다시 한 번 보여준다. 지난 1,000년 동안 가장 추웠던 시기는 대부분 화산활동이 활발했던 시기와 관련이 있다.

발레리 트루에(Valerie Trouet)는 그의 저서 《나무는 거짓말을 하지 않는다(Tree Story)》에서 "우리는 나무에 귀를 대고 듣기만 하면 된다"라고 썼다. 나이테는 온도뿐 아니라 가뭄과 강수량에 대해서도 알려준다. 2014년 캘리포니아에 가뭄이 닥쳤을 때, 연륜연대학자들은 블루 오크로 알려진 더글러스 전나무에 드릴을 박았다. 자연의 수분 측정기에 가장 가까운 이 나무는 가뭄이 심하고 눈이 적게 내리면 상태가 나빠져서 나이테가 얇아진다. 연구진은 수백 년 전으로 거슬러 올라가는 나이테를 연구하여 과거의 강수량을 모델링했다. 그 결과 2014년이 1,200년 만에 최악의 가뭄이었다는 결론을 내렸다. 이 특정 가뭄이 인위적인 온난화 때문인지는 확실히 알 수 없지만 전문가들은 기온이 높아지면 이러한 가뭄이 더 자주 발생할 것이라는 데 동의한다.[29]

브리슬콘 소나무는 또한 기후가 급격하게 변화하고 있다는 것을 보여준다. 연구자들은 오늘날 나이테가 3,700년 전보다 더 빨리 형성되고 있다는 사실을 밝혀냈다. 연구자들은 이것이 주로 온실가스 배출로 인해 여름이 더워졌기 때문이라고 생각한다. 이 고대 생명체 또한 기후의 역사에 대해 또 다른 중요한 단서를 제공한다. 4,200년 전, 나무의 자생 한계선이 갑자기 낮아지면서 지구는 더 추워졌다. 이러한 현상의 증거는 전 세계 여러 곳에서 발견되었다. 인도양 깊은 곳에서 발견된 증거를 통해 기후변화가 초기 문명에 미친 영향을 특별한 시각으로 볼 수 있다.

해저에서 바라본 지구의 역사

많은 사람들에게 먼지는 건조하고 바람이 많이 부는 여름날 공중에 떠다니며 눈을 자극하고 입안을 건조하게 만드는 것일 뿐이다. 하지만 먼지는 그보다 훨씬 더 많은 것을 의미한다. 먼지는 문명의 몰락과 성장에 관한 이야기를 전해준다. 1990년대에 미국 과학자들은 아라비아해 북서부에 있는 오만만의 해저를 시추했다. 그곳에서 M5-422라고 불리는 몇 미터 길이의 퇴적물 코어를 채취하여 먼지의 양이 어떻게 달라지는지 연구했다. 먼지가 많으면 가뭄이 심했다는 뜻이고 적으면 더 습했다는 뜻이다. 메소포타미아의 먼지에는 특별한 특징이 있다. 샤말(티그리스강과 유프라테스강 하류와 페르시아만에서 부는 북서풍)이라는 강한 바람이 이 먼지를 페르시아만과 오만만으로 날려 보낸다는 것이다. 매년 트럭 1,000만 대 분량에 해당하는 1억 톤의 먼지가 이 바람에 의해 바다로 운반되었다.

코어를 분석한 연구진은 마지막 빙하기의 한파 기간에 특히 많은 양의 먼지가 있었다는 사실을 발견했다. 추운 시기에는 수분 증발량이 적고 따뜻한 시기보다 더 건조했다. 연구진이 가장 알고 싶어 했던 것은 극심한 가뭄이 아카드제국의 붕괴와 동시에 나타났는지였다. 유프라테스강과 티그리스강 유역의 메소포타미아에 위치한 이 제국은 아시리아, 수메르, 바빌로니아를 하나의 법 아래 통합했다. 아카드인들은 중동의 많은 지역에서 무역과 농업을 지배했다. 아카드제국은 약 4,300년 전인 청동기시대에 세워져 수백 년 동안 부와 권력을 누린 끝에 무너졌다. 무엇이 이 제국을 몰락하게 만들었는지는 인류 역사의 많은 미스터리 중 하나이다.

오만만에서 채취한 코어에서 아카드제국이 멸망했던 시기에 해당하는 먼지층이 발견되었다. 연구자들은 이 먼지층을 약 300년 동안 지속된 장기적인 가뭄과 연관 지었다. 연구진은 가뭄이 제국의 붕괴에 기여했다고 생각했다. 강수량의 감소는 가축의 죽음과 농작물 부족으로 이어졌다. 현재 시리아의 텔브라크를 발굴한 결과, 이 도시는 단기간에 버려진 것으로 나타났다. 무역은 중단되었고 사람들은 유프라테스강과 티그리스강으로 내려가면서 아카드인들과 갈등을 빚었다. 그러나 사회가 붕괴하는 데는 여러 원인이 복합적으로 작용한다.

이 경우 기후 악화는 제국이 강력한 왕권을 상실하고 권력이 제국의 큰 도시국가로 이동하는 시기와 일치했다. 가뭄이 이미 취약한 상태에 있던 제국을 벼랑 끝으로 몰고 간 것이다. 그러나 정확한 연대는 불확실하다. 역사가들은 제국이 언제 무너졌는지 정확히 말할 수 없으며, 기후과학자들의 연대 측정은 오차 범위가 수백 년에 달한다. 그렇다고 해도 일부 연구자들은 다소 허술한 근거를 바탕으로 대담한 가설을 내세워 논문을 발표했다.[30]

약 4,200년 전에 발생한 대가뭄은 기후가 서서히 건조해지는 더 큰 추세의 일부였다. 지구 공전주기의 변화로 인해 북반구의 여름이 점점 더 시원해지면서 몬순은 점차 약해졌다. 이로 인해 사하라사막의 모래 언덕이 점점 더 남쪽으로 퍼져 나갔다. 사람들은 이주할 수밖에 없었다. 루돌프 쿠퍼(Rudolph Kuper)와 슈테판 크뢰페를린(Stefan Kröperlin)의 연구에 따르면 소, 염소, 양을 기를 목초지를 찾아 점차 남쪽으로 이동했다.[31] 강이 흐르는 계곡이나 오아시스에서 지하수가 지표로 솟구쳐 오른 몇몇 지역은 건조한 기후에 적응하기도 했다. 5,500년 전, 사하라사막은 대부분 버려졌다.

가뭄을 피해 탈출한 많은 사람들이 사막을 가로지르는 생명줄인 나일강을 따라 정착했다. 곧 강력한 문명이 모래 속에서 일어났다. 도시가 세워지고 피라미드가 건설되었다. 이 문명은 나일강을 끼고 있었지만 가뭄으로 인해 타격을 입기도 했다. 4,200년 전 파라오가 통치하던 고대이집트 왕국 말기에 아카드제국이 무너질 때 나타난 가뭄과 비슷한 극심한 가뭄의 흔적이 발견되었다. 고대이집트의 지방통치자였던 안크티피(Ankhtifi)의 비문에는 "굶주림이 극심해 자기 자식을 잡아먹었다"는 기록이 있다. 일부에서는 이 가뭄이 고대 왕국의 멸망을 초래했다고 주장한다. 다른 지역에서도 기후변화의 재앙이 나타났다.

오늘날 파키스탄을 중심으로 인더스강 주변에 세워졌던 강력한 고대 하라파문명은 5,000년 전에 출현해 수백 년 후 황금기를 맞이했다. 인도양의 해저 코어에서 유공충류와 같은 미생물을 연구한 결과, 이 지역에서도 몬순이 더 불안정해지고 남쪽으로 이동했다는 사실이 밝혀졌다. 그 결과 강우량은 줄어들고 농업은 어려움을 겪었다. 이는 아마도 3,000여 년 전 제국이 서서히 쇠퇴한 원인 중 하나였을 것이다.[32]

변덕스러운 기후는 인류의 역사 전체에 녹아 있다. 예를 들어 마지막 빙하기 직후에 주요 문명이 출현한 것이 우연이었을까? 주로 수렵과 채집으로 생존하던 인류는 약 1만 2,000년 전부터 농사를 짓기 시작했다. 농사는 오늘날 시리아, 튀르키예, 이라크, 요르단의 비옥한 초승달 지대로 알려진 지역에서 일어났다. 최초의 농부들은 가축을 길들이고 자연에서 씨앗을 채집했다. 그들은 보리, 밀, 호밀, 콩, 렌틸콩을 재배하기 시작했으며, 더 큰 열매와 씨앗을 가진 식물을 재배해 수확량을 늘렸다. 재배 완두콩은 야생에서 자라는 완두콩보다 10배 더 크다. 옥수수 속대도 원래는 막대 아이스크림만 한 크기였다. 왜 이런 발전이 빙하기 이전이 아닌 빙하기 직후에 일어났을까? 한 가지는 설명할 수 있다. 빙하기에는 비옥한 초승달 지대에 가뭄이 발생해 몬순이 남쪽으로 밀려났으며, 사하라사막, 타르사막, 고비사막은 지금보다 훨씬 더 넓었다. 간빙기가 시작되고 나서야 따뜻해진 기온으로 인해 몬순이 더 북쪽으로 밀려나고 강우량이 증가했다. 지질학적 관점에서 볼 때 이 시기는 인류에게 기회였다. 이 기후에서 최초의 농업이 가능했던 것이다.[33]

하지만 여러 가지 다른 이론들이 있다. 농업이 더 일찍 시작되었을 수도 있었을까? 1만 2,000여 년 전 영거 드라이아스기의 혹한과 관련이 있을까? 어떤 사람들은 계속되는 가뭄으로 인해 사람들이 습기가 많은 강이 흐르는 계곡으로 내려갔고 충분한 식량을 얻기 위해 야생 곡물을 재배하기 시작했다고 주장한다. 간빙기가 시작될 무렵, 농업은 이미 초기 단계에 접어들었고, 더 유리한 기후에서 전 세계를 정복할 준비가 되어 있었다.

농업의 출현은 전 세계에 엄청난 영향을 미쳤다. 홀로세 동안 지구의 지형은 완전히 바뀌었다. 처음에는 중동과 중국의 황허강을 따라, 그다음에는 인더스강, 나일강, 유프라테스강, 티그리스강 등 주요 강을 따라 숲이 베어지고 불태워져 농경지와 목초지로 바뀌었다. 그 후 농업은 세계 각지로 퍼져 나갔다. 한때 야생이 지배했던 유럽에서는 끝없이 펼쳐진 해안 초원 지대가 남쪽의 포르투갈에서 북쪽의 로포텐제도까지 점차 확산되었을 뿐 아니라, 아이슬란드, 셰틀랜드제도, 오크니제도, 영국제도 등 한때 숲이 우거졌던 대서양의 섬들까지 퍼져 나갔다. 한 식물학자는 "이것은 우리 시대의 가장 큰 자연 개입 중 하나"라고 말했다. 우리 조상들은 지리학자 클래런스 글래컨(Clarence Glacken)이 말한 것처럼 인간에 의해 변형된 자연, 즉 '제2의 자연'을 만들어낸 것이다.

우리 조상들은 18세기 철학자 장 자크 루소가 묘사했던 자연과 조화롭게 살던 '고귀한 야만인'과는 거리가 멀었다. 그들은 자연을 변형시키고, 종을 멸종시키고, 땅을 경작했다. 자연은 결코 원래 상태로 돌아가지 않을 것이다. 하지만 우리 조상들은 기후를 변화시켰는지도 모른다. 저명한 기후과학자 윌리엄 러디먼(William Ruddiman)은 그의 저서《쟁기, 재앙 그리고 석유(Plows, Plagues and Petroleum)》에서 숲을 개간하고 땅을 갈아엎고 경작하는 농업혁명으로 인해 6,000여 년 전부터 대기 중 온실가스 수치가 상승하기 시작했다고 주장한다. 러디먼은 대략적으로 이것이 간빙기를 연장하고 다음 빙하기를 지연시켰다고 말한다.[34]

우리 시대에 가까워질수록 기후 변동이 자연과 사회에 어떤 영향을 미쳤는지 더 많이 알게 된다. 홀로세 첫 1만 년에 대한 지식은 조금 부족하지만, 지난 2,000년에 대해서는 훨씬 더 상세한 그림을 그릴 수 있다.

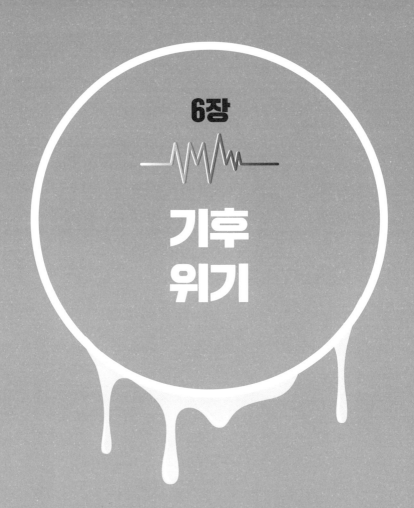

6장

기후
위기

수백 명의 행렬이 알프스의 메르 드 글라스(Mer de Glace) 빙하를 향해 올라갔다. 최근 몇 년 동안 빙하는 '하루에 한 발씩 총을 쏘는' 속도로 전진했다고 한다. 르샤틀라르와 보나네의 작은 집들은 이미 거대한 빙하 바다에 삼켜져 버렸다. 이제 샤모니에서 불과 몇 킬로미터 떨어진 작은 마을 레부아가 그다음 차례가 될까 봐 두려웠다. 기근이 만연했고, 사람들은 "너무 배가 고파서……반쯤 죽은 듯한" 모습이었다고 한다. 빙하는 죽음을 의미했으며 빙하의 전진은 신의 벌로 여겨졌다. 사람들은 그들이 죄를 지어서 이런 재앙이 닥쳤다고 생각했다. 그래서 그들은 제네바 주교 샤를 드 살레(Charles de Sales)를 불러 빙하에서 악마를 몰아내기로 했다. 행렬이 빙하에 도착하자 주교는 빙하를 축복하고 성화들을 세웠다. 샤모니 계곡을 지나면서 그는 라르겐티에르 마을의 빙하와 르투르의 또 다른 끔찍한 빙하, 그리고 이틀 후 레보송의 네 번째 빙하를 봉헌했다. 계곡 주민들에게는 이것이 마지막 희망이었다. 그들은 영원한 겨울, 지구가 추위와 얼음으로 멸망하는 것을 두려워했다. 이 '잔인한 빙하'는 이곳뿐만 아니라 알프스의 다른 곳에서도 땅과 토양을 빼앗으려 했다.

이것은 1644년에 '소빙하기'라고 불리는 추운 시기에 있었던 일이다. 불안정하고 예측할 수 없는 기후가 자리 잡으면서 만 년 만에 가장 추운 시기를 맞이했다. 소빙하기는 안정된 기후를 내세우던 홀로세의 신화를 깨뜨린 예외적인 사건이었다. 지난 2,000년 동안 따뜻한 로마시대, 후기 고대 빙하기, 따뜻한 중세시대, 그리고 마지막으로 소빙하기와 같은 독특한 기후 현상들이 연이어 발생했다. 이러한 현상은 습지와 연못의 바닥이나 나무의 나이테와 같은 자연의 기록물뿐만 아니라 일기, 기도서, 교회 서적, 편지, 기상 관측 자료, 설교, 농장 일기, 선원 일지, 그림과 문학,

세금 기록, 곡물 가격 등 풍부한 문헌 자료에서 확인할 수 있다.[1]

우리는 현재를 종종 지난 2,000년에 비춰보곤 하는데 최근의 기후 역사는 우리에게 경종을 울린다. 위기는 위기로 이어져 사람들을 기아와 난민으로 내몰았다. 가뭄이 더 잦아지거나 서리가 더 길어지거나 하늘의 수문이 열렸을 수도 있다. 기후는 결코 안정적이지 않았다. 오히려 예측할 수 없을 정도로 갑작스럽게 변화하여 사회 전체의 근간을 흔들기도 했다.

죽은 자들의 호수

족장이 쓰러지자 라우마리키(Raumaríki, 로메리케) 대왕국의 사람들이 모였다. 남녀노소 수백 명이 거대한 무덤을 만들어 족장을 기리고자 했다. 그들은 숲에서 키가 큰 소나무를 베어내 통나무를 말에 묶어 큰 농장 옆 작은 연못으로 끌고 내려갔다. 겨울 내내 그들은 숲에서 나무를 베고 수만 개의 통나무를 쌓아 족장의 무덤 위에 층층이 정교하게 쌓아 올렸다. 마지막으로 남자들은 통나무를 습지의 흙으로 덮었다. 지난 몇 년은 몹시 힘들었다. 여름은 춥고 농작물은 서리에 망가졌다. 어쩌면 그들은 무덤이 신들을 달래줄 것이라고 생각했을까? 이 고분은 구불구불한 들판과 작은 농장 한가운데 20미터 높이로 서 있었다. 이것이 바로 오늘날 북유럽 지역에서 가장 큰 라크네하우겐(Raknehaugen) 고분이다.[2]

오슬로 외곽 에스헤임의 요고트예르네트(Ljøgodttjernet)에서 초록색과 갈색의 들판 사이로 작은 흰색 고무보트 한 척이 노를 저어가고 있었다. 작은 호수 옆에는 호숫물에 비친 라크네하우겐이 있다. 비가 내리는 회색빛 하늘 위로 가르데르모엔으로 향하는 비행기가 천둥소리를 내며 지나간다. 자작나무와 포플러 나무가 새 잎을 자랑하며 물가를 둘러싸고 있다. 보트가 호수 한가운데 멈추자 연구진들은 물속으로 드릴을 내려 호수 바닥의 퇴적층을 채취했다. 물 위로 잔잔한 진동이 퍼졌다. 비가 쏟아지는 가운데 그들은 호수 바닥의 샘플을 고무보트로 끌어 올렸다. 보트는 연구진이 채취한 샘플을 싣고 천천히 육지로 향했다. 연구자들은 플라스틱에 담긴 퇴적 샘플을 보트에서 내렸다.

문서로 기록할 수 없던 시대에 호수는 왕과 노예, 큰 전투, 날씨와 기근에 대한 지구의 기억이다. 이런 작은 호수의 층들이 낯선 시대의 이야기를 들려줄 것이다. 수 세기에 걸쳐 숲, 들판, 초원의 꽃가루가 호수로 날아와 점토, 나뭇잎, 이끼, 나뭇가지, 모래와 섞였다. 연구자들은 한층 한층 연구하면서 기후에 대한 흥미로운 이야기를 밝혀낸다. 호수로 흘러든 물에는 따뜻했던 해, 홍수, 인간이 끊임없이 변화시킨 자연의 흔적이 담겨 있다. 샘플은 지난 1만 년의 기록을 담고 있지만 연구자들은 특히 로마시대부터 소빙하기까지, 즉 기후가 변동했던 시기에 관심이 많다. 이런 점에서 요고트예르네트는 우연히 선택된 것이 아니다. 연구자들은 5세기에 라크네하우겐이 세워질 당시의 기후에 대한 지식을 찾고 있다.

샘플을 채취한 지 1년이 조금 지난 지금, 나는 오슬로대학의 프랑스 기후 연구자인 마농 바자르(Manon Bajard)와 함께 앉아 있었다. 그녀는 노르웨이에 온 지 2년이 되었으며 지난 1년간 요고트예르네트의 호수 샘플에 대해 면밀히 연구해왔다. 바자르는 바이킹 프로젝트의 일원이다. 바이킹 프로젝트란 최근 역사에 대한 새로운 지식을 얻기 위해 기상학자, 지질학자, 역사학자, 고고학자 등이 참여하는 학제 간 프로젝트이다. 그녀는 화면으로 밝은 갈색과 짙은 갈색 층이 번갈아 나타나는 샘플을 보여주었다. 이 샘플의 성분들을 분석하고, 꽃가루와 포자를 조사하고, 모든 모래 알갱이까지 꼼꼼히 살펴보았다. 무엇보다 칼슘과 티타늄의 비율을 살펴보면 퇴적물이 퇴적될 당시의 온도를 알 수 있다. 기온이 따뜻하면 생물학적 생산이 증가하고 호수에 사는 유기체가 더 많은 칼슘을 흡수한다. 이 생물들이 죽어서 호수 바닥으로 가라앉으면 퇴적물로 남게 되는 것이다. 물론 이것은 기후변화에 대한 간접적인 증거일 뿐이다. 퇴적물은 대리지표이기 때문에 직접적으로 온도나 강수량을 측정한 것은 아니지만 기후의 역사를 알아보는 데 도움이 된다. 칼슘의 양으로 지난 2,000년 동안 대략 4개의 기후 시대로 나눈다. 따뜻한 로마시대(0~300), 후기 고대 한랭기(300~800), 따뜻한 중세(800~1300), 소빙하기(1300~1850). 이는 북반구에 대한 다른 연구 결과와 대체로 일치한다.

지난 2,000년의 기후 역사가 특히 중요한 이유는 무엇일까? "과거에 따뜻했다면 오늘날의 온난화도 자연스러운 현상일 수 있다"는 일부 기후 회의론자들의 주장을 두고 여러 차례 논쟁이 벌어졌다. 그중에 1999년 미국 연구자 마이클 만(Michael Mann)이 발표한 하키 스틱 그래프가 가장 큰 논란을 불러일으켰다. 그는 주로 북반구의 나무 나이테에서 여러 가지 대리지표를 수집했다. 그래프에 따르면 소빙하기와 중세 온난기의 기온 변동은 인간이 초래한 온난화에 비하면 사소한 것으로 보였다. 기후 회의론자들뿐 아니라 동료 연구자들도 비판을 제기했다. 그래프가 조작되었다는 의혹이 불거졌는데, 불확실성이 충분히 설명되지 않은 데다 무엇보다 최근 수십 년간의 기온이 과장되었다는 것이었다. 결국 이 연구를 검토하기 위한 특별위원회가 구성되었다. 하키 스틱 그래프는 "과학계에서 가장 정치화된 그래프"라고 불리게 되었다.

최근 몇천 년간의 온도 재구성을 통해 훨씬 더 불규칙한 곡선이 나타났다. 마이클 만도 자신의 그래프를 업데이트했고 소빙하기와 따뜻한 중세시대의 기후변화가 훨씬 더 명확히 드러났다.[3] 하지만 메시지는 거의 동일했다. 현재의 온난화는 독특한 현상이며, 전 세계에서 동시다발적으로 일어나고 있다는 것이다. 이 그래프에는 미세한 차이점과 세부 사항이 담겨 있으며, 곡선들은 과거에도 기후가 상당히 변화했음을 보여준다. 기후 위기는 자주 찾아왔으며, 이는 취약한 농경사회에 영향을 미쳤고 전쟁과 분쟁을 초래했다. 인류의 최근 역사에서 기후는 우방이 되기도 하고 적이 되기도 했다. 이것이 바로 바자르가 로메리케에서 밝히고자 하는 핵심이다. 기후는 언제 실제로 변했는가? 그 변화는 얼마나 광범위했는가? 그리고 그 결과는 무엇이었을까?

바자르는 특히 200~1300년에 관심이 많았다. 호수 퇴적층의 화학적 신호를 통해 200년부터 300년까지 초기 시대에는 오늘날처럼 따뜻한 해가 많았음을 알 수 있다. 호수 주변에서 밀이 광범위하게 재배되었다는 것은 기후가 좋았다는 또 다른 증거이다. 이 시기는 로마제국이 초강대국이었던 기원전 300년부터 기원후 300년까지의 온난기로 로마시대의 기후 최적기이기도 하다. 최근 발표된 연구에 따르면 석순과 나이테는 서기 21년부터 80년까지 유럽이 특히 따뜻했음을 보여주는

데, 실제로 이 시기의 기온은 1971~2000년의 평균기온보다 높았다.[4]

로마시대의 기후 최적기 동안 강수량도 끊임없이 변화했다. 이집트의 파피루스 기록에 따르면 옥타비아누스(아우구스투스 황제)가 이집트를 점령한 기원전 30년에 생명수와 같은 나일강의 범람이 정기적으로 발생했으며, 서기 115년 이후에는 해가 갈수록 그 횟수가 줄어들었다고 한다. 천문학자 프톨레마이오스는 120년경 알렉산드리아의 날씨에 대한 기록을 남겼는데 당시에는 많은 비가 내렸다고 한다. 북아프리카는 로마제국의 곡창지대였기 때문에 기후가 매우 중요했다. 지중해 연안인 이스라엘 소렉 동굴의 석순을 분석한 결과, 100년에서 400년 사이에 기후가 더 건조해진 것으로 나타났다. 이는 사해의 수위가 10~15미터 낮아진 시기와 일치한다. 팔레스타인에서는 210년에서 220년, 311년에서 313년 사이에 가뭄이 발생해 농작물의 수확량이 줄었다는 기록이 있다. 이러한 기후변화가 주된 원인은 아니었을지라도 일부 역사가들은 기후변화가 제국의 몰락에 기여했다고 주장한다.[5] 그러나 로마의 온난기는 전 세계적인 현상이 아니었다. 특히 북아메리카와 유럽이 기원후 초기에 따뜻한 기후의 혜택을 누렸다.

바자르가 손가락으로 화면을 가볍게 쓸어 넘기며 300년부터 칼슘 수치가 뚜렷하게 떨어지기 시작했음을 보여주었다. 이는 기후가 서늘해졌다는 뜻이다. 800년까지 변덕스럽지만 대체로 추운 기후가 지속되었음을 나타낸다. 후기 고대의 한랭기라고도 알려진 이 시기에는 기록된 역사상 최악의 한파가 발생했다.

세계 최악의 해

동로마제국의 역사가 프로코피오스는 536년에 "매우 무서운 징조가 나타났는데, 태양빛이 힘없이 발산되어……점점 더 일식처럼 보였다"라고 기록했다. 화산이 화산재 구름을 대기 중으로 내뿜어 하늘을 붉게 물들이고 태양빛을 가렸다. 불과 4년 후, 엄청난 규모의 새로운 화산 폭발이 전 세계를 강타했다. 547년에도 또 다른 화산이 폭발했다. 이 기간 동안 지구에 도달하는 태양복사량이 약 10퍼센트 감소한 것으로 추정된다. 역사적 자료는 불완전하지만 그린란드 빙핵에서는 화산에서 나온 황산염이 풍부한 층들이 발견되었다. 정확히 어느 화산인지는 알지 못하지만, 아마도 인도네시아와 아이슬란드 등에서 일어난 화산 폭발로 지난 2,000년 동안 유례없는 한랭기가 시작되었다.

중세 역사가 마이클 맥코믹(Michael McCormick)은 536년을 "살아 있는 동안 최악의 해"라고 불렀다. 그해 기온이 몇 도나 떨어지면서 우리 연대기에서 가장 추운 10년이 시작되었다. 몇 년 전에는 '고대 소빙하기'(536~660)라는 개념이 도입되기도 했다. 러시아 알타이산맥과 알프스산맥의 낙엽송 나이테에 따르면 특히 540년대의 여름은 비정상적으로 추웠는데, 20세기 말보다 최대 3도나 더 낮았다.[6]

중국에서는 여름에도 눈이 내려 농작물은 흉작을 겪었고 사람들이 굶주리면서 정치적, 경제적 혼란이 촉발되었다. 소빙하기의 차가운 공기가 동로마제국을 변화시켰다는 과감한 주장이 제기되기도 했다. 당시 사산왕조(페르시아제국의 후신)도 무너지고 아바르족은 흑해로 진출했다. 아시아 대초원에서부터 이주가 활발해졌고 중국에서는 위나라가 멸망했다. 541년 로마제국을 강타한 유스티니아누스 전염병의 이름은 당시 로마를 통치하던 아우구스투스 황제의 이름을 딴 것이다. 이 전염병도 추운 시기에 발생했다. 전염병이 퍼진 것은 우연이 아니었다. 수년간의 흉작으로 인해 사람들이 영양실조로 면역력이 약해졌을 수도 있고, 악천후로 인해 사람들이 실내에 밀집해 생활하면서 전염병이 더 쉽게 퍼진 것일 수도 있다.[7]

일부 역사가들은 이 혹독하고 추운 시기를 북유럽 신화에 나오는 핌불베트르(fimbulvetr)와 연관 지어 설명하기도 한다. 핌불이라는 단어는 13세기에 쓰인 《스노리 에다(Snorra Edda)》(스노리 스투를루손)와 같은 문헌에 등장한다. 핌불은 '강하고 단단하며 긴'이라는 뜻이고, 베트르는 '겨울'이라는 뜻이다. 스노리는 세상의 마지막 전투인 라그나로크가 시작되기 전에 여름이 없는 세 번의 겨울이 있었고, 이 기간 동안 리브(Liv)와 리브트라세(Livtrase) 두 인간을 제외한 지구상의 모든 생명체가 종말을 맞았다고 묘사한다.

다른 연구들과 마찬가지로, 마농 바자르가 요고트예르네트 호수에서 채취한 코어는 이때가 스칸디나비아에서도 어려운 시기였음을 보여준다. 536년경에 이 지역의 기온이 떨어졌다.[8] 호수의 퇴적층에서 전염병, 이주, 전쟁의 드라마 같은 사건 전체를 읽을 수는 없지만 그 윤곽을 알아볼 수 있는 다른 이야기를 들려준다. 바자르의 연구에 따르면 기온이 낮아지면서 농업이 변화했다. 그녀는 꽃가루 다이어그램을 온도 곡선과 비교한 결과 독특한 패턴을 발견했다. 따뜻한 시기에는 곡물 농사가 더 많았고 추운 시기에는 목초지가 늘어났다.[9] 추운 여름은 해마다 수확량 감소로 이어졌고, 결국 사람들은 풀이 자라게 해서 가축에 의존하게 되었다.

바자르는 또한 호수 퇴적층의 납 함유량을 분석하여 그린란드의 빙핵에서 발견된 기후 추세와 다르지 않음을 밝혀냈다. 로마시대에는 경제활동이 활발해지면서 납 함량이 높았지만, 3세기 내내 감소했고 후기 소빙하기에는 납 함량이 낮았다는 것이다. 납 수치가 다시 급격히 상승한 것은 800년 바이킹 시대가 시작되면서부터였다.

농부들은 서늘한 날씨에 곡물 재배를 줄이고 가축 사육에 더 집중하면서 5세기에는 농업뿐 아니라 사회 환경도 변했다. 많은 농장들이 버려졌고 숲이 방목지가 되었다. 많은 노동력을 필요로 하는 대규모 농장은 소규모 농장으로 나뉘었다. 고고학자들은 이 시기의 고분이 더 적었고, 이전이나 이후 시기보다 유물도 훨씬 적었다고 말한다. 금속 또한 적게 발견되었고 장신구도 정교하지 못했다. 그럼에도 5세기에 매장된 금으로 만든 보물이 여러 곳에서 발견된 것은 모순처럼 보이기도 하지만, 대부분의 마을 무덤이 이 시기에 만들어졌다는 사실에 비춰보더라도 어려운 시기였음을 알 수 있다.[10] 이것이 기후변화와 전염병 때문인지는 알 수 없다. 다른 요인도 영향을 미쳤을 수 있다. 무역의 붕괴로 인해 위기가 촉발되었거나 악화되었을지도 모른다. 수백 년 동안 비료

없이 집중적으로 농사를 지어 토양이 고갈되었다는 가설은 많지만 그 해답은 여전히 모호하다.

바자르와 동료들은 라크네하우겐 고분이 언제 만들어졌는지 밝히려고 노력하고 있다. 제2차세계대전 당시 고고학자들은 이미 요고트에르네트 호수에서 이 거대한 고분을 발굴했다. 고고학자들은 최소 7만 5,000개의 통나무가 기발한 방식으로 쌓여 있었으며 이 특별한 목재에는 한두 가지 비밀이 숨겨져 있다는 사실을 밝혀냈다. 통나무의 연대를 측정한 결과 5세기에 벌목된 것으로 나타났다. 나이테는 같은 해에 벌목되었음을 보여준다. 특히 좁은 나이테 하나가 눈에 띄는데, 숲이 벌목되고 고분이 세워지기 불과 16년 전에 여름이 시원했음을 나타낸다. 그해가 536년, 즉 '세계 최악의 해'였을 가능성이 있다. 라크네하우겐 아래에는 족장이나 왕과 같은 높은 신분의 인물이 묻혔을 것으로 추정된다. 하지만 왜 그렇게 거대하게 만들었을까? 날씨의 신을 달래기 위해서였을까? 아직 미스터리로 남아 있지만 라크네하우겐은 철기시대의 위대함과 공동체 정신의 상징이다.

바자르는 요고트예르네트 호수에서 기후에 관한 이야기를 읽어냈다. 사람들이 추위에 힘들게 적응해가는 사이에 기후는 다시 변화했다. 800년에는 기온이 상승하기 시작해 곡물 재배가 다시 활발해졌다. 많은 사람들이 중세 온난기라고 부르는 시기가 시작된 것이다.

발할라로 가자

이끼로 뒤덮인 화강암과 편마암으로 이루어진 돌담만이 과거의 웅장한 모습을 간직하고 있다. 그린란드 최남단에 위치한 흐발세위 교회 유적은 잔잔하고 차가운 피오르와 황량하고 어두운 산 사이의 푸른 초원에 자리하고 있다. 내륙으로 몇 마일 더 들어가면 빙하가 피오르로 갈라져 있다. 1408년 9월 16일, 시그리드 뵤른스도티르와 토르스테인 올라프손이 이곳에서 결혼식을 올렸다. 그들은 아이슬란드로 가는 도중 길을 잃고 서쪽 멀리 떨어진 이 섬에 도착했다.[11] 그 후 그들은 죽어서 백골이 되었고 농장은 폐허가 되어 흐발세위 교회의 기초만 남았다. 하지만 그들의 결혼식은 잊혀지지 않았다. 이 결혼식은 그린란드에 정착한 북유럽인들에 대한 마지막 기록이다. 거의 500년 동안 그들은 혹독한 기후 속에서 살아남았지만, 결국 세계 역사상 가장 유명한 실종 사건 중 하나로 기록될 만큼 흔적도 없이 사라졌다. 몇 가지 중요한 질문이 제기된다. 왜 사라졌을까? 그리고 기후는 어떤 역할을 했을까?

981년, 에이리크 라우디는 추방당한 신세로 아이슬란드에서 서쪽으로 항해하고 있었다. 그는 이웃 농장의 토르게스트가 의자 다리 받침대를 빌려 갔다 돌려주지 않은 것에 격분해서 그 아들 둘과 다른 몇 명을 죽였다. 또한 아이슬란드에서는 외율프 사우르와 홀름강게 라븐도 죽였으며, 그 전에는 예렌에서도 살인 사건에 연루되어 나라를 떠나야 했다.

에이리크는 한 가지 목표가 있었다. 군뵤른 울프손이 노르웨이와 아이슬란드 사이를 항해하던 중 우연히 발견한 서쪽의 땅을 찾고 싶었다. 바다를 가로지르는 여정에서 에이리크는 마침내 빙하가 흘러내려 만들어진 피오르를 발견했다. 목적지에 도달한 것이다. 그는 서쪽의 땅을 3년 동안 탐험한 후 아이슬란드로 돌아왔고 새로 발견한 그 섬의 이름을 그린란드라고 지었다. 에이리크는 이 나라에 좋은 이름이 붙으면 사람들이 그곳으로 이주하고 싶어 할 것이라고 생각했다. 985년, 그는 다시 그린란드를 향해 항해했다. 그의 홍보가 효과가 있었는지 많은 사람들이 그를 따라나섰다. 아이슬란드에서 출발한 배는 25척이었지만 14척만이 목적지에 도착했다. 에이리크는 흐발세위에서 피오르 내륙으로 조금 더 들어간 브라탈리드에 이르렀다. 이곳은 에위스트리뷔그드라고 불리며 대규모 북유럽 식민지의 기반이 되었다. 또한 아이슬란드 사람들은 그린란드 남서부 해안을 따라 북쪽으로 항해하여 베스트리뷔그드라고 불리는 지역에 정착했다. 그들은 소나무 덤불과 난쟁이 자작나무를 태워 땅을 개간하고, 소, 양, 염소, 심지어 돼지도 데려왔다. 600개의 농장의 흔적이 발견되었다. 13세기에는 이 섬에 최대 2,000명이 살았으며 대부분은 에위스트리뷔그드에 살았고 베스트리뷔그드에는 몇백 명만이 살았다.

장비를 잘 갖춘 장거리 선박 덕분에 북유럽 탐험가들은 몇 주 동안 바다를 항해할 수 있었다. 그들은 북대서양에 있는 여러 상륙지 중 하나인 그린란드에 정착했다. 그보다 100년 전인 874년, 잉골브 아르네손(Ingolv Arnesson)은 아이슬란드에 최초의 정착촌을 세웠다. 에이리크 라우디의 아들 레이프 에이릭손은 1000년경에 북아메리카를 발견하고 빈란드(Vinland)라고 불렀다. 이 시기에 이러한 탐험이 이루어졌다는 사실은 결코 우연이 아니다. 그린란드의 식민지화는 이 시기에 북반구를 특징지었던 온화한 기후 덕분이었다.

저명한 기후학자 휴버트 램(Hubert Lamb)은 중세 영국에서 대규모로 포도 재배가 이루어졌다는 것을 일찍이 기록으로 남겼다. 생산을 많이 한 덕분에 귀한 포도주를 프랑스에 수출할 정도였다. 여름은 덥고 건조했으며 봄에는 서리가 거의 내리지 않아 포도가 자라기에 좋았다.[12] 기후가 온화한 덕분에 다른 유럽 지역에서도 작황이 좋았다. 램은 스칸디나비아에서 곡물 재배가 북쪽으로 퍼져 나가고 바이킹 시대에 노르웨이 북부가 자급자족하게 되었다고 기록했다. 램은 영국 농부들이 어떻게 더 높은 고도에서 곡물을 재배했는지 분석했다. 인구가 증가함에 따라 풍작으로 인한 수확은 12세기와 13세기에 유럽의 위대한 대성당 건설로 이어졌다. 샤르트르대성당, 노트르담대성당, 쾰른대성당이 모두 이 시기에 착공되었다.

램이 연구 결과를 발표한 이후 중세시대의 온난기를 설명하는 수천 편의 과학 논문이 발표되었다. 이 논문들은 유럽의 많은 지역에서 800년에서 1300년까지 기후가 더 따뜻했다고 밝혔다. 당시 수목한계선은 오늘날보다 최소 100미터 이상 높았으며 빙하가 후퇴하고 북극해는 더 따뜻했다.

2012년, 한 연구팀이 스칸디나비아 북부의 587개의 소나무 나이테를 분석하여 지난 2,000년 동안의 여름 기온을 재구성했다. 그 결과 중세시대의 기온이 20세기보다 0.5~1도 더 높았다는 사실을 발견했다. 최근 수십 년 동안 우리가 경험한 기온 상승과 비교해볼 때 온난 기후 최적기의 몇십 년은 현재와 비슷하게 따뜻했다.[13] 농업이 발전하는 데는 그다지 많은 것이 필요하지 않았다. 당시 날씨의 신들은 유럽인들에게 미소를 보냈다. 이러한 온도 변화는 북유럽 동굴의 석순에 대한 동위원소 분석으로도 확인되었다. 연구자들은 고대 후기의 냉각기를 거쳐 중세시대에 온난기로 바뀌었다는 사실을 밝혀냈으며 1200년경에 기온이 최고점에 달했다.[14] 이 시기를 온난기라고 부르지만 기후가 늘 좋기만 했던 것은 아니다. 스노리 스투를루손의 기록에 따르면 1020년 비야르코이에 사는 토레 훈드의 조카 아스뷔외른 셀스바네는 몇 년간 연이은 흉작으로 연례 축제를 열기가 어려웠다고 한다. 사람들이 자주 하는 질문이 있다. 과연 이 온난기가 전 지구적인 현상이었을까?

스위스의 과학자 라파엘 뉴컴(Raphael Neukom)과 동료들은 이 시기에 대한 전 세계의 수많은 연구를 종합해보았다. 산호, 나이테, 호수 퇴적물, 해저 퇴적물, 동굴의 석순, 빙핵 및 빙하를 분석한 결과 중세 온난기는 전 세계적으로 동시에 발생한 것이 아니었다. 지역마다 최고 기온에 도달한 시기가 달랐다. 예를 들어 11세기에는 유럽과 북미의 동해안이 가장 따뜻했던 반면, 14세기에는 남미와 남극 일부가 가장 따뜻했다.[15] 그렇기 때문에 이 온난기를 오늘날의 온난화와 비교할 수 없다. 현재의 온난화는 전 세계적으로 동시에 발생하고 있다고 뉴컴은 강조한다. 중세시대의 기후변화는 지역별로도 다양했다. 유럽은 더운 여름을 즐겼지만 다른 지역에서는 장기간의 가뭄으로 고통받았다. 약간의 비만으로도 삶과 죽음, 기아와 풍요가 나뉘었다. 기후는 영웅이자 악당이었다.

스페인의 정복자들이 지금의 멕시코와 과테말라의 정글을 탐험하던 중 버려진 거대한 건물 폐허를 발견했다. 강력한 마야제국의 건물이었는데, 왜 도시들이 버려졌던 것일까? 독일의 학자 게랄트 하우그(Gerald Haug)는 카리브해 남부의 카리코 분지에 있는 해저 퇴적층을 연구했다. 화학원소인 티타늄은 육지에서 바다로 운반되는 퇴적물의 양을 알려주는데, 그는 이러한 방식으로 강수량이 얼마나 변화했는지 알아냈다. 티타늄이 거의 없는 시기는 물의 흐름이 적었다는 뜻이다. 반대로 티타늄이 많았던 시기는 물의 흐름이 많았다는 뜻이다. 이를 통해 그는 도시가 버려진 시기와 비슷한 810년, 860년, 910년경에 각각 몇 년 동안 큰 가뭄이 있었음을 밝혀냈다. 이러한 가뭄은 경직된 정치체제와 내부 갈등과 함께 고대 마야문명이 붕괴하는 데 영향을 미쳤을 것으로 추정된다.[16]

가뭄은 아마도 여러 사회를 무너뜨렸을 것이다. 오늘날 콜로라도에는 아메리카 인디언인 푸에블로족이 건설한 메사 베르데(Mesa Verde)의 신비로운 절벽 마을이 있다. 차코 밸리(Chaco Valley)의 돌출된 절벽 아래에는 작은 마을이 있는데 수백 년 동안 사람들이 살았지만 결국 버려졌다. 이 지역에서 채굴하던 터키석 무역이 쇠락했기 때문일까? 아니면 이 사람들이 숲을 과도하게 훼손했기 때문일까? 아마도 가장 가능성이 높은 원인은 기후변화이다. 푸에블로족은 정교한 관개시설을 구축했지만 가뭄이 반복되면서 이 지역을 떠날 수밖에 없었다. 캘리포니아의 모노 호수와 같은 대형 호수에서도 가뭄의 흔적이 남아 있다. 1000년과 1250년경에는 엘니뇨와 라니냐로 인해 수위가 현재보다 10~15미터 정도 낮았다. 이러한 문명의 붕괴로 보아 휴버트 램이 온난기라고 부르는 시기에 기온만 변화한 게 아니다. 따라서 오늘날의 관점에서 보면 오히려 중세시대가 이상 기후라고 할 수 있다.

중세시대의 기후가 대체로 인간에게 호의적이었어도 에이리크 라우디의 그린란드는 비옥하지도, 울창하지도 않았다. 당시 섬의 75퍼센트는 지금처럼 얼음으로 덮여 있었다. 이 섬에서 북유럽인들은 가축과 양, 염소를 키웠지만 스칸디나비아식 생활방식을 계속 유지하려고 했던 것은 아니다. 특히 디스코만 북쪽의 대규모 바다코끼리 무리 근처에 전략적으로 자리 잡은 베스트리뷔그드에서는 주로 사냥을 해서 생계를 유지했다. 하지만 500년이 지나자 모든 것이 끝났다. 흐발세위 교회의 결혼식 기록은 1408년에 거기 살았던 북유럽인들의 삶에 관한 마지막 이야기다. 1540년 함부르크에서 출발한 배가 항로를 잃고 그린란드 앞바다에 표류하자 선원들은 해변으로 향했다. 그들은 버려진 농장과 죽은 북유럽인들을 발견했다. 북유럽 정착민들은 그 섬에서 사라진 것이다. 이들이 멸망한 원인은 여전히 미스터리다. "기후가 더 추워져서 죽었다"는 것이 일반적인 생각이지만 단순히 그 때문일까?

빙하의 습격

700년 전 흐발세위 교회에 모여 이야기를 나누던 사람들은 먼 훗날 자신들이 사라져버린 사건에 대해 많은 연구가 이루어지리라고는 상상도 하지 못했을 것이다. 미래의 어느 날 과학자들이 쓰레기 더미를 뒤지고 상상할 수 있는 모든 방법을 동원해서 발굴한 뼈를 분석하며 그들에게 실제로 무슨 일이 일어났는지 알아내려고 할 줄 생각이나 했겠는가? 수많은 발굴 작업과 연구를 통해 비록 불명확하고 모호하긴 하지만 사라진 사람들에 대한 그림을 그릴 수 있었다.

그린란드에 정착한 북유럽인을 연구한 대표적인 학자 중 한 명은 덴마크의 고고학자 예테 아르네보르그(Jette Arneborg)이다. 몇 년 전 그녀는 이 섬에서 발견한 27구의 유골에서 뼈를 수집했다.[17] 그녀는 브라탈리드와 가르다르에서 에위스트리뷔그드의 남쪽 끝 헤뢸프스네스와 베스트리뷔그드의 산네스에 이르기까지 공동묘지와 무덤을 샅샅이 뒤졌다. 그녀는 뼈의 질소 및 탄소 동위원소를 연대 측정하고 분석하여 식습관을 파악한 결과, 북유럽 정착민들의 죽음에 얽힌 수수께끼의 해답에 가까이 다가갈 수 있었다. 뼈가 전하는 조용한 메시지는 북유럽인의 식습관이 변화했다는 것이다. 처음에는 주로 육류와 유제품으로 구성된 그들의 식단은 14세기에 생선, 고래, 그리고 가장 중요한 바다표범과 같은 해산물로 바뀌었다. 처음에는 식단의 20퍼센트만이 해산물이었지만 나중에는 80퍼센트로 증가했다. 북유럽인들의 생활방식에 변화가 일어난 것이다. 아르네보르그는 이러한 결과를 농업이 실패하고 가축이 줄어들면서 북유럽인들이 육류와 유제품을 덜 먹게 된, 즉 힘든 시기를 겪었음을 나타낸다고 해석했다.

식량이 부족했던 흔적은 그린란드인들의 쓰레기 더미에서도 나타난다. 고고학자들은 가장 최근에 발굴한 지층에서 골수를 추출하느라 부서뜨린 가축의 뼈를 발견했다. 모든 칼로리는 금처럼 귀했다. 가장 최근에 형성된 맨 위의 지층에서 잘린 자국이 있는 개의 뼈가 발견되었다. 고고학자들은 마지막 주민들이 결국 농장의 개를 잡아먹었을 것이라고 생각했다. 고고학자 토머스 맥거번(Thomas McGovern)은 "끝이 가까워질수록 그린란드인들의 상황이 악화되었다"고 말했다.

1990년대에 연구자들은 이갈리쿠 피오르의 맨 끝에서 3미터 길이의 해저 코어를 채취했다. 이 코어를 따라 에위스트리뷔그드의 여러 농장이 자리 잡고 있었다. 기후가 어떻게 변화했는지 알아보기 위해 연구진은 죽은 미생물이 섞여 있는 점토, 모래, 자갈 층을 연구했다. 기록된 자료가 없는 상황에서 이 유기체들은 유일한 증인이었다. 덴마크의 연구원 카린 옌센(Karin Jensen)은 특히 핀 크기의 규조류를 연구하는 데 열중했다. 이러한 유기체를 통해 기후변화의 역사를 밝혀낼 수 있다. 일부 규조류는 해빙 근처에서 번성하는 반면, 다른 규조류는 따뜻한 바다에서 더 흔히 발견된다.[18]

옌센은 코어에서 다양한 해조류의 양이 센티미터 단위로 어떻게 달라지는지 살펴봄으로써 흥미로운 패턴을 발견했다. 9세기부터 13세기 중반까지 피오르에 해빙이 줄어들었다는 사실이다. 이것은 그린란드에 정착촌이 번성했던 중세의 온난기와 일치한다. 비록 기후가 대체로 온화했지만 960년과 1080년에는 짧은 냉각기가 있었다. 그 후 옌센은 규조류의 수와 밀도를 측정해서 14세기에 기후가 불안정한 과도기가 있었음을 밝혀냈다. 이 시기에 날씨는 더 추워지고 바람은 더 강해졌으며 해빙이 두꺼워지면서 피오르는 1년에 6개월 이상 얼음이 덮여 있었다. 옌센이 중요하게 지적했듯이, 기후가 악화된 시기는 섬 북부의 주민들이 본격적으로 어려움을 겪은 시기와 일치한다.

해빙이 그린란드 해안을 따라 형성되었다는 사실은 이 시기의 역사 자료에도 나타난다. 13세기 노르웨이 문학 작품 《왕의 거울》에는 1250년에 빙판이 짙게 덮였고, 1342년에는 해빙으로 인해 아이슬란드에서 그린란드로 향하던 기존 항로가 바뀌었다고 기록되어 있다.[19] 해빙은 사냥과 무역을 모두 방해했다. 얼음이 두꺼워졌을 때 작은 배로 출항하는 것은 매우 위험한 일이다. 1492년 교황 알렉산데르 6세는 "바다가 얼어서 그 나라(그린란드)로 가는 배는 매우 드물고, 80년 동안……해안에 정박한 배가 없었다"라고 우려의 편지를 썼다. 고래잡이와 탐험가들만이 얼음 장벽을 뚫을 수 있었다. 18세기가 되어서야 덴마크인들은 섬에 작은 전초기지를 다시 세울 수 있었다. 아이슬란드도 기후 악화의 영향을 받았다. 여름 내내 해빙이 남아 기온이 차가운 탓에 농작물과 가축이 피해를 입었다. 아이슬란드의 역사는 "불과 얼음과의 천년 전쟁"으로 요약될 수 있다.[20]

중세 말기로 갈수록 폭풍 또한 더 빈번하고 강력해졌다. 연구자들은 그린란드 빙핵을 통해 이를 확인할 수 있다. 15세기부터 얼음층에는 나트륨과 염소가 점점 더 많아졌는데, 이는 폭풍의 규모가 커지고 바다와 거대한 빙상을 가로질러 소금이 유입되었음을 나타낸다. 더 많은 폭풍과 해빙, 유빙은 그린란드에 정착한 북유럽인들의 삶을 더 어렵게 만들었다. 해빙이 생기면 바다표범 사냥과 무역을 위해 배를 띄울 수 없고, 폭풍이 불어닥치면 작고 취약한 식민지는 치명타를 입었다. 최근의 연구에서는 섬 남쪽에 있는 호수의 퇴적물 코어를 분석한 결과 중세시대에 기후가 더 건조해져서 추가적인 부담이 가해졌다고 주장한다.[21]

더 차갑고 불안정한 기후는 식량 부족을 초래했다. 눈이 많이 내리는 겨울과 봄이 길어 방목 기간이 짧아졌고 여름은 지나치게 습하거나 건조해 건초를 만들기 어려웠다.[22] 또한 침식으로 내륙의 경작지가 황폐해져 가축을 사육하기도 힘들었다. 예테 아르네보르그의 뼈 연구에서 알 수 있듯이 그린란드 사람들은 바다표범 고기와 생선을 점점 더 많이 먹어야 했다. 기후가 악화될수록 사냥과 낚시에 더 많이 의존하게 된 것이다. 두꺼운 해빙과 폭풍으로 바다표범 사냥조차 힘들어지는 상황은 북유럽인들에게 재앙과도 같았다. 점점 더 예측할 수 없는 기후로 인해 해마다 계획을 세울 수도 없었다. 농업을 기반으로 하는 작은 공동체에서 기후로 인한 고통이 한계점에 다다른 중요한 문제였다. 도움의 손길을 구하기에도 너무 멀리 떨어져 있었다. 대서양을 건너 문명의 외곽에 곡물을 보내는 것은 간단한 일이 아니었다.

13세기에 그린란드의 기후는 더욱 악화되고 불안정해졌지만 북유럽의 정착지를 무너뜨릴 정도였을까? "기후가 더 추워져서 북유럽인들이 멸망했다"는 개념은 이후 다양한 요소를 고려하면서 수정되었다. 에이리크 라우디가 섬의 남쪽에 도착했을 때만 해도 이 지역에는 사람이 살지 않았다. 그러다 점차 툴레족이나 이누이트족이 북쪽과 서쪽에서 이주해 왔다. 사가 시대(Saga, 고대 북유럽의 서사문학이 형성된 시기)의 기록은 이후 고고학 발굴을 통해 확인되었다. 이누이트족은 14세기에 베스트리뷔그드 인근 피오르의 끝자락에 정착했다. 북유럽인들은 이들을 스크렐링족(Skrælings)이라고 불렀다. 이들은 서로 교역을 했지만 그다지 우호적인 관계는 아니었다. "스크렐링족은 그린란드인을 공격하여 18명을 죽이고 두 소년을 노예로 잡아갔다"라고 아이슬란드의 문헌에 기록되어 있다. 14세기 중반에 이바르 바르다르손(Ivar Bardarson)은 "이제 스크렐링족은 베스트리뷔그드 전체를 고립시켰다"라고 기록하고 있다. 이 섬의 자원이 더 이상 북유럽 정착민들만의 것이 아니었다는 뜻이다. 추운 북쪽의 생활에 훨씬 더 잘 적응한 이누이트족은 북유럽인들을 공격했을 뿐만 아니라 바다표범 사냥도 방해했다. 이 갈등은 베스트리뷔그드 정착민들에게 특히 치명적이었다. 북유럽인들은 인구가 적었고, 대규모로 무리를 지어 사냥하다 보니 인명 피해가 컸다. 반면 이누이트족은 소규모로 사냥을 했기 때문에 피해가 훨씬 덜했다.

기후가 악화되고 이러한 갈등이 심화되면서 15세기에 바다코끼리 엄니의 가격은 폭락했다. 목재, 철, 곡물을 전적으로 수입에 의존하던 북유럽 개척자들에게 바다코끼리의 귀중한 엄니는 중요한 거래 상품이었다. 귀중한 엄니를 실은 배들이 연이어 유럽 본토로 운송되었다. 우크라이나 키예프에서는 그린란드에서 4,000킬로미터 떨어진 곳에서 운반된 바다코끼리의 두개골이 발굴되기도 했다. 이 무역이 얼마나 중요한지는 1327년에 작성된 문서에도 나타난다. 베르겐에서는 260마리의 바다코끼리로부터 얻은 엄니가 6년 동안 아이슬란드 농장 4,000곳에서 왕에게 보낸 양털 옷을 모두 합친 것과 맞먹는다고 평가했다. 15세기 시베리아의 바다코끼리와 아프리카의 코끼리 엄니가 시장에 넘쳐나자 그린란드의 바다코끼리 엄니 시장은 붕괴되었다. 이 역시 그린란드에 정착한 북유럽인들의 생계 수단을 빼앗아 갔을 것이다.[23]

기후는 더욱 예측하기 어려워졌고 무역은 실패했으며, 이누이트족과의 갈등은 심화되었다. 이러한 요인들이 복합적으로 작용하여 북유럽 정착촌이 붕괴되었다. 그러나 우리는 얼마나 나쁜 상황이었는지 정확히 알지 못한다. 그들이 섬을 떠났다면 왜 사가의 기록에는 그린란드인 무리가 아이슬란드와 노르웨이로 돌아갔다는 기록이 없을까? 그들이 섬에서 죽었다면 왜 고고학자들은 그들의 유품을 거의 찾지 못하는 것일까? 그린란드에 정착한 북유럽인들의 종말은 여전히 미스터리로 남아 있지만 기후가 중요한 역할을 한 것은 분명하다. 이 시기에 유럽의 다른 지역에서도 변덕스러운 기후의 재앙이 있었을 것이다.

사방이 습하고 추운

1315년 부활절 이후 7주 만에 비가 내리기 시작했다. 강이 범람해서 들판은 작은 호수가 되었다. 5월부터 8월까지 여름 내내 비가 계속 쏟아졌다. 가끔씩 햇살이 비치기도 했지만 수확기가 시작될 무렵에도 곡식은 들판에 평평하게 누워 있었고, 가축들은 무릎까지 진흙탕에 잠겨 있었다. 유럽의 많은 지역에서 늦여름은 습할 뿐만 아니라 춥기까지 했다. 곡식은 익지 않았고 물가는 상승했으며 분위기는 절망적이었다. 그리고 사람들은 굶주렸다.

비는 멈추지 않았다. 1316년 봄, 사람들이 곡식을 심으려 할 때 하늘의 수문이 다시 열렸다. 잘츠부르크의 한 목격자는 "마치 대홍수처럼 엄청난 비가 내렸다"라고 불평했다. 농사는 또다시 흉작을 겪었고 연말이 되면서 위기는 더욱 심각해졌다. 프랑스 북부에서는 사람들이 고양이와 개를 잡아먹었다. 교수대에 매달린 시체조차 내버려두지 않았다고 전해질 정도였다. 이질과 설사에 시달리면서 전염병이 돌았다.

1317년, 또다시 습한 여름이 찾아왔다. 교회들은 미사를 열어 신에게 기도를 올렸지만 소용없었다. 끔찍한 날씨는 계속되었고 1318년에는 혹독한 겨울과 비가 많이 내리는 여름이 이어졌다. 불안정한 날씨는 1315년부터 1317년까지 이어진 '대기근'을 초래했다. 따뜻한 중세시대에 인구가 폭발적으로 증가한 후 기후의 역습이 시작된 것이다. 유럽 일부 지역에서는 인구의 10분의 1에 달하는 수백만 명이 굶어 죽었다. 이것은 이후 몇 년 동안 발생한 수많은 기근 중 첫 번째 기근이었다. 기근은 대부분 불안정하고 예측할 수 없는 기후로 인해 발생했다. 이것으로는 충분하지 않다는 듯 1320년과 1322년에는 엄청난 홍수가 네덜란드를 강타했다. 그제야 불안정한 날씨는 잠시 멈췄지만 이것은 시작에 불과했다. 이후 500년 동안 유럽은 예측할 수 없는 냉랭한 기후에 시달렸다.

일부에서는 1315년경의 습하고 비가 많이 내린 시기를 1850년까지 지속된 소빙하기의 시작으로 간주한다. 뾰족한 봉우리를 만들고 거대한 계곡과 피오르를 파내는 등 북반구의 대부분이 형성되었던 빙하기와 이 소빙하기를 혼동해서는 안 된다. 빙하기에는 많은 지역의 기온이 현재보다 최소 10도 이상 낮았으며 유럽과 북아메리카의 많은 지역에서 얼음이 수 킬로미터 두께로 덮여 있었다. 이에 비하면 소빙하기는 작은 물결에 불과하다.

소빙하기가 언제 시작되었는지에 대해서는 논란이 많다. 일부에서는 14세기 이전, 예를 들어 1250년에 그린란드 주변 등 대서양으로 빙하가 확장되었을 때 시작되었다고 주장한다. 훨씬 후인 16세기 중반에 많은 빙하가 생성되기 시작했을 때라는 주장도 있다. 기후과학자들에게 소빙하기가 언제 시작되었는지 물어보면 매번 다른 대답을 들을 수 있다.

소빙하기에 대한 몇 가지 신화가 있다. 지속적으로 추웠을까? 이 시기에는 추운 해가 많았지만 런던 대화재 직전인 1666년과 같이 더운 여름도 있었다. 1789년에는 혹독한 겨울에 이어 프랑스에서는 찌는 듯한 여름이 이어졌다. 이것이 전 세계적인 현상이었을까? 소빙하기는 전 세계적으로 다소 추웠지만 기온이 동시에 떨어지지는 않았다. 가장 추운 시기는 지역마다 달랐다. 유럽은 17세기에 가장 추운 세기를 경험했지만(1961~1990년의 평균보다 약 0.6도 낮았다) 북아메리카는 그렇게 추운 편이 아니었다. 19세기 유럽이 소빙하기에서 벗어나고 있을 때 대서양 반대편은 여전히 서늘했고, 15세기에는 동태평양의 기온이 최저점을 기록했다.

한 가지 분명한 점은 소빙하기의 날씨가 불안정하고 변화무쌍했다는 것이다. 가뭄, 집중호우, 폭풍우, 이른 서리, 추운 겨울 등 오늘날 우리가 기상이변이라고 부르는 시기였다. 기후 위기가 유럽을 강타한 것이다. 강이 범람하고, 농작물은 실패하고, 산사태가 마을을 공포로 몰아넣었다. 13세기에 네덜란드와 독일 해안을 강타한 대홍수가 최소 네 번이나 일어났다. 이로 인해 수만 명이 목숨을 잃었고, 이런 현상은 소빙하기까지 계속되었다. 짠 바다가 육지를 삼켰다. 바다는 네덜란드인에게 '바다의 늑대'처럼 가장 많은 생명을 앗아갔다.

유럽에 비가 쏟아지는 동안 동남아시아에서는 14세기에 몬순이 약해지면서 35년 동안 가뭄이 지속되었다. 이후 몬순이 다시 강해지면서 심각한 홍수가 발생했다. 이 홍수는 현재 캄보디아의 도시 앙코르를 강타했다. 앙코르의 정교한 수로망은 극심한 수위 변화로 인해 휘청거렸고, 가뭄과 홍수가 번갈아 나타나는 기후를 감당할 수 없었다. 결국 앙코르는 버려졌다. 오늘날 정글 속 폐허가 된 이 도시는 웅장한 사원과 건물로 세계 불가사의 중 하나가 되었다. 이 제국의 붕괴 원인은 기후 때문만이 아니다. 아유타야제국과의 전쟁이 격화되는 등 사회경제적, 지정학적 혼란도 15세기 제국의 붕괴에 영향을 미쳤다.

소빙하기 동안 기후 위기가 연이어 발생했다. 지난 1,000년 동안 가장 추웠던 해 중 하나는 1601년이었다. 그해에 러시아는 특히 혹독한 겨울을 맞아 심각한 기근이 발생했다. 프랑스에서는 와인 수확이 늦어 졌고 노르웨이의 옵달과 같은 산악지역에서는 눈이 일찍 내렸다. 9월 초에 눈이 내리기 시작해서 5월까지 사라지지 않았다. 극심한 서리로 농작물은 파괴되었고 흉작이 뒤따랐다. 안데르스 한손(Anders Hanssøn) 은 옵달에 대한 기록에서 여름 내내 '태양빛'이 사라졌다고 불평하면서 "가난한 사람들은 노르웨이어로 돼지뿌리 또는 암퇘지뿌리라고 불리는 일종의 뿌리를 갈아서 빵을 만들어 먹었으며, 80명이 굶어 죽었다" 라고 썼다. 그 후 1601년은 '대기근의 해'라고 불렀다. 옵달과 같은 산악 마을은 농업을 할 수 있는 지역의 한계선에 위치해 있었기에 특히 기후 변동에 취약했다.[24]

17세기 내내 비정상적으로 추운 겨울이 몇 차례 이어졌다. 템스강은 여러 번 얼었는데 얼음이 너무 두꺼워 역사상 보기 드물게 강 위에 겨울 시장이 열리기도 했다.[25] 덴마크와 스웨덴 사이의 외레순해협에도 얼음이 형성되어 1658년 스웨덴 군대가 얼음 위를 걸어서 덴마크를 공격했다. 1800년대에는 1816년 여름이 특히 악명 높았는데, 인도네시아의 탐보라 화산이 폭발했기 때문이다. 화산 폭발로 인해 '여름이 없는 해'라고 불렸다. 무엇보다도 여름이 추웠는데, 메리 셸리(Mary Shelley)는 여름휴가를 제네바 호수로 떠났지만 실내에서 보내야 했다. 그곳에서 그녀와 남편은 공포 이야기로 서로를 즐겁게 해주었고, 소설 《프랑켄슈타인》의 아이디어는 이때 탄생했다. 당시 춥고 눈이 많이 내리는 겨울은 찰스 디킨스의 어린 시절에 영향을 미쳐 훗날 화이트 크리스마스의 이상을 널리 퍼뜨리는 데 기여했다.

　소빙하기에는 겨울 풍경화라는 새로운 장르의 그림이 등장했다. 눈 덮인 풍경과 얼어붙은 강과 호수를 그린 그림은 지금보다 훨씬 추웠던 유럽을 보여준다. 네덜란드 화가 피테르 브뤼헐(Pieter Brueghel)은 16세기 중반에 눈 속에서 사냥하는 사냥꾼, 얼어붙은 강에서 스케이트를 타는 아이들, 눈 덮인 산등성이를 그렸다. 1967년 기상학자 한스 뉴버거(Hans Neuberger)는 9개국 41개 미술관에 있는 1만 2,284점의 풍경화를 검토했다. 그는 하늘의 구름, 가시거리, 하늘의 푸른색을 연구해서 기후 시대에 따라 분류했다. 특히 1550년에서 1849년 사이에는 그 이전과 이후보다 구름이 더 많고 가시거리가 더 짧다는 사실을 발견했다. 뉴버거는 이를 소빙하기가 절정에 달했던 시기의 기후변화와 연관 지었다.[26]

　몇몇 해에 기온이 떨어진 원인은 무엇일까? 불안정한 기후가 유럽과 북아메리카를 휩쓴 원인은 무엇일까? 1756년에 노르웨이의 주교 에리크 폰토피단(Erik Pontoppidan)은 이렇게 설명했다. "땅속에서 피어오르는 수증기와 안개'가 여름의 더위를 '식혀'주고, '습기 많은 바람을 머금은 구름'이 태양을 가렸다. 여름이 이러한 증발로 인해 추워질 수 있기 때문에 매 세기마다 태양이 '다른 때보다 완전히 빛을 비추지 못하는', '아주 추운 해'가 있었다"라고 주장했다.[27] 주교가 살던 시대보다 지금 우리가 더 많이 알고 있지만 그의 말은 일리가 있다. 때때로 태양이 아래에서 올라오는 수증기에 의해 가려지기도 했다. 하지만 지난 2,000년 동안 기후를 냉각시키고 온난화시킨 것은 다양한 요인들의 상호작용 때문이다.

화산, 태양흑점 그리고 미운 오리 새끼

벤저민 프랭클린은 미국 독립혁명의 선구자 중 한 명이자 미국 최초의 프랑스 주재 외교관이었다. 정치가일 뿐만 아니라 저명한 과학자였던 그는 피뢰침을 발명한 것으로 잘 알려져 있다. 1783년, 그는 유럽과 미국 모두에서 비정상적으로 추운 여름을 경험했다. 땅은 일찍 얼어붙었고 눈은 녹지 않고 그대로 쌓였으며 겨울은 평소보다 더 추웠다. 프랭클린은 "유럽과 북아메리카 전역에 안개가 계속 끼는 것 같았다"라고 썼다. 1784년, 그는 처음으로 화산과 지구의 기후 사이에 연관성이 있다는 가설을 제시했다.

프랭클린은 1783년 6월 8일 아이슬란드에서 시작되어 8개월 동안 지속된 라키산의 폭발로 인한 피해를 경험했다. 지각에 25킬로미터 길이의 균열이 생기면서 엄청난 양의 용암이 분출되었다. 화산에서 분출된 화산재는 짙은 안개를 만들어 태양을 차단했고 대량의 이산화황, 염화수소, 불소가스가 공기 중으로 날아들었다. 이러한 가스는 수증기와 함께 에어로졸(작은 입자 또는 물방울)을 형성하여 성층권으로 운반되었다. 에어로졸은 또한 치명적인 혼합물을 만들기도 했다. 산성비가 내려 농작물이 파괴되고 가축이 죽은 것이다. 그로 인해 아이슬란드에서는 인구의 25퍼센트가 기아로 사망했다. 멀리 떨어진 영국에서도 독성가스를 흡입하고 사망한 사람이 2만 3,000명에 달했다. 이 사건은 과학자들이 2억 5,100만 년 전 지구를 강타한 것으로 추정하는 화산의 축소판과 같았다. 당시 화산에서 대량의 유독가스가 분출되어 지구상에 있는 대부분의 생명체가 죽었다.

프랭클린은 화산이 어떻게 화산재와 황산염을 분출하여 지구에 에어로졸 형태의 '선크림' 역할을 하는지 알아보고자 했다. 대기 중의 이 작은 물방울 입자는 햇빛을 우주로 반사시켜 온난화를 줄이는 역할을 한다. 536년에 일어난 화산 폭발로 널리 알려진 것처럼 고대 후기의 소빙하기에는 화산 폭발이 유난히 많았다. 연구자들은 그린란드의 빙핵을 가지고 화산의 대규모 황산화물 방출에 따른 얼음층의 산성도를 측정했다. 연구 결과 1250년부터 1815년까지 따뜻한 중세와 20세기에 비해 훨씬 더 큰 화산 폭발이 있었다.

일부 화산 폭발은 더 추운 시기와 관련이 있는지도 모른다. 1257년 인도네시아의 사말라스 화산 폭발은 소빙하기의 시작을 알렸다. 1600년 안데스산맥의 후아이나푸티나 화산이 폭발해 주변 마을이 용암과 화산재에 휩싸여 1,500명이 사망했다. 다량의 유황이 대기 중으로 분출되어 지구를 냉각시켰다. 그 후 유럽은 몇 년간 해당 세기에서 가장 추운 해였고, 러시아는 역사상 최악의 기근을 겪었다.[28]

가장 유명한 것은 1815년에 일어난 탐보라 화산 폭발로, 역사상 가장 큰 화산 폭발 중 하나이다. 화산재는 대기권으로 40킬로미터나 날아올라 갔으며, 그 이듬해에도 "마른 안개(화산재로 인한 뿌연 대기-옮긴이)"라고 불리는 황산염 성분이 대기층에서 발견되었다. 다음 해는 "여름이 없는 해"로 불렸다. 그러나 기후 시스템은 복잡하다. 탐보라 화산 폭발 이후 유럽과 북미 대부분이 추웠던 반면, 중동과 미국 서부 지역은 따뜻했다. 오늘날과 마찬가지로 당시에도 날씨에 영향을 미치는 요인에 대해 몇 가지 기이한 이론이 등장했다. 예를 들어 1816년에 여름이 추웠던 것은 벤저민 프랭클린이 발명한 피뢰침이 늘어났기 때문이라는 것이었다. 이런 믿음이 널리 퍼지자 당국은 이를 반박하면서 사람들에게 피뢰침을 파손하지 말라고 경고했다.[29]

화산이 지구의 기후에 영향을 미칠 수 있다는 것은 잘 알려진 사실이다. 1991년 필리핀의 피나투보 화산이 폭발한 후, 그해 지구의 기온은 0.5~0.8도 떨어졌다. 이보다 더 극적인 사건은 7만 년 전 인도의 토바 화산 대폭발이었다. 기후 모델의 추정에 따르면 지구의 평균기온이 10도 정도 떨어졌고, 기후 시스템이 안정화되기까지 10년이 걸렸다. 이로 인해 일부 사람들은 대기 중에 입자를 뿌리면 태양빛을 차단해서 지구온난화를 억제할 수 있다고 제안하기도 했다.

일각에서는 오늘날에도 인간이 대기에 배출하는 양보다 화산이 더 많은 이산화탄소를 뿜어내고 있으므로 우리가 배출량을 줄인다고 해도 별 의미가 없다고 주장한다. 지질학적 시간에 따라 화산활동이 변화해왔지만 오늘날 화산에서 배출되는 이산화탄소는 인위적인 배출량에 비하면 무시할 수 있는 수준이다. 2020년 인류는 360억 톤의 이산화탄소를 배출한 반면, 화산은 인위적 배출량의 100분의 1에도 미치지 못하는 연간 25억 톤으로 추정된다.[30]

화산 폭발만으로는 소빙하기의 불안정한 기후를 설명할 수 없다. 몇 가지 다른 가설들이 있는데, 많은 사람들이 태양을 지목한다. 1613년 이탈리아의 천문학자 갈릴레오 갈릴레이는 원시 망원경으로 태양을 관측했다. 망원경으로 직접 태양을 바라보는 것은 위험했기 때문에 태양빛을 망원경을 통해 종이 위에 비췄다. 이 과정에서 그는 태양의 표면에 몇 가지 어두운 반점이 있는 것을 발견했고, 이를 '흑점'이라고 명명했다. 흑점은 며칠에서 몇 달까지 지속될 수 있으며, 크기는 수십 킬로미터에서 지름이 지구의 10배가 넘는 16만 킬로미터에 이르는 가장 큰 흑점까지 다양하다. 놀랍게도 흑점은 기후에 영향을 미친다. 흑점이 많으면 태양복사열이 약간 증가하고, 적으면 감소한다. 흑점 활동은 11년 주기로 바뀌며 태양자기장의 변화와 관련이 있다.[31]

더 긴 기간 동안 흑점 활동이 낮았던 시기도 발견되었다. 그중 3가지는 소빙하기와 일치한다. 스푀러 극소기(1460~1550), 마운더 극소기

(1645~1715), 댈튼 극소기(1790~1830)다. 또한 울프 극소기(1280~1350)는 소빙하기가 시작되는 시기다. 당시 지구로 들어오는 태양복사열은 평년보다 0.1퍼센트 정도 약했지만, 기온은 0.3도 가까이 하락했을 가능성이 있다.[32] 일부에서는 몇 년 안에 새로운 흑점 극소기가 도래할 것으로 예측하고 있다. 이는 지구온난화를 어느 정도 완화할 수 있지만, 그것만으로 지구온난화를 완전히 상쇄하기는 힘들다.

소빙하기에는 태양흑점의 감소와 강력한 화산 폭발로 인해 기온이 낮아졌을 가능성이 있지만, 추운 시기를 설명하는 몇 가지 흥미로운 가설이 있다. 최근 영국의 연구진은 남극의 로돔(Law Dome)에서 이산화탄소 수치를 측정했다. 이산화탄소 수치는 16세기 내내 약 282ppm으로 안정적으로 유지되었지만, 1610년에는 272ppm으로 떨어졌다.[33] 이는 오늘날 급증하는 온실가스 배출량에 비하면 미미한 감소이지만 영국 연구자들은 다음 질문을 던졌다. 이러한 변동은 자연적인 것일까, 아니면 인간의 활동으로 인한 것일까? 그들은 1492년 콜럼버스가 아메리카 대륙을 발견한 것을 지적했다. 유럽인들이 정복했을 당시 아메리카 대륙에는 6,000만 명이 조금 넘는 인구가 살고 있었다. 하지만 얼마 지나지 않아 90퍼센트가 사망했다. 주로 유럽 탐험가들이 가져온 전염병, 콜레라, 천연두 때문이었다. 대규모 사망으로 인해 목초지와 경작지가 다시 자연 상태로 돌아가면서 숲과 덤불은 대기 중 이산화탄소를 흡수하게 되었다. 영국의 연구진에 따르면 이로 인해 이산화탄소 수치가 감소하고 지구의 기온이 0.15도 떨어졌다.

몇 년 전, 연구원들은 그린란드 남단의 래브라도해에서 채취한 퇴적물 코어를 분석하기 시작했다. 때때로 불규칙하고 예측 불가능한 기후에 대해 불안정한 지식이라도 얻기 위해서였다. 연구진은 이 코어에서 1,200년 전의 기후를 읽을 수 있었다.[34] 5밀리미터 간격으로 채취한 층의 모래를 분석하여 유빙의 양과 출처를 파악할 수 있다. 모래는 단순한 모래가 아니다. 모래는 마치 우편번호처럼 암석층에 의해 결정되는 고유한 성질을 가지고 있다. 따라서 모래를 통해 유빙이 어디에서 왔는지를 알 수 있다.

연구진은 기후 시스템에서 해빙이 중요한 역할을 한다는 사실을 밝혀냈다. 따뜻한 중세시대에는 그린란드 남동부의 빙하가 녹으면서 유빙이 많이 발생했다. 연구진은 복잡한 모델을 이용해 유빙이 기후에 미치는 영향을 분석했다. 기후가 온화한 시기에 유빙이 바다로 흘러들면 해수의 염분 농도가 낮아진다. 이것은 아열대 해양 소용돌이라고도 알려진 따뜻한 물을 이 지역으로 가져오는 해류를 약화시켰다.[35] 이는 태양흑점 활동의 감소 및 화산 폭발과 함께 기후를 불안정하게 만드는 데 일조하는데, 그린란드 해안을 따라 북대서양 전체에 영향을 미쳤다.

연구자들은 이것을 그린란드의 북유럽 정착촌이 붕괴된 이유와 연관 지었다. 해안을 따라 생성된 유빙이 시간이 지남에 따라 북유럽 개척자들이 견딜 수 없는 기후를 만들었기 때문이다. 이 연구는 기후가 얼마나 모순적일 수 있는지 보여준다. 온난기에는 지역에 따라 추위를 유발할 수 있다. 특히 빙하가 녹아서 해빙이 줄어드는 시기에는 미래 기후에 큰 영향을 미칠 수 있다. 최근 과학자들은 새로운 논문을 발표했다. 그들은 엄청난 양의 해빙이 그린란드 주변의 해류를 변화시켰고 소빙하기를 야기했을 것이라고 주장했다. 화산 폭발이나 태양흑점 활동의 감소로 인한 기후 시스템의 교란이 없더라도 이러한 해빙이 변화를 촉발했을 수 있다고 주장했다. 이러한 예기치 못한 사건이 기후 시스템의 내부 변동성에 의해 발생되는 경우를 '미운 오리 새끼'라고 부른다.

기후는 외부적인 요인 없이 저절로 변화했을 수도 있다. 지난 2,000년 동안의 기온 변화를 보면 현재 일어나고 있는 온난화와는 달리 전 세계적으로 다른 시기에 발생했다. 소빙하기 동안 다른 지역보다 더 큰 타격을 입은 지역도 있었다. 빙하가 그린란드의 식민지나 노르웨이 서부의 깊고 가파른 계곡을 파고든 경우처럼 주변과 고립된 지역이 특히 취약했다. 거대한 빙하가 터져 나와 계곡을 가득 채운 모습은 소빙하기의 가장 상징적인 현상 중 하나라고 할 수 있다.

엄청나게 높은 빙산

노르웨이 서부에 있는 툰외야네 농장의 사람들은 비록 그곳이 위협적인 빙하 바로 밑의 거친 자연 한가운데 있지만 자신들에게 불행이 닥치지 않을 것이며 신이 지켜줄 것이라고 생각했다. 브렌달 빙하는 '하늘에 떠 있는 하얀 소'처럼 쉬고 있었지만 이제 강철처럼 푸른 얼음이 좁은 계곡을 가득 채우고 오브레크니바산과 플라테피엘레산 사이에 끼어 농장에서 불과 100미터 떨어진 어두운 바위 위로 불룩 솟아 있다.

유럽 본토에서 가장 큰 요스테달스브렌의 다른 빙하들과 마찬가지로 브렌달 빙하는 불도저처럼 계곡을 가로질러 내려왔다. 숲과 생명체는 빙하로 인해 산산조각이 나면서 사라졌다. 아무도 빙하를 막을 수 없고, 그 누구도 얼음의 힘에 저항할 수 없다.

빙하로 인해 브레나 계곡을 흐르는 강의 흐름이 바뀌었다. 불안정하게 거칠어진 강은 들판과 초원을 파헤쳤다. 빙하에 의해 막혔던 강이 터지면서 범람하여 그 길에 있는 모든 것을 휩쓸어버렸다. 거대한 눈사태가 계곡을 타고 내려와 숲과 들판을 파괴했고, 아무리 큰 바위도 산사태의 강력한 충격파에 성냥갑처럼 움직였다.

1728년 툰외야네 농장의 농부는 "무시무시하게 큰 빙하 때문에 우리는 매일 죽음을 눈앞에 두고 있다"라고 썼다. 그들은 "위험하고 거대한 빙하"와 "해마다 들판과 초원에 큰 피해를 입히는 무시무시한 강"의 지배를 받고 있었다. 그들은 불평하며 세금을 낮춰달라고 간청했다. 빙하가 농장 가까이 바짝 다가오자 사람들은 자갈이 깔린 산등성이로 집을 옮겼다. 그러면 적어도 강으로 인한 피해는 막을 수 있었다. 그들은 집을 세운 곳을 "신이 안전하게 보호해줄 것"이라고 믿었다.[36] 하지만 결과적으로 비극적인 선택이었다. 몇 년간의 힘든 세월이 흐른 후 1743년에 치명적인 사건이 발생했다. 겨울 초입에 폭우가 쏟아졌다.

노르웨이 서부를 강타한 홍수는 기록상 최악의 대홍수였다. 10월과 11월의 추운 날씨로 인해 토양에 서리가 내렸고, 12월 초에 온화한 날씨와 폭우가 이어지자 산사태와 홍수가 잇따라 발생했다. 하르당에르의 킨사르비크에서는 공동묘지의 상당 부분이 물에 잠겨 땅속에 묻혀 있던 관들이 피오르로 떠내려가기도 했다. 13세기부터 그 자리에 서 있던 오래된 석조 교회도 물살에 휩쓸릴 뻔했다.

브렌달 빙하는 한계점에 다다랐다. 물이 크레바스 사이로 침투했다. 12월 12일 밤, 빙하가 흔들렸고 거대한 덩어리가 툰외야네 농장에 떨어졌다. 빙하가 요동치며 흔들리자 얼음 덩어리, 물, 돌, 자갈이 농장을 덮쳤다. 모든 것이 부서졌다. 농장에 있던 4명이 사망하고 2명만 살아남았다. 지금은 툰외야네 농장의 폐허만 남아 있고 저 멀리 브렌달 빙하가 지평선 위에 하얀 소처럼 누워 있다. 빙하 연구원 아틀레 네셰와 함께 잔디로 덮인 폐허 위를 거닐었다. 강물이 산비탈을 따라 흘러내리고 수많은 폭포가 떨어지면서 천둥소리가 울려 퍼졌다. 밤이 지나자 풀밭에 이슬이 무겁게 맺혔다. 8월 중순 노르웨이 서부의 축축한 초원보다 더 푸른 곳은 없다. 아름다운 자연에 둘러싸인 이곳에서 빙하가 농장을 쓸어버린 악몽을 상상하기란 쉽지 않다. 오늘날 빙하는 멀리 떨어져 있지만 기후는 일정하지 않고 변화무쌍하다.

네셰와 나는 계곡을 따라 브렌달 빙하를 향해 걸어 올라갔다. 우리 아래에는 네셰가 자란 올데달렌 계곡이 있었다. 가족 농장은 가파른 계곡 사이에 자리 잡고 있으며 식탁에 앉으면 멜헤임스니바가 보인다. 이 빙하는 계곡에 거대한 모루처럼 서 있다. 빙하는 네셰에게 어린 시절의 일부였고 주말이면 가족과 함께 브릭스달 빙하까지 하이킹을 하곤 했다. 10대부터 그는 빙하에서 하이킹을 시작했다. 빙하를 오르면 행복감과 성취감을 느낄 수 있었고 강철처럼 푸른 얼음에서 뿜어져 나오는 빛을 보면 거의 넋을 잃을 정도였다. 브릭스달 빙하를 찾아갔던 밝은색 머리카락을 가진 작고 마른 소년은 이제 성인이 되었다.

갑자기 종말을 알리는 듯한 울림이 계곡에 울려 퍼진다. 빙하 바로 아래의 반짝이는 편마암 절벽을 따라 하얀 얼음과 바위가 굉음을 내며 쏟아져 내렸다. 사우디아라비아, 러시아, 노르웨이, 미국, 영국에서 브릭스달 빙하를 찾아온 수많은 관광객들이 가벼운 운동화부터 하이힐까지 다양한 신발을 신고 자갈길을 걸어 올라가고 있었다. 하지만 우리는 관광객들이 아직 발견하지 못한 계곡으로 향했다. 이곳은 우리뿐이었다. 피오르 아래 크루즈선에서 버스를 타고 올라오는 모든 관광객들로부터 벗어났다. 모두들 사라져가는 관광 명소인 빙하를 한 번은 보고 싶어 한다.

18세기에도 기후는 크게 변하지 않았다. 하지만 빙하가 계곡을 따라 내려오면서 마을 주민들을 위협할 만큼 온도가 낮아지고 습도가 높아졌다. 브렌달 빙하는 불과 50년 만에 계곡 아래로 4킬로미터 이상 밀려 내려왔다. 브렌달 빙하만 전진했던 것이 아니다. 브릭스달 빙하, 셴달 빙하, 멜크볼 빙하, 니가르드 빙하도 마찬가지였다. 특히 니가르드 빙하는 니가르드 농장을 파괴했다. 그곳 사람들은 빙하가 그들의 밭과 목초지를 삼키고 1743년에 농장 전체가 파괴되는 것을 목격한 후 1738년 초에 농장을 떠났다. 요스테달렌의 목사인 마티아스 포스는 "빙하가 집을 뒤집고 무너뜨렸다"라고 썼다. 하늘색에 딱딱하고 깊은 균열이 있는 "무서울 정도로 높은 얼음산"이라고 표현했다. 포스에 따르면 빙하가 앞으로 움직일 때 교회 오르간 소리처럼 들렸다고 한다. 빙하는 집보다 큰 흙과 자갈, 돌덩어리를 실어 나르며 천천히 부서져 모래로 변했다.[37] 마을에 기후 위기가 닥쳤고, 그 위기는 맹목적으로 사람들을 덮쳤다.

빙하는 툰외야네 농장과 같이 농장과 땅만 파괴한 것이 아니다. 빙하로 인한 눈사태, 홍수, 이른 서리, 산사태는 농작물과 목초지를 파괴했다. 1650년에서 1750년 사이에 올덴에서만 산사태와 홍수로 인한 자연재해가 그 전후 몇 세기에 비해 수백 퍼센트 증가했다. 이곳 사람들에게는 농장과 농작물이 전부였다. 그들은 땅에 의존하는 사람들이었다. 올덴과 다른 유럽 지역도 농작물로 겨우 생계를 꾸려나갔다. 소빙하기 동안 불안정한 기후는 빙하 주변 마을 사람들에게 큰 부담을 주었다. 여러 차례에 걸쳐 농부들은 왕에게 도움을 요청하기 위해 지도자들과 함께 때로는 목숨을 걸고 산을 넘어 크리스티아니아(지금의 오슬로)로, 코펜하겐으로, 걸어갔다.

위기는 인구의 모든 계층에 영향을 미쳤다. 마티아스 포스는 당국에 보낸 편지에서 "아내와 아이들은 일용할 양식이 없어 죽어가고 있다"라고 썼다. 사람들은 날씨 때문에 외출을 거의 못 했으며, "나무껍질이 그

264

들의 일용할 양식"이라고 그는 불평했다. '끔찍한 추위와 바람' 때문에 농장들이 사라졌다. 해마다 흉작이 이어졌고 보리, 귀리 등 곡물 가격은 흉작과 덴마크의 곡물 독점 탓에 급격히 상승했다.

노르웨이의 다른 지역도 재난에 시달렸다. 아스킴의 한 교구 목사는 오랫동안 나무껍질을 먹다가 마지막 숨을 거두면서 "빵, 빵, 빵"이라고 외친 32세 여성에 대해 보고하면서, "나무껍질도 빵도 먹지 못하고 굶어 죽어야 했다"라고 덧붙였다. 납작한 빵 플랫브뢰드는 뼈, 나무껍질, 씨 없는 이삭으로 만들었다. 아케르스후스의 교구 관리인 프레드리크 오토 폰 라페는 사람들이 굶주림을 피하기 위해 교도소에 보내달라고 애원하고 있다고 코펜하겐에 보고했다. 인구학적 위기는 국가를 괴롭혔다. 가장 큰 피해를 입은 마을에서는 출생아 수보다 사망자 수가 10배 이상 많았다. 올덴이 속한 베르겐 교구에서는 1741년에 태어난 사람보다 2배나 많은 사람들이 사망했다. 그 이후로 노르웨이의 사망률은 다시는 이런 수준에 도달한 적이 없다.

악천후는 다른 유럽 지역에도 영향을 미쳤다. 1740년 서유럽 전역의 곡물과 포도주 수확이 늦어졌다. 그해 영국의 1월과 2월은 평년보다 각각 6.2도와 5.2도 더 추웠고, 여름도 춥고 건조했다. 이듬해 봄 역시 춥고 건조했으며 여름에는 가뭄이 이어졌다. 1739년 일본의 다루마에 화산 폭발로 촉발된 '대한파'가 유럽을 강타했다. 만성적인 인구과잉, 절망적인 빈곤, 비참한 생활환경은 전염병을 불러일으켰다. 1740년 유럽의 사망률은 50퍼센트 이상 증가했다. 아일랜드는 최악의 상황을 겪었다. 폭풍우와 극심한 추위, 여름철 비로 인해 감자와 곡물 작황이 모두 실패했다. 기근이 아일랜드를 황폐화시켰고 200만 명이 조금 넘는 인구 중 13~20퍼센트가 사망했다. 1740년과 1741년은 '도살자의 해'라고 불렸다. 오늘날 서구의 풍요로운 식량에 비춰볼 때, 불과 얼마 전까지 유럽에서 벌어진 참상을 상상하기는 어려울 수 있다.

강이 포효하고 개울물이 졸졸 흐른다. 네셰와 나는 브렌달렌 어귀에서 빙하의 흔적을 발견했다. 작은 사냥 오두막집 근처는 마치 밭을 개간한 것처럼 보이는데, 사실은 빙하에 밀려온 돌과 자갈로 이루어진 빙퇴석이었다. 1743년 당시 이곳 녹색 계곡 위에 하얗고 거대한 빙하가 있었다. 오늘날 이끼, 지의류, 자작나무로 덮인 계곡 바닥이 불과 280년 전만 해도 두꺼운 청백색 얼음에 파묻혀 있었다는 사실이 믿기지 않을 정도다. 1700년대처럼 빙하가 산 아래로 길게 뻗어 내려갔던 시점은 거의 만 년 전으로 거슬러 올라간다는 점도 놀랍다.[38]

소빙하기에는 스칸디나비아뿐만 아니라 알래스카, 알프스, 파타고니아, 그린란드, 뉴질랜드 등 다른 지역에서도 빙하가 성장했다. 그러나 이 기간에 빙하들이 언제 성장했는지는 지역에 따라 다양하다.[39] 빙하가 성장한 데는 단순히 기온뿐만 아니라 대규모 기상 시스템의 변화가 있었다.

소빙하기-기온만이 문제였을까?

눈 덮인 브렌달렌의 장엄한 봉우리 뒤로 태양이 모습을 드러낸다. 구름이 하늘에 펼쳐져 있고 자작나무와 회양목이 반짝인다. 산사태가 숲과 바위를 휩쓸고 지나가면서 계곡 양옆의 지형이 바뀌었다. 네셰와 나는 길을 벗어나 자작나무 숲으로 들어갔다. 빙하가 남기고 간 빙퇴석이 계곡을 가로질러 돌 울타리처럼 구불구불 이어져 있었다. 덤불 속을 뒤지던 네셰는 거대한 바위 앞에 멈춰 섰다. 그는 돌을 애무하듯 이끼를 털어냈다. 돌에 십자가가 새겨져 있었다. 누군가 이곳에 왔다는 증거다. "이걸 발견했을 때 등골이 오싹했어요." 네셰는 거의 감격에 겨운 표정으로 "120년 전 이곳에서 지질학자 요한 레크스태드(Johan Rekstad)가 오늘날 자작나무 숲 한가운데 빙하가 서 있었다는 사실을 기록하기 위해 바위에 십자가를 새겼죠"라고 말했다. 십자가는 빙하가 얼마나 빨리 산으로 후퇴했는지 보여준다. 브렌달 빙하는 이제 계곡 위로 1킬로미터 이상 올라가 있다.

스무 살이 갓 넘은 나이에 공부를 시작한 네셰는 기후변화의 증거인 빙하에 매료되었다. 그는 옆 계곡인 포베르그스튀렌에서 니가르드 빙하로 이어지는 소빙하기의 빙퇴석 지형을 지도로 만들었다. 이곳에서 그는 가을 내내 텐트 생활을 하며 캠프용 버너로 음식을 해 먹었다. 지금으로부터 40년 전의 일이다. 소빙하기는 그의 연구 경력의 전반에 걸친 주제였는데 초기에 그가 스스로에게 던진 질문은 한 가지였다.

17세기 말부터 1750년까지 빙하가 그토록 극적으로 성장한 이유는 도대체 무엇일까?

빙하는 끊임없이 움직인다. 여름철 기온이 올라가면 녹고 기온이 내려가면 무게가 증가한다. 정말 그렇게 간단할까? 네세는 〈소빙하기-기온만이?〉라는 중요한 논문에서 이 문제를 다루었다. 그것은 마치 탐정 작업과도 같았다. 그는 데이터를 찾고 호수와 습지를 시추하고, 빙퇴석 능선을 찾고, 샘플을 분석했다. 오랫동안 빙하가 서늘한 기후를 필요로 한다고 여겨졌지만 네세는 습한 겨울도 빙하의 확장에 영향을 미친다는 사실을 발견했다. 이것은 그의 가장 중요한 연구 결과 중 하나였다. 빙하가 생성되기 위한 조건은 서늘한 여름(눈과 얼음이 거의 녹지 않는)과 습한 겨울(눈이 많이 내려 얼음으로 변하는)이다. 즉, 겨울에 눈이 내리는 한 기후가 따뜻해지더라도 빙하가 성장할 수 있다는 뜻이다.

네세는 또 다른 흥미로운 주제도 연구했다. 소빙하기에 스칸디나비아와 알프스의 빙하가 서로 다른 시기에 확장되었다는 것이다. 그는 빙하의 확장을 온도 곡선과 비교했다. 빙하의 무게가 증가한 시기는 정말 추운 여름이었을까, 아니면 온화하고 강수량이 풍부한 겨울이었을까? 18세기 전반 노르웨이 서부의 겨울은 온화하고 강수량도 풍부했다. 반면 알프스는 겨울 강수량이 더 적었다.

해답은 대서양에 있다. 대서양의 날씨는 북대서양 진동(North Atlantic Oscillation, NAO)이라고 불리는 특이한 현상의 영향을 받는다. 유럽의 기후와 날씨를 이해하고 싶다면 이 약어를 알아두자. 특히 유럽, 중앙아시아 및 지중해 주변의 겨울철 날씨에 영향을 미친다. 2월에 스칸디나비아에 온화한 겨울이 찾아와 새싹을 틔우고 꽃이 피는 것은 북서부 유럽에 서풍이 불어오는 기상 시스템의 대규모 진동 때문이다. 이때 기온은 단시간에 5도에서 10도까지 상승할 수 있다. 일부 사람들은 이러한 현상을 지구온난화와 연관 짓기도 하지만, 일시적으로 나타났다가 사라지는 기상 현상에 가깝다.

이 진동은 대서양의 대규모 변화와 관련이 있다. 아소르스제도 주변에 강한 고기압이 형성되면 아이슬란드 근처에 강한 저기압이 나타나는 경우가 많다. 그러면 NAO는 양성이라고 한다. 두 지역 간의 기압 차이가 작으면 NAO는 음성이다. NAO가 양성일 때 아이슬란드 주변의 저기압이 영국과 스칸디나비아 상공에 짙은 먹구름을 가져와 2019~2020년과 같이 겨울이 습하고 온화해진다. 그러나 NAO가 음성일 때는 1960년대와 1970년대 노르웨이처럼 건조하고 서늘한 겨울이 찾아온다. 그러면 저기압이 알프스산맥 더 남쪽으로 이동할 수 있다. 다시 말해 노르웨이, 특히 서부 노르웨이의 날씨는 종종 스페인과 포르투갈의 날씨와 정반대가 된다.[40]

네세는 북대서양 진동이 서부 노르웨이의 빙하에 어떤 영향을 미쳤을지 궁금했다. 그는 빙하가 계곡을 따라 흘러내릴 때 NAO가 양성이었음을 발견했다. 수많은 저기압이 노르웨이 서부를 휩쓸고 지나가면서 폭설을 쏟아부어 빙하의 무게가 늘어났기 때문이다. 네세의 결론은 다음과 같았다. 빙하는 온도뿐만 아니라 겨울철 강수량의 증가에도 영향을 받았다. 그로 인해 몇 가지 흥미로운 결과를 낳았다. 비를 많이 쏟아내는 아이슬란드 부근의 저기압이 유럽 대륙까지 충분히 도달하지 못했기 때문에 알프스와 노르웨이의 빙하가 서로 다른 시기에 최대치에 도달했다는 것이다. 기온이 떨어지거나 올라간다고 해서 빙하가 확장되거나 축소되는 것은 아니다. 겨울철 강수량도 영향을 미친다.[41]

오늘날에는 소빙하기와 정반대 현상이 일어나고 있다. 날씨가 더워지면서 빙하가 축소되고 있다. "이는 단 1도의 온도 변화가 얼마나 큰 결과를 초래할 수 있는지 보여준다"라고 네셰는 몇 번이나 말했다. 오늘날 빙하는 인류의 무분별한 온실가스 배출로 인해 멸종 위기에 처한 희생양으로 여겨지고 있다. 과거에는 빙하가 공포를 불러일으킨 존재였다. 1546년 세바스티안 뮌스터는 론 계곡의 푸르카패스를 넘으면서 이렇게 썼다. "빙하를 본 모든 이들에게 그것은 끔찍한 광경이었다." 빙하는 당시의 다른 모든 황야와 마찬가지로 황량하고 무서운 곳이었다. 빙하는 17세기 제네바 주교가 샤모니몽블랑에서 악령을 쫓아내려 했던 곳이기도 하다.

네셰와 나는 자작나무 숲에 둘러싸인 브렌달렌 계곡으로 더 깊숙이 빠른 속도로 들어갔다. 때때로 빙하에서 우르릉거리는 소리가 들리고 거대한 얼음 덩어리가 산비탈 아래로 굴러떨어졌다. 빙하에 거의 다다른 순간 우리는 멈춰 섰다. 빙하의 앞면은 회색이고 돌과 자갈로 더러워져 있었다. 우리와 빙하 사이에는 강이 흐르고 있어 계곡으로 더 깊이 들어가는 것은 불가능했다. 우리는 가파른 산비탈과 흐르는 물로 둘러싸인 곳에서 돌아서야 했다.

빙하는 엽서와 관광 안내서에서 자주 볼 수 있는 이미지이지만, 네세에게는 상징적인 존재이자 향수 어린 기억이기도 했다. 그는 매년 빙하가 점점 더 멀어지는 것을 목격했고, 그 원인은 지구온난화라고 확신했다. 인위적으로 대기 중 이산화탄소 농도가 높아졌기 때문이라는 것이다. 1880년 이후 전 세계적으로 가장 따뜻했던 10년은 2005년 이후였다.

기후변화를 일으키는 많은 징후들이 모호하기는 하지만 빙하가 녹는다는 것은 지구가 점점 더워지고 있다는 명확한 증거이다. 네세는 "현재 빙하가 후퇴하는 속도는 역사적으로나 지질학적으로나 독특하다"라고 말한다. 동시에 그는 이 논쟁이 과열되는 경향이 있는데, 역사적 사실에 무지하기 때문인 것 같다고 했다. "예를 들어 지금 우리가 경험하고 있는 것을 기후 위기라고 부를 수 있을까?" 네세는 '아니'라고 답한다. "노르웨이의 경우 아직은 아니다." 그러나 1700년대 올덴에서 사람들이 경험한 것은 기후 위기였다.

유럽을 강타한 변화무쌍한 기후는 온갖 망상과 미신을 낳았다. 누군가가 기후를 조작했으며 인간에게 영향을 미치는 악천후는 신의 벌이라는 믿음이 생겨났다.

얼음과 추위로 인한 종말

1621년 12월 24일 아침, 크리스마스 대구를 잡기 위해 노르웨이 북부의 바르되와 키베르그에서 노 젓는 배 여러 척이 출항했다. 그들은 갑작스러운 날씨 변화로 인해 끔찍한 폭풍을 만났다. "바다와 하늘이 하나가 되었고" 폭풍은 "마치 자루에서 튀어나온 것 같았다"고 했다. 10척의 배가 침몰하고 40명의 어부가 사망했다. 비극적 사건을 조사한 사람들은 그 배후에 악의 세력이 있었다고 주장하면서, 10명의 여성을 마녀로 기소했다. 그중 한 명이 엘세베 크누츠다터였다. 먼저 소위 물 시험이 진행되었고 그녀가 물에 떴다는 것은 유죄라는 의미였다. 그녀는 함께 기소된 동료들과 함께 화형에 처해졌다. 마녀재판은 유럽 전역을 휩쓸었으며, 수만 명의 무고한 사람들이 고문과 화형을 당했다. 많은 사람들이 소빙하기 동안 유럽 대륙을 자주 강타한 폭풍, 서리, 홍수를 일으켜 날씨를 조작했다는 누명을 썼다. 예를 들어 1626년 봄에 독일 남부에서는 우박과 혹한의 원인으로 지목된 900명의 남성과 여성이 고문당한 후 처형되었다. 인간이 신의 도움으로 날씨를 통제할 수 있다는 믿음은 우리 시대에도 여전히 살아 숨 쉬고 있다. 미국의 전도사 팻 로버트슨은 1985년, 토네이도 글로리아가 버지니아로 향하지 않도록 기도로 이끌었다고 주장했다.

마녀로 모는 것은 신학적 혼란을 일으켰다. 신이 전지전능하다면 어떻게 인간이 날씨에 영향을 미칠 수 있을까? 마녀들이 저지른 범죄는

"악마의 환상"이라는 주장이 제기되었다. 특히 신학자들 사이에서는 폭풍이 신의 형벌이라는 견해가 널리 퍼져 있었다. 성경에 나오는 홍수를 일으킨 엄청난 양의 비를 예로 들었다. 하느님의 눈에 은혜를 입은 사람은 노아와 그의 가족뿐이었다.

추위도 주님께서 내리시는 형벌 중 일부였다. 16세기 이탈리아 작가 마르코 안토니오 마르티넨고는 "신은 우리에게 영원한 겨울을 보내 진노하셨다"라고 썼다. 베르겐의 주교 에리크 폰토피단은 "태양의 빛과 열, 생기를 불어넣는 힘이 줄어든 것 같았고, 대지의 모든 농작물도 제대로 시작하지도 못하고 시들어버렸다"라고 보고했다. 18세기 중반에 기후 악화를 두려워하던 그는 세상의 종말이 불로 오지 않고 그 반대가 될 것이라고 주장했다. 기온이 내려가면 빙하가 전 세계를 뒤덮을 것이라고 말이다. 이것은 안개와 서리로 뒤덮인 니플헤임과 북유럽 신화의 핌불베트르와 비슷한 모습이다. 폰토피단은 빙하가 지구 전체를 덮지 못한 것은 성경의 젊은 지구 연대기에 따라 지구가 불과 수천 년밖에 되지 않기 때문이라고 생각했다. 폰토피단과 동시대 사람들은 추위를 막고 태양열을 모으기 위해 렌즈를 설치하자고 제안했다.

물리학자 존 틴달(John Tyndall)도 비슷한 종말론적 개념을 제시했다. 19세기 중반에 그는 지구의 극지방에서 거대한 빙하가 퍼져 나가 문명을 멸망시킬 것이라고 주장했다. 틴달은 "오늘날의 작은 빙하는 거대한 빙하에 비하면 아무것도 아니다"라고 주장했다.

노르웨이에는 신이 추위와 빙하로 벌을 내릴 수 있다는 신화가 널리 퍼져 있었다. 한 전설에 따르면 한 교구 전체가 폴게포나 빙하와 눈 아래에 묻혔다고 한다. 얼음으로 둘러싸인 푸르고 울창한 폴게달 계곡이 그곳에 있었다. 이 아름다운 계곡이 소돔과 고모라와 운명을 같이해야 했던 것은 주민들의 죄악 때문이며, 그 결과 신은 10주 동안 계속 눈을 내려 교구 전체를 멸망시켰다고 한다. 7개의 마을이 매몰되었고 아무도 살아남지 못했다. 폰토피단에 따르면, 빙하에서 씻겨 나온 주방용품과 기타 유물이 발견되었으며, 이는 일종의 얼음 속 아틀란티스의 증거라고 했다. 요스테달스브렌에 대해서도 비슷한 전설이 전해지고 있다.

또 다른 역사적 사조는 소빙하기가 끝나 갈 무렵, 기후가 다양한 민족의 성격에 영향을 미쳤다는 주장이다. 대부분의 사람들은 날씨가 기분에 영향을 미친다는 것을 안다. 추운 겨울날 안개를 뚫고 떠오르는 태양을 보면 기분이 좋아지는 것처럼 말이다. 연구자들에 따르면 기온이 30도가 넘어설 때 폭력성이 증가한다는 사실도 밝혀졌다.[42] 1748년 프랑스 철학자 샤를 드 몽테스키외는 한 걸음 더 나아가 그의 저서 《법의 정신》에서 "기후에 따라 사람들의 성격과 열정도 크게 다르다"라고 표현했다. 그래서 법도 그에 맞게 조정되어야 한다고 믿었다. 따라서 정치가들의 임무는 지역적 기후를 반영한 헌법과 법률을 만드는 것이라고 했다. 특히 기후가 완전히 다른 나라의 법과 규정을 모방하지 않는 것이 중요했다.

소빙하기의 불안정한 기후는 오늘날의 기온과 지구온난화에 대한 논쟁과는 거리가 멀어 보일 수 있다. 그러나 그것은 불안정한 기후(기온이 몇 도만 변화해도)가 사회에 얼마나 큰 영향을 미칠 수 있는지를 보여준다. 소빙하기에는 대부분의 사람들이 농부였다. 얼굴이 빨갛게 상기된 농부가 밭을 갈고 가축을 돌보는 낭만적인 모습은 농부들이 겪은 고난과 질병, 비참함과 큰 대조를 이룬다. 그들은 서리, 가뭄, 폭우, 홍수 등 변화무쌍한 날씨에 취약했다. 재배 기간도 짧아졌다. 영국에서는 소빙하기 중반인 1680~1730년에 20세기 대부분의 해보다 5주나 짧았다.[43]

일부 국가는 소빙하기의 불안정한 기후에 다른 국가들보다 더 잘 적응했다. 17세기에 네덜란드에서 영국으로 퍼진 조용한 혁명이 있었다. 영국에서는 기후의 영향을 덜 받을 수 있도록 농업을 개혁했다. 농부들은 곡물 수확이 실패할 경우를 대비해 윤작으로 전환했다. 그리고 거름을 사용하고 새로운 기술을 도입해 순무, 루타바가, 감자를 재배했다. 역사학자 브라이언 페이건(Brian Fagan)은 그의 저서 《소빙하기》에서 "인간은 생존이 달려 있을 때 놀라울 만큼 적응력이 뛰어나고 혁신적이다"라고 했다. 프랑스에서는 여전히 곡물 재배에 의존했다. 영국과 네덜란드는 기근에 덜 취약했던 반면, 프랑스는 곡물 작황이 실패하면 기근이 닥쳤다. 프랑스는 준비가 부족하고 낡은 농업 방식으로 인해 1700년대의 변덕스러운 기후가 치명적인 결과를 초래했다. 일부에서는 1789년 프랑스대혁명 당시 왕정이 몰락하는 데 기여했다고 주장한다.

기후역사가 다고마르 디그루트(Dagomar Degroot)는 그의 저서 《혹한의 황금시대(The Frigid Golden Age)》에서 네덜란드의 황금시대가 소빙하기의 가장 추운 시기와 어떻게 일치하는지 설명한다. 많은 국가들이 어려움을 겪는 동안 네덜란드는 17세기의 기후 악화를 통해 입지를 강화했다. 기후변화에는 패자만 있는 것이 아니라 승자도 있었던 것이다. 해상 강대국인 네덜란드는 상선에 실린 화물이 폭풍과 폭우로 유실될 경우를 대비해 보험에 가입하는 정교한 시스템을 구축했다. 그리고 곡물 창고를 광범위하게 사용하여 최악의 폭풍으로 입을 수 있는 피해를 줄였다. 남은 곡물은 이웃 나라에 높은 가격으로 판매했다. 스페인과의 해방 전쟁 중에도 네덜란드는 잦은 폭풍과 홍수로 나라가 침수되어 적들이 오히려 들어오지 못했다. 물론 네덜란드 역시 폭풍과 홍수로 피해를 입었지만 기후변화를 유리하게 활용했다. 1700년대에 기후가 점차 정상화되면서 황금기는 사실상 막을 내렸다.

디그루트는 미래를 위한 몇 가지 교훈을 제시했다. 부유하고 강력한 제국도 기후변화로 인해 심각한 영향을 받을 수 있다는 것이다. 중국 명나라, 오스만제국, 스페인제국 모두 소빙하기의 가장 추웠던 시기에 심각한 위기를 겪었다. 하지만 네덜란드와 일본처럼 기후변화에 적응하고 이를 기회로 삼은 나라도 있었다. 디그루트는 소빙하기의 기후변화는 20세기보다 1도 정도 낮은 온화한 수준이었다는 점을 강조하면서, 앞으로 우리가 맞닥뜨릴 기후변화는 훨씬 심각할 것이라고 말한다. "우리가 주의하지 않는다면 기후변화는 우리의 모든 노력에도 불구하고 감당하기 어려울 것이다"라고 그는 결론을 내렸다.

소빙하기는 1850년대에 끝났지만 이후로 지구의 표면과 대기는 점점 더 빠른 속도로 변화하고 있다. 이제 새로운 빙하기를 걱정하기보다 통제되지 않는 지구온난화로 인한 예측할 수 없는 결과를 두려워하고 있다. 그리고 우리는 인류가 새로운 지질시대, 즉 인류세를 만들었다고 이야기한다.

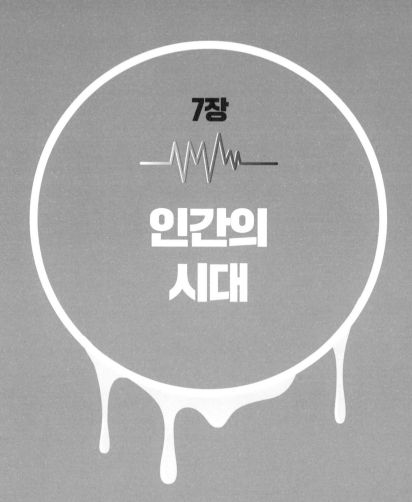

7장

인간의
시대

더위는 견딜 수 없었고 배기가스는 고층 건물들 위로 옅은 안개처럼 퍼져 있었으며 자동차들은 내 옆을 빠르게 지나갔다. 두바이에서 밤이 다가오고 있었다. 하루 종일 피크 오일(석유 생산량의 정점), 전 세계의 에너지 소비 증가, 거대한 마스다르시티 재생 에너지 프로젝트에 대해 들은 후 도심을 걸어 다니려고 했다. 그러나 그것은 거의 불가능에 가까웠다. 이 도시는 보행자를 위해 건설된 것이 아니라 자동차를 중심으로 만들어졌기 때문이다. 발길 닿는 곳마다 아스팔트와 자동차가 있었고, 도로를 건너기도 어려웠다. 답답하고 열이 오른 나는 냉방이 잘되는 호텔로 돌아가야 했다. 예약할 때는 일반 객실이라고 생각했는데, 가서 보니 3개의 평면 TV와 2개의 욕실이 있는 넓은 스위트룸이었다. 도시는 내가 자란 숲의 젖은 이끼, 축축한 습지, 구부러진 소나무와는 전혀 다른 낯선 곳이었다. 불편함이 감돌았다. 마치 다른 시대의 낯선 세계에 와 있는 것 같아서 밤잠을 설치곤 했다. 미래에 대해 생각해보았다. 세상이 이렇게 발전하는 걸까? 아름다운 연설, 의정서, 협약, 그리고 지금 당장 행동해야 한다는 깨달음을 얻은 와중에도 두바이와 같은 도시는 계속 성장하고 있다.

두바이는 그 누구도 도시가 건설될 수 있다고 생각하지 않는 곳에 세워졌다. 1950년대, 수천 명의 유목민과 상인 그리고 진주를 채취하는 어부들이 모여 살았던 이 좁은 해안 지대의 뜨겁고 건조한 사막에 수백만 명이 사는 도시가 생겨났다. 이곳은 지속 가능한 미래의 신기루와도 같다. 값싼 에너지와 보조금을 받는 휘발유 덕분에 살기 좋은 곳이 되었다. 한 아랍인이 내게 이렇게 말했다. "우리에겐 물이 아니라 석유가 있습니다." 두바이는 화석연료로 수많은 대형 담수화 시설에서 바닷물을 물로 바꾸고 있다. 그 결과 건조한 사막에 푸른 잔디가 깔린 골프장과 거대한 야자수로 둘러싸인 넓은 주택단지가 밀집해 있다. 이곳에서는 건물의 온도를 낮추고 쇼핑센터 내부에 스키장을 만들고, 여름철 오슬로보다 20도나 높은 36도의 열을 식히기 위해 막대한 양의 에너지를 소비한다. 당연히 온실가스 배출량도 엄청나다. 아랍에미리트는 1인당 이산화탄소 배출량이 세계 최고 수준이다. 연간 2억 2,000만 톤의 이산화탄소를 배출하며, 1970년 이후 배출량이 10배나 증가했다. 이는 1인당 24톤에 해당하는 양으로, 걸프만 건너편에 사는 에티오피아 국민보다 150배나 많은 양이다. 또한 석유 의존도가 높은 노르웨이보다 3배나 더 많이 배출하고 있다.

열이 펄펄 끓는 악몽에 시달리며 침대에서 몸을 뒤척이는 동안, 두바이가 미래의 지구가 될 것이라는 상상에 사로잡혔다. 그곳에서 배출량과 소비가 계속해서 증가하는 미래를 상상했다. 유엔의 '기후변화에 관한 정부 간 협의체'가 30년 넘게 경고해왔음에도 이산화탄소 배출량은 30퍼센트나 증가했다. 억제하기는커녕 우리는 계속 가스를 배출하고 있다. 두바이에서 잠 못 이루는 밤을 보내는 동안 나는 참을 수 없는 열기가 북쪽과 남쪽으로 퍼져 나가 지구를 점점 더 많이 덮치는 상상을 했다.

두바이는 어떤 것도 불가능하지 않다는 것을 보여준다. 화석연료는 일종의 몬순으로 변형되어 사막에 물이 흐르고 지구에서 가장 불모의 땅이 대도시로 변모했다. 두바이는 인류의 시대인 인류세에서 가장 극단적인 삶의 양상을 보여주는 곳이다. 전 세계적으로도 우리 인간의 발자국은 점점 더 커져가고 있다. 우리 시대는 과연 어떻게 달라질까?

인류세로의 진입

2000년 2월, 화학자 파울 크뤼천(Paul Crutzen)은 멕시코 쿠에르나바카의 한 회의실에 앉아 있었다. 멕시코시티에서 남쪽으로 10마일 남짓 떨어진 이 도시는 1년 내내 온화한 기후를 자랑해서 '영원한 봄의 도시'라고 불린다. 1995년 크뤼천과 다른 두 사람은 프레온가스 등의 배출로 인해 지구를 보호하는 오존층이 어떻게 파괴되고 있는지를 보여준 공로로 노벨상을 수상했다. 그는 해양, 육지, 대기에 관한 컨퍼런스에 참석했다. 이 강연의 주제는 지구가 인간에 의해 점점 더 많이 오염되고 있다는 것이었다. 1만 1,700년 전에 시작된 간빙기인 홀로세 시대에 대한 강연을 듣던 크뤼천은 모두가 쳐다보는 가운데 흥분해서 소리쳤다. "홀로세라고 말하지 마세요! 지금은 더 이상 홀로세 시대가 아닙니다. 우리는 인류세(Anthropocene)에 살고 있습니다." 크뤼천은 훗날 《네이처》에 기고한 〈인류의 지질학(Geology of Mankind)〉이라는 글에서 "인간은 지질학적 힘이다"라는 자신의 생각을 설명했다. 지금은 다소 낡은 개념이 된 인류세는 정치에서 예술, 과학에 이르기까지 모든 분야에서 사용되고 있다.

인간은 기후를 변화시킬 뿐만 아니라 지구가 마치 우리 인간만을 위해 존재하는 것처럼 행동하고 있다. 지구의 거의 50퍼센트를 인간이 점유하고 있다. 우리는 광활한 숲을 개간하여 목초지와 농지로 바꾸고, 댐과 운하로 강과 물길을 조절하고, 웅장한 건물과 도시를 세웠다. 지구의 육지와 바다를 변화시키고 엄청난 양의 모래를 옮기고 콘크리트, 강철, 돌로 도시를 건설했다. 그에 따라 생물권도 변화했다. 많은 생물종이 멸종했고, 지구에 사는 동물의 대부분을 가축이 차지하고 있다. 전체 조류의 70퍼센트가 우리에 갇힌 닭과 병아리다. 지구상에는 260억 마리에 달하는 닭이 존재하며 지질학자 얀 잘라시에비츠(Jan Zalasiewicz)는 그의 저서 《우리 이후의 지구(The Earth After Us)》에서 닭뼈가 인류의 지표로 간주될 정도로 많은 닭이 존재한다고 했다. 모든 포유류 중에서 야생동물은 전체 육류 무게의 4퍼센트에 불과한 반면, 가축은 무려 60퍼센트를 차지한다. 나머지 야생동물은 우리 인간이 쫓아냈다. 우리는 폭력과 힘으로 지구화학적 순환에 개입한다. 또한 우리는 엄청난 양의 석탄, 가스, 석유를 태울 뿐만 아니라 공기에서 다량의 질소를 추출하고 땅에서 인을 추출한다. 다시 말해 우리는 지구에 지속적인 흔적을 남기고 있다.

1873년, 이탈리아의 지질학자 안토니오 스토파니(Antonio Stoppani)는 "지구의 더 큰 힘에 필적하는 크기와 보편성을 가진 새로운 지구의 힘"에 대해 얘기하며 '인류세'를 언급했다. 1926년, 화학자 블라디미르 베르나츠키(Vladimir Vernadsky)는 인류가 "환경에 점점 더 큰 영향을 미칠 것"이라는 사실을 인식했다. 그는 가톨릭 신학자 피에르 테야르 드 샤르댕과 함께 인간의 두뇌 발달이 미래와 환경에 어떤 영향을 미칠지 강조하기 위해 '누스피어(noosphere)'라는 용어를 만들어냈다. 누스피어는 '인간의 생각으로 이루어진 세계'라는 뜻이다. 베르나츠키는 지질학적 시대를 '정신적 시대(psychozoic)'라고 불렀다. 그는 인간의 집단의식이 지구에 어떤 영향을 미쳤는지, 즉 인간은 더 이상 단순한 호모사피엔스가 아니라 환경과 운명까지 통제할 수 있는 유기체, 즉 호모사피엔스 파베르가 되었다고 주장했다. 프랑스 철학자 앙리 베르그송도 이에 대해 언급했다. "수천 년이 지나면 인류의 혁명과 전쟁을 기억하는 사람은 거의 없겠지만 증기기관과 그 후속 발명품들은 오늘날 우리가 선사시대, 청동기와 석기에 대해 이야기하듯이 기억될 것이다"라고 말했다.[1]

그렇다면 인류세의 시작은 정확히 언제부터일까? 이에 대한 전문가들의 의견이 분분하다. 기후과학자 윌리엄 러디먼(William Ruddiman)은 8,000년 전 숲을 개간하고 5,000년 전 아시아에서 벼를 재배하기 시작한 농업혁명부터라고 주장한다. 그는 이로 인해 대기 중 이산화탄소 수치가 약간 증가했고 다음 빙하기가 지연되었다고 보았다. 증기기관의 발명과 함께 산업혁명이 인류세의 시작을 알린 또 다른 원인으로 지목되고 있다. 하지만 대부분은 1945년 최초의 핵실험에서 비롯된 특정 방사성 지구화학적 신호를 지목한다. 방사성물질은 전 세계로 퍼져 거대한 빙하와 바다, 습지, 호수에 별가루처럼 뿌려졌다. 오늘날 우리는 이 폭탄의 미세한 흔적을 발견할 수 있다. 그린란드 빙상의 중심부처럼 황량한 곳에서도 빙핵의 세슘 농도가 분명하게 증가했다. 많은 사람들이 이러한 방사능의 지구화학적 전환을 인류세의 시작으로 간주하고 있다.

인류세는 1950년대에 인구 증가가 가속화되기 시작한 '대가속화' 현상과도 밀접한 관련이 있다. 20억 명이 조금 넘었던 인류는 100년이 채되지 않은 오늘날 80억 명이 되었다. 동시에 인류의 발자취도 극적으로 증가했다. 예를 들어 자동차의 수는 제2차세계대전 직후 4,000만 대였던 것이 오늘날 10억 대를 훨씬 넘는다. 올더스 헉슬리의 미래 소설 《멋진 신세계(Brave New World)》에서는 세계 최초의 대량생산 자동차인 T-포드가 출시된 해를 원년으로 설정하고 있다. 1950년대 이후 에너지 소비가 기하급수적으로 증가함에 따라 대기 중 이산화탄소 농도는 1950년 310ppm에 불과하던 것이 2020년에는 412ppm으로 증가했다. 현재 지구의 기후는 산업화 이전보다 1.1도 더 높아졌다.[2] 하지만 이것은 시작에 불과하다. 금세기 말까지 최악의 경우 전 세계 기온이 최대 4도까지 상승할 수 있다. 평균기온은 계속 경신되고 있는 가운데 우리는 더 극심한 날씨를 경험하게 될 것이다. 폭우, 가뭄, 폭염이 더 많이 발생할 것이며 더 큰 문제는 해수면 상승이다.

에오세로 돌아가기

은퇴한 치과의사로부터 몇 번 전화를 받은 적이 있다. 그는 격분하며 기후 논쟁에 대해 이야기했다. 그는 과거에는 지구가 더 더웠다고, 기후는 항상 변해왔고, 앞으로도 변할 것이라고 토로했다. 그는 내가 지질학자이기 때문에 그의 의견에 동의한다고 생각하는 듯하다. 인위적인 기후변화는 문제가 아니며 현재의 온난화는 자연적인 주기 중 하나라고 믿고 있었다.

이러한 견해를 표명한 사람은 그뿐만이 아니다. 내가 우리의 선사시대에 대해 강의할 때마다 인위적 온난화를 부인하는 사람들은 자신감 있고 확신에 찬 모습으로 주장한다. 그 주제에 대한 논문을 한 번도 발표해보지 않은 사람들이 말이다. 그들은 IPCC의 의견에 동의하지 않는 과학자들이 침묵하고 있으며 모든 것이 거대한 음모 또는 오해라고 믿는다.

소위 미온적 온난화론자라고 불리는 사람들도 있다. 그들은 우리가 지구를 온난화시키고 있다는 사실은 인정하지만 이것이 긍정적이라고 주장한다. 우리는 더 많은 경작지를 갖게 되고 북쪽의 기후는 더 온화해질 것이며 온실가스는 지구를 비옥하게 만들어 더 푸르고 살기 좋은 곳으로 만들 것이라고 말이다. 현재 지구는 매우 추운 시기에 있으며 새로운 빙하기를 기다리고 있는데, 몇 도의 온난화가 무슨 문제냐는 것이다. 이러한 주장은 온실효과를 발견한 사람 중 한 명인 스반테 아레니우스가 오늘날의 온실가스 배출량을 거의 상상하지 못했을 때와 비슷한 견해이다. 추위와 새로운 빙하기를 두려워했던 그는 이산화탄소 수치가 증가하면 오히려 많은 이점이 있을 것이라고 믿었다. 이러한 생각은 오늘날에도 여전히 유효하며 특히 스칸디나비아인들에게는 매력적인 생각일 수 있다. 따뜻한 여름과 짧은 겨울을 원하는 사람들이 많기 때문이다. 많은 사람들이 겨울철에는 따뜻한 지역으로 피신하곤 한다.

그러나 이 추론에는 몇 가지 논리적 결함이 있다. 지구의 평균온도가 3도 아니면 4도나 5도 상승한다면 어떻게 될까? 이것은 단순히 온도뿐만 아니라 더 극단적인 날씨를 초래한다. 날씨가 더워지면 수증기가 더 많이 증발하여 더 많은 비가 내릴 수 있다. IPCC의 모델에 따르면 홍수에 취약한 지역, 특히 부주의하게 바다나 넓은 강 근처의 평야에 건설한 도시를 위협할 수 있는 집중호우가 점점 더 많이 내릴 수 있다고 한다. 극심한 가뭄과 더 강력한 허리케인의 위험도 증가하고 있다. 기후는 점점 더 예측하기 어려워지고 있다. 선사시대에도 그랬던 것처럼 임계점을 넘어서면 어떻게 될까? 그러면 우리는 통제할 수 없는 급격한 기후변화에 직면할 수 있다.

기후변화가 모든 곳에서 똑같이 일어나지는 않을 것이다. 플라이오세와 마찬가지로 북극은 극지방 증폭 메커니즘의 결과로 지구의 다른 지역보다 훨씬 더 빨리 따뜻해질 것이다. 해빙과 눈이 줄어들면 알베도가 감소해서 더 많은 열이 바다와 육지로 흡수될 것이다. 이는 온난화가 최고조에 달할수록 강화되는 여러 가지 피드백 중 하나이다. 강수량이 증가한다 하더라도 미래 모델링에 따르면 강수량이 고르게 분포되지는 않을 것이다. 스페인, 그리스, 이탈리아와 같은 지중해 국가는 더 심각한 가뭄을 경험할 수 있는 반면, 북부 유럽에서는 강수량이 경신될 수 있다.

기후 위기는 지역에 따라 다르게 영향을 미칠 것이다. 추운 기후와 풍부한 물을 가진 스칸디나비아는 지구온난화로 최악의 영향을 받지는 않을 것이다. 게다가 마지막 빙하기 이후 계속되는 지각 상승(보트니아만의 가장 안쪽 지역은 1년에 최대 1센티미터까지 상승)이 해수면 상승의 영향을 완화할 것이다. 스칸디나비아는 정치적 안정과 탄탄한 경제를 바탕으로 다른 지역보다 더 유리하게 위기를 극복할 수 있겠지만, 안심할 수는 없다. 더 취약한 국가에 위기가 닥치면 스칸디나비아까지 위기가 확산될 수 있기 때문이다. 이로 인해 식량 안보가 붕괴되고 세계의 정치적 안정이 위협받을 수 있으며 난민들이 북쪽으로 몰려들 것이다.

기후부정론자들이 흔히 하는 주장이 "예전에는 더 따뜻했다"는 것이다. 공화당원이자 기후 위기를 부정하는 미국 정치인 릭 샌토럼(Rick Santorum)의 다음 발언으로 요약할 수 있다. "역사상 기후가 변하지 않은 시기를 말해보세요." 노르웨이에서는 진보당 소속 정치인들이 같은 주장을 펼쳤다. 이들은 당의 정책 제안에서 "진보당은 기후변화가 자연적인 것이며 인간의 온실가스 배출로 인한 것이라는 주장을 거부한다"라고 썼다. 기후와 날씨도 혼용되고 있다. 2018년 도널드 트럼프는 트위터에 이렇게 썼다. "잔인하고 장기적인 한파가 모든 기록을 깨뜨릴 수 있다—지구온난화는 어떻게 된 거지?"[5] 물론 열성적인 기후운동가들도 별반 다르지 않다. 그들은 수년간의 폭염, 홍수, 가뭄이 더욱 심해지면 우리가 기후를 조작한 결과 지구의 종말이 임박할 것이라고 예측한다.

우리의 기후 역사는 회의론자와 경고자들 사이의 흑백 논쟁으로 끝나 버렸다. "예전에는 더 따뜻했다"는 말은 인간의 행위와는 상관없이 기후는 어차피 변한다는 것이다. 과거에도 훨씬 더 혹독한 날씨를 겪어왔으니 온실가스를 계속 배출해도 된다는 일종의 변명처럼 들린다.

반면 기후운동가들은 '멸종 저항(extinction rebellion)'과 같은 기후 종말이 시작되었고, 대기가 파괴되어 지구가 더 이상 살 수 없는 곳이 될 것이라고 목소리를 높인다. "인간의 의식을 멸망으로부터 지켜야 한다"라거나 "지구가 지옥으로 떨어질 것이다", "핵폭탄은 땅콩에 불과하다"라는 식이다. 이러한 극단적인 견해는 기후 문제를 단순히 흑백논리로 바라보는 시각이다. 우리의 먼 과거를 이해하면 이러한 대중적 관점에 대한 해답을 제시할 수 있다. 이것은 모든 곳과 모든 시대에 작용하는 끝없이 복잡한 시스템에 대한 통찰을 제공한다. 머나먼 시간을 거슬러 올라가는 여정을 통해 지구는 견고하지만 빙하기 이후에 적응해온 우리의 문명은 취약하다는 것을 알 수 있다. 해수면이 상승하거나 온난화가 통제 불능 상태까지 진행된다면 말이다.

치과 의사와의 대화는 유쾌하다. 지구가 한때 더 따뜻했다는 데는 모두가 동의하기 때문이다. 사실 나는 "기후변화를 막자"라고 외치는 것이 얼마나 무의미한 일인지에 대해서는 살짝 고개를 끄덕인다. 결국 변하지 않는 유일한 사실은 기후가 변한다는 것이다. 하지만 이제 막 시작된 오늘날의 지구온난화가 지구 역사 속의 온실 기후와 무엇이 다른지 물어보면 치과 의사는 조용해진다. 그 답은 주로 하나로 요약되는데 속도이다.

오늘날 대기뿐만 아니라 지구 시스템 전체에서 일어나고 있는 변화는 아마도 지난 6,500만 년 동안 그 어느 때보다 빠르게 진행되고 있다. 지구는 일정한 허용 한계를 가지고 있는데, 우리는 이 한계를 넘어서고 있다. 5,500만 년 전 온실가스 배출량이 최고조에 달해 지구의 기온이 5도 이상 올라갔을 때에 비해 오늘날의 이산화탄소 배출량은 최소 10배 이상이다. 우리는 전속력으로 엄청난 양의 이산화탄소와 메탄을 배출하여 섬세한 균형을 이루고 있는 탄소순환을 놀라운 속도로 변화시키고 있다.

스웨덴의 과학자 요한 로크스트룀은 우리가 기후를 간빙기인 홀로세에서 경험했던 한계치 이내로 유지해야 한다고 말한다. "우리는 배출량을 대폭 줄여야 한다. 그렇지 않으면 우리 문명이 경험하지 못한 기후 영역으로 들어가게 될 것이다"라고 말한다. 비록 우리가 기후를 완전히 이해하지 못하고, 예상했던 것보다 더 나은 결과를 얻을 수도 있지만, 그렇다고 해서 기후를 너무 많이 변화시키는 위험을 감수해야 할까? 바로 이 지점에서 유명한 사전 예방 원칙이 작동한다.

실제로 얼마나 더 나빠질 수 있을까? 유엔의 IPCC는 2100년까지 가능한 여러 가지 시나리오를 제시하고 있다. 시나리오는 우리가 어떤 배출 궤도에 도달할지, 특히 전체 기후 시스템이 온난화에 어떻게 반응할지에 따라 달라진다. 극단적인 예로, 번개처럼 빠른 속도로 행동하면 온도 상승을 약 1.5도로 제한할 수 있다. 우리가 평소와 같이 아무런 제한 없이 그대로 계속 나아가는 시나리오도 있다. 그러면 금세기 말까지 기온이 4.5도 상승할 수 있다. IPCC에 따르면 가장 가능성이 높은 시나리오는 두 극단적인 시나리오의 중간 정도다. 2100년까지 2.7도 상승한다는 것이다. 그러나 여기에는 큰 불확실성이 있다. 대기 중 이산화탄소가 증가하면 기후가 더 따뜻해진다는 것은 알지만 온실가스의 양이 2배로 늘어날 때 기후가 얼마나 변화하고 어떤 현상이 나타날지는 정확히 알 수 없다. 더 많은 수증기가 온난화를 증가시키거나 감소시킬까? 해빙과 눈이 줄어들면 북부 지역이 얼마나 따뜻해질까?

과거를 보지 않고서는 현재와 미래를 알 수 없다. 우리는 홀로세 기후에서 벗어나고 있을까? 미래에는 마지막 간빙기와 비슷한 기후에서 살게 될까? 아니면 5,000만 년 전의 따뜻한 에오세 시대로 돌아갈까? 우리는 이미 기온 상승의 영향을 목격하고 있다. 우리는 6,000여 년 전 간빙기의 온난기와 유사한 기후에 접근하고 있다. 이는 전 세계에 영향을 미칠 것이다. 북쪽의 툰드라는 숲으로 뒤덮이고, 빙하는 스칸디나비아뿐만 아니라 전 세계적으로 계속 줄어들 것이다. 그러면 더 따뜻해지고 난류가 많은 바다는 점점 더 많은 해빙을 몰아낼 것이다. 비슷한 온도로 2도 상승한 시기는 12만 5,000년 전으로 거슬러 올라가야 한다. 그 당시에는 템스강에 하마가 살았다. 그때의 세상은 어땠을까? 그린란드의 빙상과 서남극의 빙상 일부가 녹아 해수면이 지금보다 6~9미터 더 높았다. 해수면 상승은 기후 온난화로 인한 가장 큰 문제 중 하나라고 할 수 있다.

우리 시대의 가장 큰 도전 중 하나에 대해 선사시대는 또 무엇을 말해줄 수 있을까? 2020년, 유서 깊은 런던 지질학회는 캐롤라인 레어

(Caroline Lear) 교수와 여러 저명한 기후과학자들이 작성한 성명서에 지지를 보냈다. 이들은 지질학적 기록이 장기적인 기후에 대응하는 데 어떤 도움이 될지를 언급했다. 첫째, 기온이 높았을 때는 대기 중에 이산화탄소의 농도가 높았다. 둘째, 기온이 높아지면 해수면이 급격하게 변할 수 있다.

예를 들어 마지막 빙하기가 끝날 무렵 나타난 가장 큰 용융수 급증(meltwater pulse) 중 하나에서는 해수면이 1년에 5센티미터씩 상승했는데 이는 오늘날보다 14배나 빠른 속도이다. 불과 1,000여 년 만에 바다는 16미터나 상승했다. 당시 빙상 덩어리는 오늘날보다 훨씬 컸지만, 이는 오늘날의 빙하가 대규모로 녹아 해안 지역에 극적인 결과를 초래하는 데 많은 시간이 걸리지 않는다는 것을 보여준다. 장기 기후 예측에서 레어 교수와 동료들은 신생대, 즉 약 300만 년 전의 플라이오세 중기와 약 5,000만 년 전의 에오세 초기 등의 극단적인 기후 상황을 강조하고 있다.

이산화탄소 수준이 오늘날과 같은 시기는 적어도 플라이오세 중반으로 거슬러 올라가야 한다.[4] 당시 기온은 산업화 이전 수준보다 2.6~4.8도 정도 높았다. 2100년의 예측 기온보다 더 높은 수준이다. 해수면은 오늘날보다 20미터 높았고 북극의 기온은 훨씬 더 상승했으며 여름에는 해빙이 사라졌을 것이다. 이러한 기후변화는 특히 북반구에서 더욱 심화되었다. 유엔의 IPCC가 최근 보고서에서 경고했듯이 플라이오세 시대는 사실상 코앞에 와 있다. 그러나 지구의 일부 과정은 느리고 시간이 걸린다. 더운 기후에서도 빙상이 녹는 데는 수천 년이 걸린다.[5] 바다는 또한 막대한 양의 이산화탄소와 열을 저장하기 때문에 지금까지 온난화를 완화하는 역할을 했다. 이것이 얼마나 오래 지속될 지는 단지 추측할 뿐이다.

IPCC에서 제시한 최악의 시나리오가 현실화되면 2100년까지 4도 이상 상승할 수 있다. 이는 우리가 석탄, 석유, 천연가스를 무제한으로 태우면서 절제 없이 계속 사용할 경우이다. 이 시나리오는 가능성이 희박하다고 하지만 2100년까지는 아니더라도 그런 수준에 도달할 수 있다. 그러면 우리 후손들은 에오세 온난기와는 전혀 다른 기후에서 살아야 할지도 모른다. 두바이의 열기가 북쪽과 남쪽으로 퍼질 것이다. 에오세에는 지구의 이산화탄소 농도가 약 1,500ppm으로 오늘날보다 4배나 높았고 9~14도 더 따뜻했다. 오늘날 순록과 북극곰이 멀리 북쪽으로 이동하는 곳에는 악어와 왕도마뱀이 살았다. 현재의 빙하 지역에는 깊은 숲이 자생하고 있었다. IPCC가 제시한 최악의 시나리오에 따르면 100년 이내에 에오세 온난기와 비슷한 수준의 온난화에 도달할 수 있다는 점을 기억할 필요가 있다.

몇 년 전, 기후과학자 개빈 포스터(Gavin Forster)는 《네이처》에 기고한 글에서 더욱 암울한 시나리오를 그렸다. 화석연료 소비를 줄이지 않으면 2250년에는 대기 중 이산화탄소 수치가 2,000ppm에 달할 수 있다는 것이다. 이는 에오세의 기록을 깨고 2억 년 만에 가장 높은 수준에 도달하는 것이다. 포스터는 오늘날 태양복사열이 그 당시보다 더 강력하다는 점을 감안할 때 "기후 시스템이 지구를 4억 2,000만 년 동안 경험하지 못한 상태로 밀어 넣을 위험이 있다"라고 주장한다.[6]

기후 시스템은 느리게 작동하므로 오늘날 우리가 하는 일이 수천 년 후에도 영향을 미칠 수 있다. 기후는 큰 유조선과 비슷하다. 엔진을 꺼도 배는 계속 앞으로 나아갈 것이다. 따라서 우리가 내일 기적적으로 모든 온실가스 배출을 줄인다고 해도 이미 대기에 배출한 엄청난 양의 이산화탄소는 앞으로도 한동안 기온을 계속 상승시킬 것이다. 기후의 반응 속도가 느리기 때문이다. 더 작은 규모에서도 이러한 현상을 매일 경험할 수 있다. 태양복사열은 한낮에 가장 많지만 기온은 오후에 가장 높다. 또한 6월 말에 태양이 가장 높지만 7~8월에 가장 덥다.

지구는 사람이 살 수 없는 곳이 될까?

"뜨겁고 척박한 행성에서 생존자들은 새로운 북극 문명을 향한 여정을 시작하기 위해 모였다……낙타는 신음하며 다음 오아시스를 향한 길고 힘든 여정을 떠난다." 저명한 과학자 제임스 러브록(James Lovelock)이 그의 저서 《가이아의 복수》에서 기후변화에 대해 디스토피아적으로 묘사한 내용이다. 우리가 지구를 "끓이고" 있지만 "지구를 살려야 한다"고 말하는 사람들은 한 가지 사실을 깨달아야 한다. 오랜 역사를 이어오는 동안 지구는 강력한 생명체로서 이미 여러 차례 극한 상황을 견

더왔다.

　빙하기, 대규모 화산 폭발, 소행성 충돌에서도 살아남았다. 지구상의 생명체는 영향을 받았지만 수백만 년이 지난 후 새로운 생명체가 진화해 멸종된 종들이 남긴 틈새를 차지하면서 새로운 균형이 생겨났다. 그렇다면 지구는 살아남겠지만 우리 인간은 어떻게 될까? 최악의 시나리오 중 하나는 지구온난화가 인류를 멸종시키고, 과열된 금성처럼 '사람이 살 수 없는 행성'으로 변한다는 것이다.[7]

　우리 문화에서는 지구 종말 시나리오를 상상하는 것이 일반적이다. 많은 사람들이 최악의 상황을 상상하지만 지구의 오랜 역사를 돌아봤을 때 온난화로 완전히 파괴되어 사람이 살 수 없는 지구를 상상하기는 어렵다. 이는 이산화탄소 수치가 현재보다 3~4배 높고 최악의 시나리오인 에오세와 같은 기후에 도달하더라도 마찬가지다. 프린스턴대학교의 마이클 벤더(Michael Bender) 교수는 그의 저서《고대기후(Paleoclimate)》에서 "백악기, 팔레오세, 에오세처럼 이산화탄소 수준이 높았다면 세계는 인간이 살기에 더 적합했을 것이다"라고 말한다. 중요한 점은 자연생태계와 문명 모두 기후와 수자원의 역사적 패턴에 적응되어 있지만, 지구온난화는 이 패턴을 파괴한다는 것이다.[8] 우리의 기후 역사에서 발생한 재난들은 수십억의 인구, 대도시와 해안가, 그리고 대량 살상 무기들이 존재할 때 일어난 것이 아니다. 따라서 인류가 적응하거나 생존할 수 있는 기후와 고도로 발전된 문명을 영위할 수 있는 기후를 구별하는 것이 중요하다.

그레타 툰베리는 지구가 '불타는 집'이라고 이야기하지만 아마도 지구를 '혼자 사는 집에서 벌이는 파티'라고 보는 것이 더 정확할 것이다. 간섭하는 사람 하나 없이 집 안의 패널을 떼어내고, 바닥을 긁어내며, 천장을 망가뜨리는 것처럼 말이다. 불타는 것은 아니지만 집을 엉망으로 만들고 있다. 우리 아이들과 손주들은 심각하게 훼손된 집에서 살게 된다.

제임스 러브록은 가이아 가설을 통해 지구에는 기후를 안정화시키는 여러 가지 자기 조절 메커니즘이 있다고 주장한다. 처음에는 이 가설을 인간이 지구의 기후를 바꿀 수 없다는 주장의 근거로 사용했다. 그러나 결국 그는 자체 조절에는 한계가 있으며 임계점을 넘어서면 자기 강화가 되면서 되돌릴 수 없는 변화가 일어날 수 있다고 우려했다. 이것이 바로 미래 기후에 대한 큰 변수이다.

러브록은 100세 생일을 맞아 출간한 마지막 저서 《노바세(Novacene)》에서 인류세가 끝나고 노바세라는 새로운 시대가 도래할 것이라고 주장한다. 거의 종교적인 예언처럼 그는 인간이 창조한 초지능적 존재가 지구를 지배할 것이라고 예측한다. 그 존재들이 가이아의 온도 조절에 관심을 가지고 우리와 함께 이해관계를 공유할 것이라고 낙관적으로 주장한다.

오랜 선사시대에는 지구의 회복력을 보여주었지만 기후 시스템은 심장마비 환자의 심장처럼 움직여왔다. 기후는 빙하기와 그 전후에 큰 폭으로 변동해왔다. 수십 년 동안 그린란드의 기온은 최대 16도까지 상승했다. 빙하기에 일어난 것이지만 미래에 임계점을 넘어서서 돌이킬 수 없는 상태가 될 가능성을 배제할 수 없다. 기후과학자 윌 스테판(Will Steffen)은 다양한 온도 범위에서 발생할 수 있는 위험한 임계점을 살펴봤다.[9] 2도 올라가면 여름철 북극의 해빙이 사라질까? 아니면 그린란드와 서남극대륙의 빙상 전체가 사라질까? 선사시대 기후에 대한 지식을 바탕으로 우리는 약간 더 따뜻했을 때 이 지역에 얼음이 사라졌다는 것을 알 수 있다. 스테판은 기온이 더 높아지면 아마존 열대우림이 위협받을 수 있다고 주장한다. 영구동토층도 녹아내려 '메탄 괴물'이 출현할 수 있으며 이는 결국 온난화를 더욱 악화시켜 지구가 뜨거운 온실 상태로 빠르게 진입하게 된다. 기후 시스템의 가장 큰 변수는 무엇일까? 멕시코만류는 어떨까? 그것도 변화될까? 유엔의 IPCC는 최근 보고서에서 적어도 금세기에는 이러한 임계점을 초과할 가능성이 '거의 없다'고 안심시키고 있다. 하지만 우리는 운명에 도전할 준비가 되어 있는가?

많은 것들이 불확실하다. 기후변화는 많은 문제의 원인으로 지목되고 있지만 진실은 훨씬 복잡하다. 예를 들어 아마존의 열대우림을 가장 위협하는 것은 지구온난화가 아니라 무분별한 벌목이다. 《사이언스》에 실린 기사에 따르면, 숲은 5,600만 년 전 에오세 때 발생한 격렬한 온난화에도 살아남았다. 관련 연구자 중 한 명인 카를로스 자라밀로(Carlos Jaramillo)는 "우리가 벌목하지 않았다면 열대림은 아마도 기후변화에 꽤 잘 대처했을 것"이라고 말했다.[10] 우리는 후손들을 위험에 빠뜨릴 수 있다. 우리 후손들은 아마존 숲이 아닌 사바나를 걷는 위험을 감수해야 할지도 모른다. 지구온난화로 인한 해수면 상승도 섬이 물에 잠기는 원인으로 지목되고 있다. 해안침식, 가라앉는 땅, 맹그로브 숲의 파괴 등이 복합적으로 작용하면 상황이 더 복잡해진다. 동시에 여기에는 큰 전제가 있다. 우리는 지구 해수면 상승의 시작 단계에 불과하다. 지금까지 우리는 타이타닉 전략(배가 가라앉고 있다는 사실을 모른 채 음악과 춤을 즐기는 장면을 비유)이라고 부르는 것을 따르고 있다. 물이 무릎 위로 차오를 때까지 일등석에서 음악과 춤을 즐기는 것이다.

기후 위협

두바이로 비행기를 타고 가면서 끝없는 어둠 속에 석유 굴착기들이 횃불처럼 서 있는 페르시아만을 내려다보았다. 이 건조하고 더운 지역에서 인류의 조상들은 최초의 문명이 출현한 이래 지칠 줄 모르고 싸워왔고 지금도 무력 충돌이 계속되고 있다. 이라크에서는 분쟁이 빈번하게 발생하고 있으며 예멘에서는 2014년부터 전쟁이 계속되고 있다. 시리아에서는 2011년에 피비린내 나는 내전이 발발했다. 일부에서는 이러한 분쟁을 기후변화와 연관 짓기도 한다.

시리아의 경우 대략 다음과 같은 이야기가 전해지고 있다. 수년간의 극심한 가뭄으로 시골 사람들이 도시로 몰려들었다. 공공재와 일자리를 얻기 위한 투쟁이 벌어졌고 불만이 확산되었다. 아랍의 봄과 이집트와 튀니지에서 일어난 폭동에서 영감을 받아 바샤르 알 아사드의 폭압적인 통치에 반대하는 운동이 일어났다. 일부에서는 가뭄을 분쟁의 주요 원인으로 지목하기도 했다. 그러나 많은 평화 연구자들이 지적했듯이 요르단, 리비아, 튀르키예와 같은 국가에도 영향을 미쳤지만 결과는 같지 않았다. 극심한 가뭄은 지속 불가능한 농업 정책의 맥락에서 봐야 한다.[11] 전문가들은 여러 가지 요인이 복합적으로 작용했다고 지적한다. 시리아에서는 처음에는 기후가 아닌 정치범의 고문에 항의하는 시위가 일어났다. 또 하나의 주요 문제는 인구 증가이다. 1990년부터 2020년까지 인구가 약 1,000만 명에서 2,000만 명으로 증가했다. 인구가 늘어난다는 것은 자원을 둘러싼 경쟁이 치열해진다는 의미다. 캐서린 마치(Katharine Mach)와 여러 연구자들은 최근 《네이처》에 발표된 논문에서 기후변화가 오늘날 폭력적 갈등을 유발하는 요인 중 맨 마지막 순위라고 설명했다.

기후변화는 오히려 기존의 위협 요소를 증폭시키는 역할을 한다. 극단적인 날씨, 홍수, 가뭄 등이 이미 존재하고 있는 위협을 악화시키는 것이다. 여기에는 빈곤, 경제적 혼란, 인구 압박, 이웃 국가의 전쟁, 억압과 불공정이 포함된다. 또한 기후변화에 대처하는 국가의 능력과 경제적 회복력 사이에는 밀접한 관련이 있다. 예를 들어 기후변화는 긴급 구호품의 반입을 어렵게 하거나 지역 무장 세력들이 수자원을 장악하는 등 민간인의 상황을 악화시킬 수 있다. 평화 연구가인 할바드 부하우그(Halvard Buhaug)는 "기후가 분쟁 자체를 유발하는 것이 아니라 전쟁과 무력 충돌로 인해 사회가 기후변화에 더 취약해진다"라고 말했다.

미래는 어떨까? 물론 기후 위기로 인한 전쟁과 대규모 난민 발생이 직접적인 원인이라고 할 수는 없다. 하지만 위에서 언급한 《네이처》 논문의 연구자들은 미래에 대해 훨씬 더 비관적이다. 연구진은 지구의 온도가 4도 상승하면 극심한 기후로 인해 무력 충돌이 발생할 위험이 크게 증가한다고 주장한다. 현재도 이러한 조짐이 보이고 있다. 기후변화로 인해 촉발된 가장 잘 알려진 분쟁 중 하나는 가뭄으로 인해 유목민들이 케냐 북부의 건조한 지역에서 남쪽으로 이동한 것이다. 유목민들이 방목하던 동물들이 농부들의 경작지로 풀려나면서 일련의 폭력적인 충돌이 발생했다. 사하라사막의 남쪽 끝자락인 사헬 지역도 미래가 밝아 보이지 않는다. 극심한 가뭄과 폭염이 더 자주 발생하고 인구는 2050년까지 2배 증가할 것으로 예상된다. 중동, 남유럽, 중앙아메리카의 여러 지역에서는 물과 강을 확보하기 위한 투쟁이 벌어질 수 있다. 아랍에미리트처럼 막대한 화석 에너지와 부를 바탕으로 사막에 거대한 담수화 시설을 건설할 수 있는 나라는 없다.

여러 위기가 기후와 연관되어 있지만 실제 원인은 훨씬 더 복잡하다. 역사도 우리에게 교훈을 준다. 예를 들어 그린란드에 정착한 북유럽인들의 멸망은 아마도 이누이트족과의 피비린내 나는 전투, 상업적 붕괴, 기후변화 등이 복합적으로 작용한 결과일 것이다. 예측할 수 없는 기후는 붕괴의 한 요소에 불과했다. 마야, 크메르, 아카드제국의 멸망도 마찬가지였다. 국가를 위기로 이끄는 것은 사회의 취약성과 적응능력이다.

역사학자 제프리 파커(Geoffrey Parker)는 그의 저서 《글로벌 위기(Global Crisis)》에서 17세기 기후변화가 전 세계 인구의 3분의 1이 사망하는 데 어떻게 기여했는지 이야기했다. 그는 겨울이 더 길고 여름이 춥고 습했던 소빙하기의 가장 추운 시기를 암울하게 묘사한다. 이로 인해 유럽과 아시아에서 전쟁이 벌어지는 등 전 세계적인 위기가 발생했지만 단순히 기후 악화만이 위기를 촉발한 것은 아니라고 주장한다. 인간의 실패한 시도와 적응력 부족도 원인이었다. 앞서 언급했듯이 네덜란드와 일본 같은 국가들은 기후 악화의 영향을 받았어도 이 시기를 더 강하게 극복했다. 일본은 폭압적인 도쿠가와 막부의 정권하에 농업은 효율화되었고 농민들이 더 많은 세금을 내지 않도록 다른 나라와의 전쟁을 피했다. 그리고 인구를 억제하기 위해 영아 살해와 같은 과감한 조치가 취해졌다. 흉작으로 인한 피해를 줄이기 위해 곡물 저장고를 만들었고 기아가 발생했을 때 구호품을 더 쉽게 전달할 수 있도록 도로를 건설했다. 파커는 미래를 계획하고 미리 대비하는 사회가 살아남는다고 결론지었다.

폭력적 분쟁과 기후변화 사이에는 일정한 상관관계가 있음이 입증되었다. 이것은 특히 유럽 역사상 냉전시기에 해당하지만 산업화 이후에는 이러한 상관관계가 거의 사라졌다.[12] 역사는 우리에게 교훈을 주지만 지금 우리가 사는 사회는 200년 전과 완전히 다른 성격을 가지고 있다. 우리는 현대 통신 시대에 살고 있으며, 이것이 우리의 문명을 크게 변화시켰다. 한 지역에서 농작물이 흉작을 맞으면 한 지역에서 다른 지역으로, 한 국가에서 다른 국가로, 대륙에서 대륙으로 상품을 빠르고 효율적으로 이동할 수 있다. 이전에는 날씨의 신과 땅이 주는 대로 움직였다면 화석연료는 어떻게든 땅에 묶여 있던 우리를 해방시켰다.

두바이에서 에오세와 다를 바 없는 과열된 세상에서 살게 될 것이라는 비전을 보았고 지구 전체가 두바이처럼 될지도 모른다는 두려움을 느꼈지만, 이 도시는 인간의 엄청난 적응력을 보여주기도 한다. 인간은 아무리 척박하고 열악한 환경에서도 살 수 있으며 기술과 효율적인 커뮤니케이션의 도움으로 뜨거운 사막을 광활한 오아시스로 바꿀 수 있다. 오늘날 우리는 수백만 톤의 석유와 가스를 태워서 살아가고 있다. 태양에너지로 구동되는 지속 가능한 자동차 없는 도시 마스다르시티를 만들려는 시도가 실패한 이유 중 하나는, 아마도 석유 의존도가 높은 지역에서 벌어진 거대한 그린워싱(greenwashing, 기업이 실제로는 환경에 악영향을 끼치는 상품을 생산하면서도 친환경적인 이미지를 내세우는 행위) 프로젝트로 변질되었기 때문일 것이다. 그럼에도 우리는 스스로에게 질문을 던져야 한다. 아랍에미리트와 서구의 소비 패턴을 따르고 있는 다른 국가들을 비난할 수 있을까? 지구상의 대부분의 사람들에게는 수십 년을 내다보는 일이 중요하지 않다. 그들은 하루하루를 살아가는 것이 중요할 뿐이다. 사람들은 자동차, 스테이크, 주택, 가전제품, 해외여행

등 오염을 야기하는 중산층의 생활을 꿈꾸고 있다.

우리는 조상들이 무력하게 희생되었던 불안정한 기후에 대처하고 적응할 수 있는 능력을 지금보다 더 잘 갖춘 적이 없다. 그렇다고 해서 온실가스를 계속 내뿜고 더 많은 실험을 계속해도 된다는 뜻이 아니다. 기후 문제에 대한 해결책이 이 책에 들어 있지 않더라도 소비를 줄이고 지구의 에너지 시스템을 혁신하며 지속 가능한 세상을 만드는 일을 지체할 이유가 없다. 우리는 어쩌면 기후변화의 영역을 어느 정도 통제할 수 있는지도 모른다. 그러면 우리 후손들이 뜨겁고 낯선 행성에 살아야 하는 에오세와 같은 세상은 피할 수 있을 것이다.

나의 할아버지는 90세가 훨씬 넘은 어느 겨울, 지구온난화를 믿지 않는 다고 밝혔다. 성직자였고 독서를 좋아하셨던 할아버지는 노르웨이 남 부 포르스그룬에 있는 계단식 저택의 안락의자에 앉아 기후가 점점 더 워지고 있다는 사실을 부정하고 있었다. 왜 그랬을까? 그의 발이 지금 처럼 차가웠던 적이 없었기 때문이다.

　이 대답은 기후 논쟁의 많은 문제 중 하나를 설명한다. 날씨는 날씨 일 뿐, 더운 여름이나 추운 겨울은 우리에게 알려주는 것이 거의 없다. 중요한 것은 시간의 흐름에 따른 날씨의 변화이다. 이것이 바로 기후이 다. 기상학자들은 30년을 기준으로 기후 평균값을 설정한다.[1] 우리가 기후변화에 대해 이야기할 때는 한 해에서 다른 해로 또는 한 겨울에서 다른 겨울로 변하는 날씨로 판단하는 것이 아니라 그러한 평균값과 비교하는 것이다. 따라서 날씨는 날씨이고 기후는 기후이다.

우리는 과거로 거슬러 올라가 기후 평균값을 구할 수 있다. 오늘날 우리가 경험하고 있는 온난화를 중세와 같은 역사적 온난화 시기 또는 5,000만 년 전, 수백만 년 전의 온난화 시기와 비교할 수 있다는 것이다. 이를 통해 우리는 오늘날의 온난화가 얼마나 독특한 현상인지, 특히 어떤 결과를 초래할지에 대한 통찰력을 얻을 수 있다. 나는 여러 출판물이 서로 다른 기후 평균값을 참고하기 때문에 하나의 기준을 사용하지는 않았다. 1961~1990년의 기후 평균값일 수도 있고, 1991~2020년의 최신 기후 평균값일 수도 있다. 다른 경우에는 1850~1900년과 1880~1900년 모두에 적용될 수 있는 '산업화 이전'의 평균기온을 언급하기도 한다. 이 책에서는 일관되게 적용하지 않았고 단순히 "현재보다 1.5도 더 따뜻하다"라고 쓴 곳도 있다. 이는 다양한 기후 평균값에 대해 상세히 언급하지 않기 위해서였다.

우리는 지구 역사의 주요 특징들을 많이 알고 있다. 하지만 기온, 이산화탄소 함량, 강수량을 재구성하고 이를 장기적인 대규모 기후변화와 연관 짓는 것은 과거로 거슬러 올라갈수록 불확실한 작업이 된다. 첫째, 5,500만 년 전에 기온을 측정한 사람은 없다. 그래서 여러 가지 대리지표를 사용하여 재구성할 수밖에 없다. 모든 연구 결과는 온도가 높았다는 것을 나타내지만 5도 또는 8도 더 높았을까? 그리고 온난화가 전 세계적으로 고르게 나타났을까? 우리가 아는 것은 새로운 방법과 데이터 및 모델링이 새로운 지식을 밝혀낼 것이라는 점이다. 이는 멕시코만류의 역사, 시간 경과에 따른 이산화탄소 수치, 지난 1만 년 동안의 기온 변화, 아카드제국의 붕괴 원인 등 이 책에서 다루는 대부분의 주제에 해당된다. 과학은 역동적이며, 미래에 기후가 변화하듯이 우리의 지식도 변화할 것이다.

이 책을 쓰기로 결심했을 때 선사시대의 기후변화에 대한 간결하고 쉬운 안내서를 생각했다. 하지만 이는 말처럼 쉬운 일이 아니었다. 소빙하기에 관한 모든 이야기를 다루는 것은 도서관 몇 개를 가득 채울 정도로 방대한 일이다. 소빙하기만 해도 고고학, 지질학, 생물학, 기상학, 빙하학, 역사학, 천문학 등 다양한 분야를 아우르는 평생의 연구 프로젝트가 될 것이다. 이러한 이유로 자료를 단순화하고 단축할 수밖에 없었고 기후 역사와 관련된 대표적인 사건들만 다뤘다.

기후변화의 역사에 대해 더 자세히 알고 싶은 분들을 위해 몇 가지 추천 문헌과 참고 자료를 나열해두었다. 또한 주석에는 여러 연구 주제에 대한 자세한 정보가 나와 있다.

이 책을 집필하기 위해 수천 편의 논문과 서적을 검토했으며 연구의 주요 결과를 가능한 정확하게 제시하려고 노력했다. 많은 전문가들이 원고의 전체 또는 일부를 읽고 의견을 제시했지만 이 책의 모든 오류와 오해에 대한 책임은 나에게 있다.

윌리엄 헬란드-한센, 아이스타인 얀센, 얀 망게루드, 아틀레 네스예, 스노레 올라우센, 가드 폴센, 아게 포우스, 헨릭 스벤센, 그리고 에이빈 토르에르센에게 감사드린다. 이 책을 완성하기까지 다양한 단계에서 글을 읽고 의견을 준 분들이다. 아스트리드 신네스, 마농 바자르, 카르스텐 아이그, 할보르 부호그, 프로데 이베르센, 에이리크 발로, 요르겐 페데르 스테펜센, 외이슈타인 모르텐, 요스테인 바케, 요헨 크니에스, 에일리브 라르센, 토르 이바르 한센, 발레리 트루엣, 카린 안드레아센, 모르텐 스멜로르, 스테인-에릭 라우리첸, 에릭 툰스타드, 키어스텐 뮐러, 요한 페테르 뉘스튜엔에게도 감사를 전한다. 토론, 제안, 환대, 여행으로 도움을 준 분들이다.

아이디어부터 완성된 원고까지 또 한 번의 프로젝트를 이끌어준 아세호우그의 편집자 하랄드 엥겔스타드에게 다시 한 번 특별히 감사한 마음을 전한다. 또한 중요한 부분에서 의견을 준 그의 동료 할보르 피네스 트렛볼에게도 감사의 말을 전한다. 마지막으로 원고 작업이 힘들 때마다 다른 생각으로 잠시나마 쉴 수 있게 해준 가족, 마그누스, 에르겐, 에바, 그리고 비베케에게도 따뜻한 감사를 보낸다.

미주

프롤로그_기후극장

1. 이 수치는 연간 85억 톤의 석탄과 40억 세제곱미터의 가스 사용량에서 환산된 것이다. *출처: BP Statistical Review, 2020.*

2. Dybdahl (2016)의 책에서 발췌.

1장 남극의 기후 미스터리

1. 미국의 바다표범 사냥꾼인 머케이토 쿠퍼(Mercator Cooper)는 빅토리아랜드(Victoria Land)의 빙붕에 발을 내디뎠다. 일부 섬에는 이미 하선한 사람들이 있었으며 1820년에 남극대륙에 상륙했다는 근거 없는 주장도 있었다.

2. Martin, C. (2012) "Scientist to the end". *Nature.*

3. 알프레드 테니슨의 시에서 발췌.

4. 칼 안톤 라르센은 1892년부터 1894년까지 제이슨호를 타고 2년 동안 남극을 탐험했다. 그의 발견은 상당한 과학적 관심을 불러일으켰는데, 이는 남극대륙이 항상 얼음으로 덮여 있지 않았다는 첫 번째 증거 중 하나였다. 라르센이 발견한 식물화석은 스콧의 글로소프테리스 형광체(glossopteris phosphors)보다 훨씬 어린 나이의 화석이다.

5. 베게너는 해수면이 크게 변할 수 있고, 해안선이 서로 맞아떨어지는 것이 우연일 수 있다는 것을 알고 있었지만, 수심 측량이 옳았다는 것 역시 중요한 증거였다. 베게너에 대한 자료의 대부분은 Greene (2015)의 책에서 발췌한 것이다.

6. 오스트리아의 지질학자 에두아르드 쥐스는 남반구의 글로소프테리스 화석을 연구했다. 그는 미국, 아프리카 및 인도 대륙이 한때 연결되어 있었다고 믿었다. 이 선사시대 초대륙을 곤드와나(Gondwana)라고 불렀다.

7. 2억 8,000만 년 전의 남극대륙은 현재의 남극대륙과 거의 같은 위치에 있었는데 이는 당시 기후가

오늘날보다 훨씬 더 따뜻했다는 것을 의미한다. 무엇보다도 극야 현상 때문에 글로소프테리스 숲은 엄청난 기후 변동을 겪었을 것이다.

8. Köppen, Wegener (1924), p.47: "글로소프테리스는 스콧 탐험대에 의해 남위 85도 지점에서 발견되었다."

9. "인생에서 위대한 업적을 이룬 사람들은 '해내든지 아니면 죽든지'라는 결심으로 시작했습니다." Fra Loewe, (1970). *The scientific exploration of Greenland from Norsemen to the Present*. Institute of Polar Research, Report No. 5.

10. 트라이아스기와 쥐라기 사이에 일어난 광범위한 화산활동, 일명 CAMP(Central Atlantic Magmatic Province)도 남극의 기후에 영향을 미쳤을 수 있다.

11. 탐험이 끝난 후, 개라드는 황제펭귄 알을 런던 자연사박물관에 직접 기증했다. "나는 세 사람의 목숨을 앗아가고 한 남자의 건강을 해친 케이프 크로지어 배아를 귀하의 박물관에 전달했지만~당신의 대표는 내게 고맙다는 말조차 하지 않았습니다."
   "How a heroic hunt for penguin eggs became 'the worst journey in the world'". *The Observer* (2021년 4월 29일 읽음).

12. 아이러니하게도 더글러스 모슨은 대륙의 이동을 믿지 않았다. 베게너의 이론이 널리 받아들여졌을 때, 대부분의 사람들은 호주가 극지방에 있었다고 생각했고, 모슨은 자신의 주장에 대한 지지를 잃었다. 나중에 면밀한 조사를 통해 호주도 빙하 퇴적물이 쌓일 때 적도 부근에 위치해 있었다는 사실이 밝혀졌다. Hoffman, Schrag (2002): "The snowball Earth hypothesis: Testing the limits". *Terra Nova*. 같은 글에서 저자들은 모슨이 빙하기가 전 지구적으로 발생했다는 것을 처음으로 제시한 사람일 것이라고 썼다.

13. 연구자들은 지구 자기장의 이전 방향이 암석의 철광물에 보존되어 있기 때문에 시간을 거슬러 올라가 남극대륙이 실제로 어디에 있었는지 알아낼 수 있다. 하지만 시간을 거슬러 올라갈수록 불확실성 또한 더 커진다. 첫째, 그러한 빙퇴석이 대규모 산사태로 쌓인 다른 퇴적물일 수 있으며, 둘째, 빙퇴석이 발견된 위도는 고자기 연구를 기반으로 하는데, 이것 역시 여러 가지 불확실성이 있다.

14. 비간야르가 빙퇴석은 1891년 노르웨이의 지질학자 한스 로이쉬(Hans Reusch)에 의해 자세히 설명되었다.

15. 지각판의 느린 이동은 여러 가지 방식으로 지구의 기후를 변화시킬 수 있다. 앞서 언급했듯이 지각판이 적도 부근에 모이면 화학적 풍화작용이 증가하며, 특히 기후가 습한 경우 빙하기를 촉발할 수 있다. 만약 지각판이 극지방에 모이게 되면, 이것 또한 지구를 빙하기로 이끌 수 있다. 많은 사람들은 이것이 지구가 빙하기에 더 취약해지는 이유라고 주장한다. 이와 관련된 한 가지 요인은 바로 알베도이다. 대륙이 극지방에 위치할 때 눈이 쌓임으로써 더 많은 햇빛이 우주로 반사되어 기후를 변화시킬 수 있다. 이 가설은 오늘날과 석탄기(3억 5,900만~2억 9,900만 년 전), 후기 오르도비스기(4억 6,000만~4억 4,000만 년 전)와 같은 오래된 빙하기에서 유효한 것으로 보인다. 대륙이 남극에 있었던 것과 동시에 얼음이 없었던 기간이 있었다. 판구조론과 그것이 기후에 미치는 영향에 대한 많은 내용은 Ruddiman (2015) 참조.

16. 일부 기후 모델은 얼음이 지구 표면의 약 절반을 덮는다면 우주로 방출되는 방사선이 가속화될 수 있음을 보여준다.

17. 바다로 방출된 탄산은 석회석(CaCO3)으로 침전되었다. 그렇다면 탄소는 탄소순환에서 영원히 제외된 것일까? 해저에 저장된 이러한 탄산염은 수백만 년이 지난 후 섭입대(subduction zone)를 통해 맨틀 속으로 밀려 들어갈 수 있다. 이때 탄산염이 녹아 가스가 방출되어 화산을 통해 다시 대기 중으로 방출된다. 이것은 수천만 년이 걸리는 과정이며, 지각의 탄소를 대기로 다시 재순환시키는 데 매우 중요한 역할을 한다.

18. 메탄과 같은 다른 온실가스도 대규모 눈덩이 지구 빙하기 이후 급격한 온난화에 기여한 것으로 추정된다. 많은 양의 메탄은 이른바 메탄 하이드레이트라고도 불리는 얼음 형태로 결합되어 있었다. 기온이 상승하기 시작하자 메탄가스가 방출되었는데 이것은 온난화를 가속화하는 긍정적인 피드백 효과를 일으켰다.

19. 오늘날 눈덩이 지구 이론가들은 더글러스 모슨이 호주에서 발견한 것들을 주요 근거로 삼고 있다. 호주에서 발견된 6억 3,500만 년 된 빙하 퇴적물은 호주가 적도에 위치했을 때 해안가에서 형성된 것이다. 따라서 빙하가 그곳까지 도달했다는 것을 의미한다. 현재도 킬리만자로나 히말라야 같은 적도 지역의 높은 산에서는 빙하를 찾아볼 수 있다. 약 6억 년 전 빙하기가 매우 광범위했다는 중요한 증거는 빙퇴석이 적도 해안가 근처에서 발견되었다는 점이다. 그러나 이 시기의 퇴적물 중 일부는 당시 바다가 열려 있었을 가능성을 시사하며 이로 인해 슬러시볼 가설이 많은 지지를 얻게 되

었다.

20. Hoffman, Schrag (2002), 같은 책에서 인용.

21. 더 많은 산소가 포함된 대기 때문에 지구 역사상 가장 큰 사건이었지만 가장 덜 언급된 대량 멸종이 일어났다. 바로 25억 년 전에 대량의 혐기성 박테리아가 사라진 사건이다.

22. 예를 들어 "How Ancient Forests Formed Coal and Fueled Life as We Know It". *Discover Magazine,* 2021 참조. 오늘날 숲의 '폐기물'은 미생물과 곰팡이에 의해 분해된다. 논란의 여지가 있는 가설에 따르면, 나무의 리그닌을 분해하는 곰팡이가 석탄기에는 진화하지 않아서 이때부터 엄청난 양의 석탄이 매장되었다.

23. 더 큰 화석 뿌리는 데본기 동안 기계적인 풍화작용과 화학적 풍화작용을 증가시켰다. 뿌리가 이산화탄소를 배출하고 유기물질이 분해되어 기반암의 탄산 수치를 증가시킴으로써 발생한다. 탄산은 미네랄을 용해시키고 탄산과 칼슘, 나트륨, 마그네슘 등과 같은 원소는 모두 바다로 방출된다. 거기에서 여분의 탄소는 칼슘과 함께 탄산칼슘으로 침전되어 제거된다. 따라서 풍화는 수백만 년에 걸쳐 대기 중의 이산화탄소 농도를 조절하는 중요한 메커니즘이다.

24. Porada (2016): "High potential for weathering and climate effects of nonvascular vegetation in the Late Ordovician". *Nature.*

25. 기후를 움직이는 에너지의 99.9퍼센트는 태양에서 나온다. 나머지 열은 지열 에너지 형태로 지구 내부에서 방출된다. 태양은 제곱미터당 연평균 240와트(W/m²)의 열을 제공한다. 이에 비해 지구 내부의 지열은 0.09W/m² 정도 기여한다. 지열은 지구가 창조된 시점의 잔여 열과 지속적으로 생성되는 방사능 열로 인한 잔열이다. 태양 광선은 지구 내부에서 발생하는 열보다 훨씬 더 중요하다.

26. Ruddiman (2014). 에스토니아의 천문학자인 에른스트 외픽(Ernst Öpik)은 제4기 이전의 빙하기가 초기에 태양이 더 낮은 강도로 빛났기 때문에 촉발되었다고 가정한 사람 중 한 명이다.

27. Ruddiman (2014). 눈덩이 지구 이전에는 빙하기의 흔적이 거의 없다. 예외로는 24억 년에서 21억 년 전 사이의 휴로니안 빙하기가 있다. 수증기와 메탄가스와 같은 온실가스도 기온에 영향을 미쳤다.

28. Samset (2021).

1. 소행성은 상대적으로 높은 수준의 이리듐을 지니고 있으며, 이 원소는 그러한 천체의 영향을 나타내는 지표로 사용된다.

2. Chiarenza 외. (2020): "Asteroid impact, not volcanism, caused the end‑Cretaceous dinosaur extinction". *PNAS*. 이 연구에서 저자들은 소행성 충돌 후 온도가 어떻게 떨어졌는지를 모델링했다.

3. Burke 외. (2018): "Pliocene and Eocene provide best analogs for near future climates". *PNAS.*

4. Nordenskiöld (1875): "On the former climate of the Polar regions". *Geological Magazine.*

5. 스발바르제도의 식물화석이 해류에 의해 운반된 통나무와 잎에서 유래했다는 가설은 1840년대에 영국의 유명한 지질학자 로버트 머치슨(Robert Murchison)에 의해 제기되었다.

6. 오스발트 헤어는 이 시기를 중신세(Miocene)라고 불렀다. 지질학적 시기는 오늘날과는 약간 다르게 구분되었다.

7. Heer, O. (1868): "On the Miocene flora of the polar regions". *Journal of Natural History.*

8. *Smithsonian Magazine* (2021): "What Fossil Plants Reveal About Climate Change".

9. Estes, Hutchinson (1980): "Eocene lower vertebrates from Ellesmere Island, Canadian Arctic Archipelago". Palaeogeography, *Palaeoclimatology, Palaeoecology.*

10. 고생대가 따뜻했던 이유에 대한 한 가지 가설은 북쪽에 바다가 많았기 때문이다.

11. Crawford (1996); 아레니우스에 대한 스웨덴 P1: "기후 인사이트 – 선구자 스반테 아레니우스".

12. 영국의 존 틴들(John Tyndall)은 일찍이 1861년에 비슷한 제안을 했다. 그는 "주로 수증기의 변화뿐만 아니라 이산화탄소의 변화도 지질학자들의 연구에서 밝혀진 모든 기후변화의 원인일 수 있다"라고 썼다. 틴들은 이것이 당시의 위대한 미스터리, 즉 선사시대 빙하기를 설명하는 데 도움이 될 수 있다고 생각했다. 그는 이산화탄소가 적외선을 차단한다는 것을 발견하고 수증기의 중요성

을 강조했다. 그는 수증기 담요가 "인간의 의복보다 영국의 식물을 위해" 더 필요하다고 믿었다: "여름밤 동안 공기 중의 수증기를 제거하면…태양은 얼음처럼 차가운 손아귀에 갇힌 섬 위로 떠오를 것입니다."

13. 1896년 기사에서 아레니우스는 이산화탄소 농도가 2배로 증가하면 온도가 약 5~6도 상승한다고 주장했다. 그는 1906년에 출간된 대중 과학 베스트셀러 《세상의 진화(Världarnas utveckling)》에서 이 수치를 4도로 수정했다.

14. "대기 중에 이산화탄소가 거의 없을 때(약 0.04퍼센트에 불과할 때) 어떻게 기후에 큰 영향을 미칠 수 있는가?"는 기후 회의론자들 사이에서 반복되는 질문이다. 이것은 이산화탄소 농도가 너무 낮기 때문에 아무 의미가 없다는 논리다. 이는 단지 몇백 밀리그램의 시안화물로 인한 사망률에 대해서도 동일하게 말할 수 있을까? 아니면 1,000잔당 몇 잔의 알코올만 마셔도 몸이 정상적으로 기능하지 않을까, 하는 질문과 유사하다.

15. Anagnostou 외 (2016): "Changing atmospheric CO2 concentration was the primary driver of early Cenozoic climate". *Nature*. 이 연구에서 이산화탄소 수준은 무엇보다도 붕소 동위원소와 알케논을 기반으로 계산되었다. Kowalcyk 외 (2018): "Multiple Proxy Estimates of Atmospheric CO_2 from an Early Paleocene Rainforest"는 콜로라도 캐슬록에서 채취한 암석 연구에서 나왔다. 이는 불확실성이 얼마나 큰지 보여주며 팔레오세에 대해 이산화탄소 수준을 300ppm으로 낮춘 이전 연구보다 더 높은 추정치를 제공한다. 여기에서 저자들은 초기 팔레오세에 대기 중 이산화탄소 농도의 중앙값이 617ppm(352~1110ppm, 95퍼센트 신뢰 구간)이었다고 계산했다.

16. 아레니우스는 현대 지질학자인 아르비드 호그봄(Arvid Högbom)의 연구를 바탕으로 작업을 진행했다. 석탄과 해양 탄산염은 수십억 톤의 이산화탄소를 제거했으며, 이 지층에 저장된 탄소의 양은 대기 중의 이산화탄소에 비해 엄청나게 많다고 아레니우스는 선견지명 있게 지적했다.

17. Stokke 외 (2020): "Temperature changes across the Paleocene-Eocene Thermal Maximum – a new high-resolution TEX86 temperature record from the Eastern North Sea Basin". *EPSL*. TEX86은 과거 바다의 온도를 말해주는 대리지표다. 그것은 박테리아와 유사한 원핵생물인 타움고세균(Thaumarchaeota)에 있는 특별한 유형의 유기분자의 분포를

기반으로 한다. 이 유기화학 물질의 함유량은 온도에 따라 달라진다.

18. Kennett, Stott (1991): "Abrupt deep sea warming, paleooceanographic changes and benthic extinctions at the end of the Palaeocene". *Nature*. 이 논문에서 저자들은 PETM 사건이 5,733만 년 전에 발생했다고 추정하고 있다. 이것은 나중에 더 나은 연대 측정 방법으로 수정되었다. 이 코어는 해양 시추 프로젝트(Ocean Drilling Project) 크루즈에서 채취되었다. 온도가 낮아지면 미생물의 칼슘 탄산염 골격에서 더 무거운 ^{18}O의 흡수가 증가한다. 얼음이 없었기 때문에, ^{18}O 변화는 주로 바다의 열에 의해 조절된다는 것을 의미했다. 동시에 연구진이 이 작은 유기체의 산소 동위원소를 분석한 결과, 해양 표층의 온도가 무려 5도나 상승했고, 아열대 지역의 플랑크톤이 얼음 바다로 이동하고 있다는 것을 보여주었는데 이는 급격한 온난화의 징후였다.

19. 기후과학자들은 PETM 동안의 고대 온도를 결정하기 위해 미세화석의 마그네슘/칼슘 비율(따뜻해질수록 더 많은 마그네슘이 흡수됨), 나뭇잎 모양, 포유류 이빨의 산소 동위원소, 플랑크톤 미세화석의 ^{18}O 등 다양한 방법을 사용한다.

20. 몇 가지 유형의 지구화학적 방법은 풍화가 증가했음을 나타낸다. 퇴적물에서 풍화작용으로 형성된 광물인 카올리나이트의 양이 증가했으며 바다에 살던 미생물의 껍질이 얇아졌다. 이것은 바다가 더 산성화되었다는 것을 의미한다.

21. 미국 와이오밍주의 빅혼 분지는 원래 오늘날 발칸반도에서 자라는 것과 비슷한 습한 숲에서 멕시코의 건조 지역에서 자라는 숲으로 변했다. 텍스트의 일부 자료는 팟캐스트 *Palaeocast*, 에피소드 68 스콧 윙과의 인터뷰를 기반으로 한다.

22. 연구팀이 5,600만 년 된 퇴적층의 탄소 동위원소를 분석한 결과, 가벼운 탄소 동위원소의 양이 눈에 띄게 증가한 것을 발견했다. 이는 같은 시기의 다른 많은 지역에서도 발생한 현상으로 소위 '마이너스 탄소 이탈'이라고 한다. 이는 대량의 탄소가 대기 중으로 분출되었음을 나타낸다.

23. Zeebe 외 (2016): "Anthropogenic carbon release rate unprecedented during the past 66 million years." *Nature*. 물론 그러한 주장과 관련된 불확실성이 있다. 지질학적 기록은 너무 불완전하고, 연대 측정은 너무 불확실해서, 우리가 오늘날과 같이 대기 중 이산화탄소의 급격한 증가가 단기간에 일어나지 않았다는 것을 절대적으로 확신할 수 없다. 이 기사에서 석유, 가스 및 석탄에 대한 매장량 및 자원 추정치는 상당히 다양하지만 화석연료로 경제적으로 회수 가능

한 총 탄수화물 양은 1,000~2,000기가톤이며, 자원은 3,000~13,500기가톤이다(기사의 오각형 참조). Zachos 외 (2001): "Trends, Rhythms, and Aberrations in Global Climate 65 Ma to Present."(Science)에서 저자들은 가장 비관적인 시나리오가 실현된다면 인류는 2400년까지 4,000기가톤을 배출할 수 있다고 지적한다.

24. 오늘날 배출량은 연간 10기가톤을 초과하는 반면, PETM에 따른 배출량은 연간 1기가톤이다.

25. Berner 외 (1983): "The Carbonate-Silicate geochemical cycle and its effect on the Atmospheric carbon dioxide over the past 100 million years." AJS. 해저의 확산은 더 빨랐고, 이로 인해 화산활동이 증가했다. 해저 확산이 빨라졌다는 이론은 BLAG 가설(BLAG hypothesis)로 명명되었다.

26. 탄소의 출처를 찾는 중요한 방법은 탄소 동위원소를 분석하는 것이다. 산소 동위원소를 통해서 얼마나 뜨거워졌는지 알 수 있지만 탄소 동위원소는 탄소가 어디에서 왔는지 알려줄 수 있기 때문이다. 탄소는 가장 일반적인 ^{12}C와 ^{13}C 및 ^{14}C(매우 작음)와 같은 여러 가지 동위원소로 구성된다. 화산활동은 '무거운' 탄소 동위원소를 많이 방출한다. 가벼운 탄소 동위원소는 일반적으로 식물과 동물에서 파생된다. 그들이 조직을 만들 때는 가벼운 탄소 동위원소가 선호된다. 가벼운 탄소 동위원소가 우세하다면, 이는 이산화탄소 공급원이 유기적 기원을 가지고 있으며, 화산(종종 더 무거운 탄소 동위원소, 즉 ^{13}C)에서 직접 유래하지 않았음을 나타낸다. PETM 층에는 가벼운 탄소 동위원소가 우세하다. 이것은 탄소의 유기적 기원을 암시하는 것이다.

27. Caballero, Huber (2013): "State dependent climate sensitivity in past warm climates." PNAS.

28. 만약 메탄의 기원이 메탄 하이드레이트였다면, 그것은 왜 탄소 동위원소가 더 가벼워졌는지에 대한 답도 제공한다. 메탄 하이드레이트에 포함된 메탄은 대부분 생물학적 기원을 가지고 있다. 그것은 해저의 미생물이 죽은 동식물 같은 유기물을 분해할 때 형성된다.

29. 이 부분에서 선택된 출처는 EOS, Vol. 82, No. 50, 2001: "Fishing trawler nets massive 'catch' of methane hydrates"; Dickens (2000): "Methane oxidation during the late Palaeocene thermal maximum." Bulletin de la SGF. Tollefson, J. (2022): "Scientists raise alarm over 'dangerously fast' growth in atmospheric methane." Nature

News; 북극의 메탄 흡수에 대한 논의는 IPCC (2013): *Physical Science,* 2019년 IPCC의 보고서를 수정함. *Cryosphere and Ocean.*

30. 메탄가스가 서로 다른 시간에 빠져나갔다는 사실은 몇 가지 요인에 의해 좌우되지만 가장 중요한 2가지는 다음과 같다. 바렌츠해는 수심이 다르다. 그것은 가스 하이드레이트의 안정성을 결정하는 데 도움이 된다: 수심이 깊을수록 더 안정적이다. 이것은 해수 온도가 상승함에 따라 해수 깊이가 다르기 때문에 가스 하이드레이트가 다른 시기에 불안정해졌다는 것을 의미한다. 가스 하이드레이트의 안정성에 영향을 미친 또 다른 요인은 얼음이 바렌츠해의 대륙붕 전체에 걸쳐 동시에 후퇴하지 않았다는 것이다. 메탄의 출처를 찾는 것도 중요하다. 연구원들은 얼음 코어의 기포에 있는 가스의 탄소 동위원소를 연구함으로써 이 문제를 풀 수 있었다.

31. 바렌츠해의 메탄 배출에 대한 대부분의 텍스트는 Crémière 외. (2016): "Timescales of methane seepage on the Norwegian margin following collapse of the Scandinavian Ice Sheet." *Nature.* 그리고 트롬쇠대학의 카린 안드레센(Karin Andreassen)과의 인터뷰 내용 참조.

32. 이 부분에서 선택된 출처는 IPCC Report AR6, 2021. "The Physical Science Basis". Technical Summary. Steffen 외 (2018): "Trajectories of the Earth System in the Anthropocene". *PNAS.*

33. 이 프로젝트는 북극 시추 탐험(Arctic Coring Expedition)이라고 불렸으며, 시추 코어는 독일 브레멘에 있는 GEOMAR 연구소로 옮겨졌다. 2022년에는 이른바 ArcOp 프로젝트로 새로운 코어를 시추할 예정이며, 북극의 깊은 역사에 대한 새로운 지식을 얻을 수 있을 것이다.

34. 해수 온도의 추정치는 TEX86 분석을 기반으로 한다. 이 부분에서 선택된 출처는 Moran (2006): "The Cenozoic palaeoenvironment of the Arctic Ocean". *Nature.*

35. 예를 들어 이산화탄소 수준과 지구 온도의 하락은 2,300만 년 전 히말라야산맥이 형성되는 동안의 중요 단계와 관련이 있다. 그 후 티베트 고원지대가 급속히 융기되었고, 강렬한 화학적 풍화작용이 일어났다.

36. 백악기 후기에 형성된 도버(Dover)의 하얀 절벽이나 프랑스와 스위스 사이의 쥐라기 산맥(Jurassic mountains)과 같은 엄청난 양의 석회암이 있다. 이것은 바다에 퇴적된 다음 석회암으로 침전된 탄

소다. 석회석에서 시멘트를 생산할 때 수백만 년 동안 저장된 탄소가 방출된다.

37. Anderson 외 (2013). 오늘날 연구자들은 엄청난 양의 해조류가 공기 중에서 이산화탄소를 빨아들인 과정을 재현하려고 노력한다. 대규모 지구공학 프로젝트에서 대량의 암석을 파쇄하여 온실가스에 노출시킨 다음 이산화탄소를 결합하여 그 수준을 낮추는 실험이 수행되고 있다. 캘리포니아주 몬터레이에서는 1,700만 년에서 500만 년 전에 발생한 거대한 녹조에 의해 형성된 두꺼운 유기 셰일층이 발견되었다. 이 해조류는 이산화탄소와 결합하여 산소가 부족한 해저로 가라앉으면서 공기 중의 탄소를 제거했다. 오늘날 캘리포니아에서 생산되는 대부분의 석유는 유기농이 풍부한 셰일에서 뽑아내는 것이다. 역설적으로 한때 이곳에 갇혀 우리를 더 추운 기후로 이끌었던 탄소가 이제 대기로 다시 뿜어져 나오는 것이다.

38. 남극대륙이 언제 고립되었는지에 대한 추정치는 약간 다르다. 1,700~2,200만 년 전 또는 3,400~4,800만 년 전에 일어난 것으로 믿어진다. 북쪽에서도 그린란드는 스발바르에서 서서히 멀어졌다. 이로 인해 프람해협이 열렸고, 해류와 열 수송이 남쪽에서 북쪽으로 바뀌었다. 이 부분에서 선택된 다른 출처는: Zachos 외. (2008): "An early Cenozoic perspective on greenhouse warming and carbon-cycle dynamics"; *Nature.* Coxall 외. (2005): "Rapid stepwise onset of Antarctic glaciation and deeper calcite compensation in the Pacific Ocean". *Nature;* Ruddiman (2014).

39. 주제에 대해 선택된 출처는 "Deads clams talking" https://www.discovermagazine. com/planet-earth/dead-clams-talking (2022년 2월 1일 읽음); Dahlgren 외. (2000): "Phylogeography of the ocean quahog (Arctica islandica): Influences of paleoclimate on genetic diversity and species range". *Marine Biology;* Fyles (1991): "Unique mollusc find in the Beaufort Formation (Pliocene) on Meighen Island, Arctic Canada". *Geological Survey of Canada.*

파일스는 북극 섬초가 온대 지역에서 가장 잘 번성하는 종이라고 썼다. 캐나다 북쪽 한계점은 북위 46도인 노바스코샤이다. 대서양 동쪽에서는 따뜻한 물이 멕시코만류에 의해 북쪽으로 이동하기 때문에 더 북쪽 지역에 서식한다. 노르웨이 해안을 따라 핀마르크까지 매우 흔하게 발견되며, 노르웨이 생물 다양성 정보 센터에 따르면 스발바르에서도 소라 껍데기가 산발적으로 발견되었다. 휠씬 더 추웠던 빙하기 동안에는 지중해 남쪽에서도 발견되었다.

40. https://nature.ca/en/about-us/museum-news/news/press-releases/ remainsextinct-giant-camel-discovered-high-arctic-canadian (2021년 2월 10일 접속). De la Vega 외 (2020): "Atmospheric CO2 during the Mid-Piacenzian Warm Period and the M2 glaciation". *Nature.* 저자는 그 수치가 389(+38/-8)ppm, 즉 427ppm에서 381ppm 사이로 산업화 이전 수준보다 훨씬 높다고 추정한다.

41. 해빙에 관한 엄선된 출처는 Knies 외 (2002): "Evidence of 'Mid-Pliocene (~3 Ma) global warmth' in the eastern Arctic Ocean and implications for the Svalbard/Barents Sea ice sheet during the late Pliocene and early Pleistocene (~3 ~ 1.7 Ma)". *Boreas*; IPCC (2019): *Special Report on the Ocean and Cryosphere in a Changing Climate og Energi og klima*: "Sommerisen I noter Arktis forsvinner"; Lear 외. (2020): Geological Society of London Scientific Statement: "What the geological record tells us about our present and future climate." 후자의 기사에서는 여름에 해빙이 사라졌다고 지적한다. 400만 년 전까지만 해도 스발바르 주변에는 여름과 겨울에 해빙이 없었다. 얼음 범위에 대한 정보는 National Snow and Ice Data Center 에서 제공한다. http://nsidc.org/arcticseaicenews/에서 확인.

42. 이제 헤드라인을 장식하지 않는 몇 가지 주의 사항이 있다. 사실, 가장 중요한 것은 여름 얼음이 아니라 겨울 얼음이다. 해빙이 9월에 가장 낮을 때 북쪽의 태양복사열은 내려가다가 극지방의 밤과 겨울 동안 점차 사라지는 반면, 5월과 6월에 가장 높을 때 북극은 여전히 겨울 얼음으로 덮여 있기 때문이다.

43. 원래 엘니뇨(El Niño)라는 이름은 에콰도르와 페루 앞바다의 태평양에서 발생한 따뜻한 해류에서 유래했으며, 크리스마스 시즌에 에콰도르 해안으로 밀려든다. 엘니뇨는 스페인어로 '남자아이'를 의미하며 여기서는 현상이 발생하는 계절 때문에 '아기 예수'를 나타낸다. 엘니뇨의 다른 결과 북아메리카 중서부의 겨울은 평소보다 따뜻해지는 경향이 있는 반면, 미국 남동부 지역과 멕시코 북서부 지역은 평소보다 더 습해진다. 반면에 북서부 지역은 엘니뇨가 발생하는 해에는 일반적으로 평소보다 건조해진다. 케냐와 탄자니아를 포함한 동아프리카에서는 3월부터 5월까지 비가 더 많이

오고, 모잠비크와 보츠와나 같은 중앙아프리카 남부 지역은 12월부터 2월까지 가뭄을 겪는다. 동태평양의 표면 온도가 높은 지역은 매우 넓으며, 국지적인 온도 상승은 정상 온도보다 3~5도 높을 수 있다. (출처: SNL, CarbonBrief)

44. Bierman 외. (2016): "A persistent and dynamic East Greenland Ice Sheet over the past 7.5 million years", *Nature*. 330만 년 전 플라이오세에 대규모 빙하가 생성되었지만, 빙하의 혀는 750만 년 전에 이미 바다로 튀어나왔다. 이제 이것은 훨씬 더 복잡하다. 빙핵에 대한 연구는 그린란드 빙상이 약 100만 년 전에 녹았다가 다시 커졌다는 것을 보여준다. "그린란드의 얼음은 지난 100만 년 동안 적어도 한 번은 녹았다." (Phys.org), (2022년 5월 18일 접속).

45. Cronin (2009)의 책에서는 북아메리카와 남아메리카 사이의 해협이 폐쇄된 이유가 왜 빙하기를 초래했는지에 대한 교과서적인 버전을 제시한다. 이 인기 있는 가설은 선사시대 기후 사건의 원인을 찾는 데 얼마나 많은 시행착오와 어려움이 있는지를 보여주면서 반대에 부딪혔다. 첫째, 해협이 언제 닫혔는지에 대해서는 의견이 분분한데, 아마도 300만 년 전으로 추정된다. 이 사건을 플라이오세의 따뜻한 시기와 북쪽에서 발생한 만년설과 연결하는 데는 근거가 약하다. 더욱이 북쪽에서 더 많은 열이 실제로 빙하기를 지연시켰을 뿐 빙하기를 촉발한 것이 아니라고 믿는 사람들도 있다.

3장 대혹한

1. 바위는 쪼개져 건축용 돌로 사용되었다. 예를 들어 그린더슬레브 교회는 스칸디나비아의 더 북쪽에서 운반된 화강암, 라르비카이트, 마름모꼴 편마암 같은 다양한 돌을 사용하여 모자이크처럼 지어졌다.

2. 이 부분의 자료 대부분은 게이르 헤스트마르크(Geir Hestmark)가 광범위하게 저술한 옌스 에스마르크의 전기에서 발췌한 것이다.

3. 과학의 역사에서도 다른 많은 경우와 마찬가지로, 같은 아이디어를 연구하는 여러 사람들이 있었다. 장 드 샤르팡티에(Jean de Charpentier)는 루이 아가시보다 한 해 뒤에 빙하기에 관한 책을 출간했고, 영국의 제임스 허튼(James Hutton)과 스위스의 베른하르트 쿤(Bernhard Kuhn)도 일찍이 옌스 에스마르크와 비슷한 견해를 가지고 있었다.

4. 이 장의 선택된 출처는 Zalasiewicz (2016): "Earth will freeze if we don't step in". *New Scientist*; McPhee (1998): Annals of the Former World, Farrar, Straus and Giroux; Woodward, J. (2014): *The Ice Age: A Very Short Introduction*. Oxford University Press

5. 1863년, 스코틀랜드의 지질학자 아치볼드 기키(Archibald Geikie)는 스코틀랜드의 한 도로에서 빙퇴석층 사이에 있는 식물을 발견했다. 이것은 더 많은 빙하기가 있었음에 틀림없고, 그것들이 더 따뜻한 시기에 의해 중단되었다는 것을 증명했다. 지질학자들은 빙하가 육지에 남긴 빙퇴석을 연구한 후, 결국 네 번의 빙하기가 있었다는 결론에 도달했다. 나중에 해저 코어를 통해 40번이 넘는 빙하기가 있었다는 것이 밝혀졌다.

6. 1969년 어느 여름날, 망게루드는 피요상에르의 마지막 빙하기 당시의 빙퇴석을 조사했고, 거기서 특이한 점토 조각을 발견했다. 그러나 그것을 분석하기 시작했을 때, 이전 시대에서 유래했을 수 있다는 것을 깨달았다. 그 안에는 가문비나무의 꽃가루가 있었다. 마지막 빙하기 동안에는 이 나라에 존재하지 않았던 것이다. 이상하게도 피요상에르의 무성한 들판 아래 숨겨져 있는 오래된 지층의 잔재였다. 11만 5,000년 전, 기후는 격렬하고 예측할 수 없이 변했다. 망게루드는 피요상에르 지층에서 이를 확인할 수 있었다. 숲이 사라졌고, 소중히 여겼던 연체동물도 사라졌다. 마지막 빙하기인 바이흐젤(Weichsel)이 진행되고 있었던 것이다. 그것은 거의 10만 년 동안 북반구를 지배할 예정이었다. Mangerud (2009): "Fana har første og beste naturarkiv fra varmetiden før siste istid". *Fana Historielag, Årsskrift*. Mangerud 외. (1979): "Correlation of the Eemian (interglacial) Stage and the deep-sea oxygen-isotope stratigraphy". *Nature*.

7. 그 뼈들은 아마도 35만 년 전인 마지막 간빙기 이전에 살았던 코끼리로부터 유래했다. 이 장에 대해 선택된 출처는: : Juby (2011): *London before London: Reconstructing a Palaeolithic Landscape*. Doctoral Thesis, University of London; Franks (1959): "Interglacial deposits at Trafalger Square, London". *New Phytologist*.

8. Turney, Jones (2010): "Does the Aghulhas current amplify temperatures during super-interglacials?". *Journal of Quaternary Science*. 여기서 '오늘'이라는 단어는 기사에서와 같이 1961~1990년을 가리킨다.

9. 남극대륙의 얼음 코어를 분석한 결과, 마지막 간빙기 동안 남극대륙은 3도 더 따뜻했던 것으로 나타났다. 적도의 기온은 오늘날보다 그리 높지 않았다. 마지막 간빙기를 다루는 몇몇 기사는 다음과 같다. Fischer 외 (2018): "Paleoclimatic constraints on the impact of 2℃ and beyond". *Nature*. McKay 외. (2011): "The role of ocean thermal expansion in Last Interglacial sea level rise". *Geophysical Research letter*. 후자의 기사는 온도가 오늘날보다 0.7±0.6도 더 따뜻했음을 나타낸다. 바다의 온도는 유공충(foraminifera), 방산충(radiolaria), 규조류(diatom)와 같은 작은 유기체, 알케논 포화도 및 유공충의 Mg/Ca 농도로 파악하였다.

10. Fischer, Jungclaus (2010): "Effects of orbital forcing on atmosphere and ocean heat transports in Holocene and Eemian climate simulations with a comprehensive Earth system model". *Climate of the Past*. 이 논문에서 저자들은 궤도 구동의 변화가 에미안 시기 동안 지구에 대한 복사열을 어떻게 변화시켰는가 하는 것뿐만 아니라 해빙의 변화, 바다의 열 수송 및 대기 순환과 같은 다양한 피드백이 어떻게 촉발되었는지를 모델링했다. 특히 해빙 면적의 감소는 북반구의 온난화를 심화시키는 데 기여했다.

11. Broecker 외 (1968): "Milankovitch Hypothesis Supported by Precise Dating of Coral Reefs and Deep-Sea Sediments". *Science*. 여기서 저자들은 해수면이 12만 2,000년, 10만 3,000년, 8만 2,000년 전에 각각 더 높았다고 적었다.

12. 이러한 해수면의 큰 변동은 특히 스칸디나비아에서 뚜렷하게 나타난다. 빙하기 직후에는 해수면이 오늘날보다 221미터나 높았지만, 육지의 융기, 즉 우리가 등방성(isostasis)이라고 부르는 현상으로 육지가 융기되었다. 이것은 지구의 지각이 거의 발포 고무 매트리스와 같기 때문이다. 침대에서 일어날 때 매트리스가 곧게 펴지는 데는 시간이 걸린다. 빙하기 직후의 노르웨이에도 동일하게 적용되었다. 얼음이 녹은 후, 지구의 지각이 '곧게 펴지는' 데 시간이 걸렸다. 따라서 얼음이 가장 얇은 해안에서는 최소한이지만 땅은 여전히 솟아오르고 있으며 노르웨이 동부와 트뢰넬라그(Trøndelag)에서는 최대 몇 밀리미터까지 솟아 있다. 얼음이 가장 두꺼웠던 곳에서는 땅이 가장 많이 솟아올랐다. 따라서 보트니아만 내륙의 육지는 매년 9미터씩 상승하여 핀란드의 토르니오와 같은 해안 도시의 항구가 내륙 깊숙이 있다. 해수면 또한 변화하기 시작하는데, 1만 4,650년 전 대규모 융융수 급증 한 번에 해수면은 50밀리미터 상승했다(이 융융수 급증은 1A라고 불리며 1만 4,650년 전

에 발생했다). 이는 최근 몇 년 동안 해수면이 4밀리미터 미만으로 상승한 것보다 훨씬 높은 수치다. (Lear 외. 2020, 앞의 책, 6p에서 요약됨).

13. 2006년부터 2015년까지 4밀리미터의 해수면 상승은 평균치다. 빙하가 녹는 것 외에도 바다가 따뜻해지고 열 팽창 같은 여러 요인이 기여한다. 해수면 상승은 1901~1970년에 비해 오늘날 3배로 증가했다(IPCC, 2021).

14. 2019년 IPCC 모델의 2가지 시나리오 중에서 고배출 시나리오는 평균 84센티미터의 해수면 상승으로 이어지고, 다소 온건한 배출 시나리오는 평균 46센티미터의 해수면 상승으로 이어진다. "고배출 시나리오(RCP 8.5)는 2300년에 5.4미터의 해수면 증가를 초래한다(IPCC 2019: *Ocean and Cryosphere*)"와 "2100년까지 전 세계 해수면은 매년 2센티미터씩 상승할 가능성이 있다(Lear 외. 2020)" 중에서 선택한다.

15. IMBIE TEAM (2019): "Mass balance of the Greenland Ice Sheet from 1992 to 2018". *Nature*. 최근 몇 년 동안, 그린란드의 빙상은 연평균 약 250기가톤씩 줄어들고 있다. 그렇다면 기가톤이란 얼마나 큰 양일까? 각 변이 1제곱킬로미터인 거대한 얼음 조각을 상상해보라. 하지만 그린란드 빙상에는 여전히 엄청난 얼음이 남아 있다. 그린란드의 빙상은 285만 기가톤이다. 연간 빙하가 녹는 양은 많지만, 이는 전체 빙상의 0.1퍼센트에 불과하다.

16. Dahl-Jensen (2013): "Eemian interglacial reconstructed from a Greenland folded ice core". 이에 대한 논쟁이 있다. GISP2 빙핵에 대한 미국의 한 연구는 그린란드 빙상이 해수면 상승에 훨씬 더 많은 기여를 했다고 주장한다.

17. 남극대륙의 해빙이 시작되었다는 징후가 나타나고 있다: 1992년에서 2017년 사이에 남극대륙은 매년 평균 0.15밀리미터에서 0.46밀리미터의 얼음 상승에 기여했지만, 2012년과 2017년 사이에 얼음 손실이 증가하여 해수면이 0.49밀리미터에서 0.73밀리미터 상승했다. 특히, 파인 아일랜드 빙하(Pine Island Glacier)의 녹는 속도가 빨라지고 있으며 스웨이츠 빙하(Thwaites Glacier)와 아문센해(Amundsen Sea)로 흘러들어 가는 서남극대륙의 주변 빙하가 빠르게 녹고 있다; Pattyn, Morlighem (2020): "The uncertain future of the Antarctic Ice Sheet". *Science*.

18. "마지막 간빙기 초기의 해양 온난화로 인해 남극에서 상당한 얼음이 손실되다"(PNAS)라는 논문에서, 터니 등은 대략 13만 년 전부터 8만 년 전까지 5만 년 동안 얼음이 사라졌다고 가정했다. 이것

은 그 지역에 얼음이 없었다는 것을 의미한다고 연구자들은 말했다. 기타 선택된 출처는 Milillo 외 (2022): "Rapid glacier retreat rates observed in West Antarctica". *Nature.* University of New South Wales (2020): "Ancient Antarctic ice melt increa sed sea levels by ±3 meters and it could happen again" (2021년 4월 읽음).

19. 지구가 태양 주위를 납작한 타원처럼 돈다는 것은 1600년대에 요하네스 케플러에 의해 설명되었다. 그리스의 천문학자 히파르코스(기원전 190~120년경)는 이미 천체에 대한 오래된 관측을 비교한 결과 시간이 지남에 따라 천체가 움직인다는 것을 발견했다.

20. 이 부분의 선택된 출처는 Fleming (1998): "Charles Lyell and climate change: Speculation and certainty". GSLSP; Sugden (2014): "James Croll (1821-1890): Ice, ice ages and the Antarctic connection". Antarctic Science ; Hestmark (2017). William Whistons, A New Theory of the Earth from its Original to the Consummation of All Things. Croll, Milankovic의 상당 부분은 Imbrie, Imbrie (1986)에서 가져온 것이다.

21. Mangerud, J. (2003): "Istider og jordas stilling i forhold til sola". *KlimaProg.*

22. 특히 북반구에 대한 태양복사의 변화는 매우 중요했는데, 육지의 대부분이 그곳에 있기 때문에 빠르게 따뜻해지고 빠르게 냉각된다. 이것은 바다가 지배하는 남반구와 대조를 이루며 해류가 열을 더 많이 분배한다.

23. 얼음 코어는 메탄 농도가 상승하고 있음을 보여주지만, 그러한 간빙기 동안에는 평소보다 더 많지는 않다. 간빙기의 원인은 "The last interglacial – why was it so warm?" *Skeptical Science* (2011) 에 설명되어 있다.

24. 지구 궤도의 변화에도 불구하고 연간 총 태양복사량은 거의 일정하다. 여기서 변화하는 것은 에너지가 지리적으로 그리고 계절에 따라 분포되는 방식이다. 이러한 현상은 지구의 빙하가 시작되고 끝나는 데 영향을 미친다.

25. 이 두 코어를 사용하게 된 가장 중요한 이유는 각 층의 연대를 비교적 정확히 알 수 있기 때문이다. 동시에 육지에서 멀리 떨어져 있었기 때문에 육지에서 바다로 유입된 퇴적물에 의해 '오염'되지 않았다. "코어는 냉동 창고에 있었고, 우리는 추위에 떨고 있었습니다. 코어가 개봉되었을 때, 떨림이 멈췄어요. 우리가 뭔가 흥미로운 것을 발견했다는 것을 바로 알 수 있었습니다." 헤이즈는 코어 중

하나를 개봉했을 때를 이렇게 회상했다.

26. Maslin (2016): "Forty Years of linking orbits to ice ages". *Nature*. 매슬린은 1만 8,000년 전의 궤도 구성이 오늘날과 매우 유사했다고 썼다. 그것은 세차운동, 지구 축의 기울기, 지구 궤도의 모양이라는 3가지 매개변수를 모두 포함한다.

27. 빙하기 주기가 평균 약 10만 년 동안 지속되지만, 실제로는 8만 년에서 12만 년까지 다양했다는 것이 밝혀졌다. 이것이 반드시 이심률 때문만은 아니며, 연구자들은 세차운동과 지구 자전축의 기울기를 포함하는 다양한 제안을 내놓았다. 방하기의 종식은 일반적으로 네 번째 또는 다섯 번째 세차운동 주기 또는 두 번째 또는 세 번째 지축 기울기 주기마다 발생하며, 일부 학자들은 이 두 요소의 조합이 빙하기 주기를 조절한다고 주장한다. 이 논쟁은 40년 전에 시작되어 현재까지도 계속되고 있다. (Maslin, 2016)

28. Walker, Leakey (1993): *The Nariokotome Homo Erectus Skeleton*. Springer -Verlag Berlin.

29. 330만 년 된 호미닌(hominin)이 석기를 만든 선구자다. 1964년, 루이스 리키(Louis Leakey)는 235만 년에서 150만 년 전까지 살았던 호모하빌리스(Homo habilis)를 발견했다. 2013년, 한 에티오피아 학생은 280만 년 전의 더 오래된 화석을 발견했다. 호모(Homo) 속은 갑자기 40만 년이나 더 오래된 것으로 밝혀졌다. 호모하빌리스와 이후의 호모에렉투스(Homo erectus)는 네안데르탈인과 현생인류인 호모사피엔스와 마찬가지로 이러한 초기 '남부 유인원'에서 유래했다.

30. Behrensmeyer (2005): "Climate change and Human evolution". *Science*. 아라비아해의 중심부에서 연구자들은 동아프리카에서 바람에 날리는 먼지의 양을 조사했고, 그 후 기후가 더 불안정해졌다고 기록했다. Kjernen ODP 722/723은 350만 년 전에서 150만 년 전의 기간을 다루고 있다. 바람에 날리는 먼지의 양은 시간이 지남에 따라 증가했다.

31. https://www.nationalgeographic.org/maps/paleogeography-lake-turkana/. 이 기사의 지도는 지난 1만 년 동안 호수의 범위를 보여준다(2021년 4월 12일 접속).

32. 극도로 변화무쌍한 기후의 시기는 270~250만 년, 190~170만 년, 110~90만 년 전에 발생했다.

33. https://en.wikipedia.org/wiki/LD_350-1 (2021년 4월 16일 읽음).

34. Maslin (2014): "East African climate pulses and early human evolution". QSR

35. 몬순은 바다와 육지의 온도 차이로 나타난다. 봄과 여름에는 아시아와 아프리카의 육지 표면이 따뜻해지고 공기가 상승하며 바다의 풍부한 공기가 빨려 들어가 강수량을 생성한다.

36. 지구가 습했던 기간은 10만 6,000 ~ 9만 4,000년 전, 8만 9,000 ~ 7만 3,000년 전, 5만 9,000 ~ 4만 7,000년 전, 4만 5,000 ~ 2만 9,000년 전이었다. Timmermann, Friedrich (2016): "Late Pleistocene climate drivers of early human migration". *Nature*. deMenocal, Stringer (2016) "Climate and the peopling of the world" *(Nature)*. 이 논문에서는 13만 년 전에서 11만 8,000년 전 사이에 이주가 일어났음을 강조한다.

37. Nicholson 외. (2020): "Pluvial periods in Southern Arabia over the last 1.1 million-years". *QSR*. 아라비아 남부 지역은 연간 강우량이 300밀리미터 이상인 습한 기간이 최소 21차례 있었다고 기록되어 있다. 이것들은 간빙기와 동시에 발생하였다.

38. 근본적으로, 이러한 이주는 다음 사항이 적용된다. 기후는 자원의 가용성에 영향을 미치고, 이는 다시 한 지역에 얼마나 많은 사람들이 살 수 있는지, 즉 그 지역의 생태적 수용 능력을 결정한다. 수용 능력에 문제가 있는 경우(배출 요인) 사람들이 이동하게 되지만, 다른 지역에 더 많은 먹이가 있다는 것을 발견하고 새로운 지역이 더 매력적이라는 것을 알게 된다(유입 요인). 호미닌이 아프리카를 떠난 이유에 대한 또 다른 가능한 설명은 투르카나 호수와도 관련이 있다. 초기 인류의 중심지였던 이곳은 물과 식량을 안정적으로 확보할 수 있는 곳이었다. 무엇보다도 습한 시기에는 호숫물이 가득 찼다. 그리고 자원의 풍요로움은 인구 증가로 이어졌다. 한쪽에는 호수가, 다른 한쪽에는 숲이 우거진 계곡의 가장자리가 있어 공간이 점차 비좁았다. 일부 연구자들에 따르면, 이러한 인구 압박으로 인해 호미닌 무리는 녹색 통로 중 하나를 통해 북쪽으로 이동하게 되었다고 한다. 그들은 아프리카를 떠나 레반트와 중동으로 이동했다.

39. Tierney 외. (2017): "A climatic context for the out-of-Africa migration". *Geology*.

40. Bergström (2021): "Origins of modern human ancestry". *Nature*. 그리스에서는 호모사피엔스에 이어 네안데르탈인이 등장했다는 사실이 밝혀졌다. 가장 오래된 호모사피엔스 화석은 모로코의 제벨 이르후드(Jebel Irhoud)에서 발견되었으며, 그 연대는 31만 5,000년 전으로 추정된다. 중국에서는 8만 년에서 11만 3,000년 전의 호모사피엔스 화석이 발견되었으며, 호주에서는 초기 인류의 것으로 추정되는 약 6만 5,000년 된 화석이 발견되었다. 그러므로 아프리카로부터의

이주가 몇 차례 있었던 것으로 보이며, 아프리카 외 지역에 살고 있는 대부분의 인류는 약 5~6만 년 전에 아프리카를 떠난 집단에서 유래했을 것이다.

41. 북아메리카에는 1만 4,000~1만 년 전부터 사람이 살았다고 오랫동안 전해지고 있다. 이제 연구자들은 화이트샌즈 국립공원(미국 뉴멕시코주)에서 2만 2,860~2만 1,130년 사이의 인간 발자국을 발견했다. 그것은 북아메리카에 인구가 등장한 시기가 마지막 빙하기 최대기(가장 추웠던 시기)에 가까웠다는 것을 의미한다.

42. Carotenuto 외 (2016): "Venturing out safely: The biogeography of Homo erectus dispersal out of Africa". *Journal of Human Evolution*. 여기서 호모에렉투스는 먹이의 이동에 따라 시나이산 육교를 따라 이동했는데 이는 습한 기간과 그들의 이동 사이에 통계적 상관관계가 있다는 것이다.

43. 회의의 주제는 "The Present Interglacial: How and When will it End?"였다. 1972년 *Quaternary Research* 한 호 전체 지면은 회의 참가자들의 기사로 채워졌다.

44. 밀란코비치의 가설을 되살린 지질학자 제임스 헤이즈(James Hays)와 존 임브리(John Imbrie)도 브라운대학교에서 열린 다소 악명 높은 회의에 참석했다. 그들이 밀란코비치 주기로 미래를 모델링했을 때, 북반구가 '수천 년' 이내에 광범위한 빙하기를 겪게 될 것이라고 주장했다. 단, 그들은 한 가지 전제를 두었다. 그것은 인간이 석탄, 석유, 가스 등을 태우는 등 기후에 영향을 미친다는 사실은 모델에서 제외했다는 점이다.

45. 여기서는 Ganopolski 외 (2016): "Critical insolation–CO2 relation for diagnosing past and future glacial inception". *Nature*를 기반으로 한다. 태양 주위를 도는 지구의 공전궤도는 10만 년에서 40만 년을 주기로 평평한 타원에서 원으로 천천히 변하고 있다. 궤도가 원형에 가까워질수록 오늘날과 같이 세차운동이 기후에 미치는 영향이 약해진다. 예를 들어 북반구의 여름이 지구가 태양으로부터 가장 멀리 떨어져 있을 때 발생하더라도 궤도가 거의 원형인 경우 크게 영향을 미치지 않는다. 반면에 지구 궤도가 더 타원형이었다면 여름이 더 추워졌을 것이다.

46. 메탄과 같은 온실가스는 대기 중 수명이 매우 짧은 반면 이산화탄소는 수명이 길기 때문에 대기 중 이산화탄소 배출량이 산업화 이전 수준으로 감소하는 데 약 10만 년이 걸릴 것으로 예상된다.

4장 전환점의 기후

1. Jansen, E. 외 (2020): "Past perspectives on the present era of abrupt Arctic climate change". *Nature*에서 논의된 후기 빙하기뿐만 아니라 마지막 빙하기 전반에 걸쳐 많은 급격한 기후변화가 발생했다.

2. 그린란드의 빙핵에는 12만 5,000년 된 일련의 얼음층이 있다. 그 속에는 최대 100만 년 전의 얼음도 있지만 대부분 분리된 파편들이다. 연구자들은 해마다 쌓인 눈의 층을 세어 나이를 알아내고, 운이 좋다면 대규모 화산 폭발의 얼음층에 남은 흔적을 이용해 나이를 보정할 수 있다.

3. 다음 내용은 Dorthe Dahl-Jensen (2009): "Istiden slut tede ekstremt hurtig" *Forskerliv – Liv i forskningen. 10 fortællinger,* Villum Kann Rasmussen에서 발췌한 다양한 산소 동위원소의 양이 변하는 이유에 대한 조금 더 자세한 설명이다. 바다에서 수증기를 흡수해서 생성된 구름이 내륙의 빙하로 흘러가면서 냉각되어 강수(비나 눈)를 방출한다. 구름 속의 수분량은 냉각됨에 따라 감소하기 때문에 빙상의 중심부, 즉 빙핵이 뚫린 곳까지 도달하기 전에 수분이 줄어든다. 비가 오면 무거운 ^{18}O를 가진 물 분자는 가벼운 ^{16}O보다 더 쉽게 "떨어지게" 되는데, 이는 단순히 더 무겁기 때문이다. 따라서 구름이 빙상을 가로지르는 여행에서 더 많이 냉각될수록 더 많은 물(그리고 무거운 ^{18}O)을 잃게 되고 더 적은 ^{18}O가 남게 된다. 이런 식으로 얼음 속의 ^{16}O와 ^{18}O의 비율은 눈이 빙상에 떨어졌을 때 구름의 온도에 대해 알려줄 수 있다.

4. 언급된 두 기간의 화산재층은 크라케네스(Kråkenes)와 비에르크레임(Bjerkreim) 같은 서부 노르웨이 습지에서도 발견되었다. Mangerud 외 (1984): "A Younger Dryas Ash Bed in Western Norway, and Its Possible Correlations withTephra in Coresfrom the Norwegian Sea and the North Atlantic". *JQS.* 이러한 화산재층은 빙핵 연구자들이 빙핵의 나이를 파악하는 데 도움이 된다. 이는 단순히 얼음층을 세는 것만으로는 어려운 일이다.

5. 이 죽은 얼음 구덩이는 얼음덩어리가 남아서 형성된다. 그것은 빙하의 퇴적물로 덮여 있었다. 얼음이 녹으면서 지형이 움푹 들어갔다. 알레뢰드에서 흔히 볼 수 있는 또 다른 현상은 이른바 평평한 슬로프(언덕)다. 그것은 얼음 표면에 큰 호수가 형성될 때 생겨나는데 퇴적물로 가득 차 있었고 주변의 얼음이 녹으면 내륙의 바다 퇴적물이 크고 평평한 능선을 형성했다. 이 부분에서 언급된 현장 조사는 다음 문서에 요약되어 있다. Hartz, Milthers (1901): "Det senglaciale Ler i Allerød

Teglværksgrav". *Medd. fra Dansk geol. Forening.*

6. 덴마크인들은 또한 얼음 중심부의 수소 동위원소를 연구했다. 일반 수소 동위원소와 중수소 동 위원소의 비율로 강수량의 원인을 알 수 있다. 1만 4,700년 전, 중수소 농도가 갑자기 떨어졌고, 중수소와 수소의 비율이 단 1년 만에 바뀌었다. 이것은 요르겐 페데르 스테펜센(Jørgen Peder Steffensen)에 따르면 대기 순환의 완전한 재배열이 있었다는 것을 의미한다.

7. 영국 남극 조사국(British Antarctic Survey https://www.bas.ac.uk/data/our-data/ publication/ice-cores-and-cli-mate-change/(2022년 5월 24일 접속)에 얼음 코어와 이산화탄소 농도에 대한 섹션이 있 다. 그린란드의 얼음 중심부는 남극대륙만큼 오래전으로 거슬러 올라가지 않는다. 그린란드의 얼 음 코어 바닥에서 100만 년 된 얼음 조각이 발견되었지만, 그것들은 주로 지난 12만 5,000년 전에 대한 정보를 제공한다. 이것은 그린란드에 있는 얼음 아래쪽 부분이 약간 타르처럼 떠다니며 빙하 층을 변형시키기 때문이다. 또한 그린란드는 남극대륙보다 눈이 더 많이 내린다. 따라서 빙하층이 더 두껍고, 연간 빙하층의 '공간'이 더 적다.

8. 남극해가 이산화탄소의 저장고로서 어떻게 기능하는지, 특히 빙하기가 끝나는 해빙기 동안 이 산화탄소가 어떻게 표면으로 상승하는지에 대한 과정은 Ronge (2021) "Southern Ocean contribution to both steps in deglacial atmospheric CO2 rise." *Nature*에서 논의된다. 이것은 다양한 가설이 돌고 있는 주요 연구 주제이며 Rudiman(2014)의 자료에 자세히 설명되어 있다.

9. 그린란드 북쪽 해안가에서는 물이 차가워지고 표면이 얼어붙는다. 얼음은 대부분 담수로 구성되 어 있기 때문에 바닷물은 더욱 짜고 무겁다. 해류가 북쪽으로 확장되어 생기는 북대서양 해류는 노르웨이와 그린란드 사이까지 흐른다. 멕시코만류는 종종 대서양 자오선 역전 순환류(Atlantic Meridional Overturning Circulation, AMOC)로 알려진 것과 혼동된다. 이 책에서는 멕시코만류라는 이름을 사용하기로 결정했는데, 이것은 훨씬 더 큰 AMOC 시스템의 표면적인 부분일 뿐이다. 사람 들이 멕시코만류의 약화에 대해 말할 때, 실제로는 AMOC가 약화되고 있다는 것이다.

10. 현대에는 단기적인 해빙으로 인해 겨울이 더 추워졌다. 1960년대에는 북극에 많은 해빙이 있었고 많은 양의 얼음이 운반되어 프람해협을 통과했다. 이로 인해 심층수 형성이 급격히 약화되었다. 따 라서 1960~1990년은 북반구에서 상대적으로 추운 시기로 간주된다(Kolstad, Paasche, 2013).

11. NGrip(북그린란드 빙하 코어 프로젝트)의 얼음 코어에 따르면 1만 1,700년 전 온도가 급격히 상승하기 전에는 얼음층에 먼지가 적었다. 이것은 멕시코만류가 다시 시작되기 전에 중앙아시아의 기후가 더 습해졌다는 것을 의미할 수 있다. 스테펜센의 설명은 태평양 계절풍(몬순)이 북쪽으로 이동했다는 것이다. 서늘한 시기에는 그 반대 현상이 일어났다: 그다음에는 멕시코만류가 줄어들었다. 북쪽의 해빙은 더욱 남쪽으로 가라앉았고, 아프리카와 아시아의 계절풍은 남쪽으로 이동되었다. 그 후 사하라사막이 확장되었고, 열대지방의 늪지와 습지가 줄어들었다. 이로 인해 그린란드 빙상 위로 더 많은 먼지가 뿌려졌는데, 이는 빙핵에서 찾아볼 수 있다. 한편, 열대 바다와 적도 남쪽에는 북대서양 해류가 약해졌기 때문에 열이 축적되고 있었다. 그 이유는 불확실하지만, 기상 시스템은 서로 밀접하게 연결되어 있다. 대체로 멕시코만류가 강해지면 몬순은 종종 북쪽으로 이동할 것이다. 동시에 아이슬란드 주변에서 저기압이 점점 더 커지고 강력해지며 겨울에는 습하고 따뜻한 기류가 유럽 상공을 떠다닌다.

12. 같은 기간 동안 그린란드의 NGrip에서 얻은 기후 곡선을 EPICA(남극대륙에서 얼음 코어 채취를 위한 유럽 프로젝트) 얼음 코어와 비교해보면, DO 현상(Dansgaard-Oeschger Events, 급격한 기후변화)은 반대의 위상에서 발생한다는 것, 즉 동시에 나타나지 않는다는 것을 알 수 있다(Dorthe Dahl-Jensen, 2009에서 인용).

13. 이러한 H-현상(빙하기 동안 발생한 급격한 기후변화)는 하르트무트 하인리히(Hartmut Heinrich)에 의해 처음 언급되었다. 3개의 해저 코어에서는 빙산에서 유래한 것으로 여겨지는 더 거친 퇴적물이 발견되었다. 얼음 뚜껑으로 덮인 입자의 농도가 가장 높은 곳은 북위 45도에서 55도 사이, 아이슬란드 남부, 프랑스 남부 서쪽에서 발견된다(Kolstad, Paasche, 2013). 이러한 DO 현상은 1,500년마다 발생한다.

14. nrk.no "Tviler på 'skremsel-studie' om havstrømmer"에 잘 요약되어 있다.

15. 예를 들어 "Climate crisis: Scientists spot warning signs of Gulf Stream collapse" Guardian, 2021 8., 그리고 "A critical ocean system may be heading for collapse due to climate change, study finds" *Washington Post, 2021* 는 Boers (2021): "Observation-based early-warning signals for a collapse of the Atlantic Meridional Overturning Circulation". *Nature*를 기반으로 한다. 기후과학자 제시카 티어니

가 트위터에 올린 글에서 이 기사와 보도 내용에 대한 비판이 이어졌다.

https://twitter.com/leafwax/status/1424814424548728834

16. 한 연구 그룹은 노르웨이 해안을 따라 해류를 타고 물이 운반되는 양이 증가했다고 결론지었다. 이는 더 강한 바람이 더 많은 물을 북쪽으로 밀어내고 물의 양 간의 밀도 차이가 증가하는 것과 같은 몇 가지 요인 때문이다. 얼음이 적다는 것은 물이 더 많이 냉각된다는 것을 의미하며, 이는 북부 지역으로 유입되는 물과 이미 존재하는 물 사이에 더 큰 차이가 있음을 의미한다. 이것은 해류의 흐름을 더 강하게 만든다. 멕시코만류는 지구온난화 때문에 더 따뜻했다. 이 연구는 "Ny studie slår fast: Golfstrømmen har blitt mye kraftigere" NRK 2022. 1, Smedsrud 외 (2022): "Nordic Seas Heat Loss, Atlantic Inflow, and Arctic Sea Ice Cover Over the Last Century". *Reviews of Geophysics*의 측정과 모델을 기반으로 했다.

17. Bender (2013). 지구가 빙하기에 접어들었을 때 온도 변동이 더 커진 이유는 큰 얼음 방패가 알베도를 증가시켜 냉각을 강화했기 때문이다. 그러나 얼음이 녹으면 해류 변화에 의해 온난화를 증폭시키는 것과 같은 많은 피드백 메커니즘이 촉발된다. 이것은 요요 기후 현상을 만드는 데 도움이 되었다.

18. 북대서양에서 일어나고 있는 일이 전 지구에 미치는 결과와 관련하여, Xiong 외 (2018): "Rapid precipitation changes in the tropical West Pacific linked to North Atlantic climate forcing during the last deglaciation" *(QSR)*에서는 예를 들어 어떻게 먼 서태평양까지 강수량의 급격한 변화를 초래할 수 있는지 설명한다.

5장 마지막 낙원

1. 악셀 블리트(Axel Blytt)는 예렌(Jæren), 리스타(Lista), 퇸스베르그(Tønsberg), 트론헤임(Trondheim) 등 노르웨이 전역의 습지를 탐험하면서 이탄층 사이에 통나무가 층층이 쌓여 있음을 확인할 수 있었다.

2. 1876년 악셀 블리트는 《북극과 북극해에 서식하는 식물에 관한 이론(Forsøg til en Theorie om Indvandringen af Norges Flora under vexlende regnfulde og tørre Tider)》 이라는 책을 썼다. 그는 노

르웨이의 식물을 북극, 아북극, 한대, 대서양, 아한대, 아대서양 등 6개의 자연 지리적 기후 그룹으로 나누고 다양한 식물 그룹을 노르웨이로의 이주 시기와 연결했다.

3. 1881년 찰스 다윈은 조지프 돌턴 후커에게 다음과 같이 내용의 편지를 썼다 "몇 년 전에 나는 스칸디나비아의 이탄층을 관찰한 악셀 블리트의 에세이를 읽고 충격을 받았습니다. 그는 스칸디나비아에서 오랫동안 비가 많이 내린 기간과 적게 내린 기간(아마도 제임스 크롤의 반복되는 천문학적인 주기와 관련이 있음)이 있었다는 것을 밝혀냈으며 이러한 기후변화가 노르웨이와 스웨덴의 식물 분포를 결정지었다고 합니다. 이것은 내게 아주 중요한 책입니다."

4. Oldfield (2003): "Introduction: the Holocene, a special time"; Mackay 외. *Global change in the Holocene*. 플라이스토세는 제4기 또는 빙하기의 다른 이름이다.

5. 노르웨이 여행에 대한 스벤 닐손의 재미있는 묘사는 《1816년 스웨덴 남부에서 노르웨이 북부로 가는 여정의 일기》라는 제목으로 출판되었다. 이 책의 내용은 runeberg.org에서 전자 파일로 볼 수 있다. 그곳의 통나무들은 그 땅이 한때 더 낮았으며, 따라서 소나무 숲이 더 온화한 저지대 기후에서 자랐다는 증거라고 닐손은 믿었다. 땅이 솟아오르면서, 숲은 사라졌고, 이 사라진 숲이 도브레의 습지에 남아 있었다. 한 가지는 스벤 닐손이 옳았다: 기후가 변한 것은 사실이지만 그 메커니즘은 땅이 융기하는 것만큼 단순하지 않았다. 당시 널리 퍼져 있던 믿음은 지각이 상승과 하강을 반복하면서 지형의 고도가 변하여 추운 지역으로 들어가거나 벗어나면서 기후가 변했다는 것이었다.

6. 가장 오래된 소나무 통나무는 오늘날의 수목한계선에서 300미터 위에 있었다. 소나무보다 추운 여름에 더 잘 견디는 나무는 거의 없다. 여름에는 평균기온이 10도까지 떨어지지만 소나무는 스스로 씨를 뿌릴 수 있다. 이것은 소나무가 얼마나 높은 곳에서 자랄 수 있는지를 결정한다. 여름에 더 시원하면 스스로 씨를 뿌리지 못하고 후퇴를 시작하지만, 따뜻해지면 끊임없이 새로운 땅을 개척하며 더 높은 산으로 올라간다.

7. 타조조개의 라틴어 이름은 지르파에아 크리스파타(Zirfaea crispata)이고 홍합은 마이틸러스 에딜루스(*Mytilus edilus*).

8. Vinther, B. M. 외 (2009): "Holocene thinning of the Greenland ice sheet". *Nature*. 이것은 6000년에서 9000년 전 사이에 일어났다. 그 결과 그린란드의 빙상은 150미터 낮아졌다.

9. 북극의 방사능 수치는 오늘날보다 훨씬 높았지만, 여름에 얼음이 없는 곳은 아니었다. 해빙의 범위

는 지표면 온도뿐만 아니라 바람과 북극으로 유입되는 따뜻한 해류의 양에 의해서도 결정된다. 한 연구에서 연구진들은 바다가 더 따뜻했음에도 불구하고 바닷물이 층을 이루어서 차가운 표층수로 인해 해빙이 완전히 사라지지 않았다고 가정했다.(Pienkowski 외 [2021]: "Seasonal sea ice per sisted through the Holocene Thermal Maximum at 80 °N". *Nature*).

10. 숲은 약 10~15퍼센트의 낮은 알베도를 가지고 있으며 더 많은 열을 흡수하는 데 기여한다. 툰드라 식물은 훨씬 더 높은 20~30퍼센트의 알베도를 가지고 있다. 2022년 《사이언스》에 실린 한 논문에 따르면, 식생의 증가는 이른바 홀로세 수수께끼, 즉 이산화탄소 수치가 홀로세 후기보다 낮았음에도 불구하고 홀로세 초기에 기온이 더 높았다는 것을 설명할 수 있다. 숲이 많아지면 북반구의 봄철 기온이 4도 더 높아지는 것으로 추정된다.

    Thompson 외 (2022): "Northern Hemi sphere vegetation change drives a Holocene thermal maximum". *Science Advances*.

11. Hernandez (2020): "Modes of climate variability: Synthesis and review of proxy-based reconstructions through the Holocene." *Earth Science Review*. 한 연구단체는 여름철 해빙의 면적이 산업화 이전보다 30~35퍼센트 줄어든다고 모델링했다.(Park 외 [2018]: "The impact of Arctic sea ice loss on mid-Holocene climate". *Nature*).

12. 스발바르에서 가장 따뜻했던 시기는 아마도 1만 200년에서 9,200년 전이었을 것이다. 타조조개는 오늘날 남쪽으로 1,000킬로미터 떨어진 핀마르크 해안의 외크스피오르(Øksfjord)에서 발견된다. 8월에는 평균 10도 이상의 기온이 필요하다. 연구자들은 8,200년 전에 빙하가 후퇴했다는 것을 확인할 수 있었는데, 이는 아마도 대규모의 빙하 융해수 방출 때문일 것이다. Mangerud, Svendsen (2017): "The Holocene Thermal Maximum around Svalbard, Arctic North Atlantic: Molluscs show early and exceptional warmth". *The Holocene*.

13. Marcott (2013): "A Reconstruction of Regional and Global Temperature for the Past 11,300 Years" (*Science*) 그리고 Kaufman 외 (2020): "Holocene glo bal mean surface temperature, a multi-method reconstruction approach". *Nature* 등 홀로세의 기온 발달에 초점을 맞춘 여러 연구가 진행되었다. 후자의 연구 저자들은 홀로세의 온도 변화를 조사한 679건의 연구 데이터를 수집했다. 그들은 몇 가지 요인에 주의를 기울였다: 여름 기온은 연평균

이 아니며, 우리는 이것을 혼동할 수 있다는 점이다. 우리는 또한 100년 이상의 더 긴 기간의 평균 온도를 오늘날 상대적으로 빠른 온난화와 비교한다. 따라서 수천 년 전 짧은 기간의 급격한 온난화는 이러한 재구성에서 누락될 수 있다. 가장 따뜻했던 시기는 6,500년 전이었다. 카우프만은 호수와 이탄층의 꽃가루, 석순의 동위원소, 나이테, 해양 코어 분석을 포함한 대리지표를 바탕으로 연구했다.

14. Marcott (2013) 및 기타 연구는 호수와 이탄층의 꽃가루, 석순의 동위원소, 나이테, 해양 코어 (TEX86, 미세화석, Mg/Ca, 알케논 등) 분석과 같은 다양한 대리지표를 사용한다. 2021년 이에 의문을 제기하는 연구가 나왔다. 저자는 숀 마콧이 여름 기온에 너무 많은 관심을 기울였다고 주장했다. 북위 40도에서 남위 40도 사이의 해수 온도를 조사한 연구를 살펴봄으로써, 그들은 이산화탄소 수치가 증가했기 때문에 홀로세 동안 해수 온도가 상승했으며, 지난 1만 1,000년 동안 감소하지 않았다고 결론지었다. Bova 외 (2021): "Seasonal origin of the thermal maxima at the Holocene and the last interglacial". *Nature*.

15. 숲이 더 높은 곳으로 이동하는 것은 기후 때문만이 아니다. 1800년대 노르웨이의 오래된 사진을 살펴보면 고산지대까지 뻗어 있는 목초지를 볼 수 있다. 동물들은 자유롭게 풀을 뜯고 자라나는 나무를 먹으면서 숲의 성장을 일정하게 유지했다. 또한 농부들은 여름철에 많은 양의 나무를 땔감으로 때서 치즈를 만들었다. 또한 채굴과 벌목으로 사막 같은 황량한 지대가 생겨나기도 했다.

16. 빙하기 이후에 대부분 녹아내렸지만 빙하가 녹는 데는 수천 년이 걸렸다. 게다가 과학자들은 겨울철 강수량에 대해 아는 것이 거의 없다. 기온이 높았다면 빙하가 더 오래 지속되었을 것이다. 또한 스칸디나비아의 모든 빙하가 완전히 녹아 없어졌는지는 확실하게 알 수 없지만, 많은 빙하가 크게 줄어들었다. 빙하는 한꺼번에 형성되기 시작한 것이 아니라 지형, 기류, 해류의 지역적 변화에 영향을 받는다. 예를 들어 요스테달스브렌 빙하는 6,000년 전에 형성된 반면, 브레헤이멘과 린겐과 같은 다른 빙들은 3,000~4,000년 전에 형성되었다. 실제로 작은 눈더미는 7,600년 전부터 쌓이기 시작했다. 이것은 요툰헤이멘에 있는 듀프폰나(Djupfonna)의 연대 측정으로 알 수 있다. 노르웨이에서 가장 오래된 얼음이 여기에 있다.

17. 홀로세의 온난화 시기에는 스칸디나비아 이외의 다른 지역에서도 빙하가 줄어들었다. 스발바르에서는 9,000년 전에 후퇴하기 시작했고, 수천 년 후 다시 성장했다. 그린란드 북쪽 끝에 있

는 한스 타우젠 빙하는 완전히 녹아서 사라졌다. 4,000년 전 기후가 서늘해지면서 빙하가 다시 쌓이기 시작했다. 알프스에서도 빙하가 동시에 급격히 줄어들면서 완전히 녹아내렸을 것이다. Famsworth 외 (2018): "Svalbard glaciers re-advanced during the Pleistocene–Holocene transition". *Boreas* ; Ochs 외. (2009): "Latest Pleistocene and Holocene glacier variations in the European Alps". *Quaternary Science Review;* Dansgaard (2000).

18. Almasy, L.E. (1939): Unbekannte Sahara. Brodhaus. 이것이 수영하는 사람들인지 여부는 여전히 논쟁의 여지가 있으며, 많은 사람들은 그 그림이 다른 것을 상징한다고 생각한다.

19. 노르웨이 대백과사전(snl.no)의 '해륙풍'과 '열저기압' 항목: 육지와 바다의 가열 차이는 열저기압이라고도 불린다. 이러한 저기압은 작은 규모로는 해륙풍을, 큰 규모로는 몬순을 발생시킨다.

20. 투르카나 호수가 시간이 지남에 따라 어떻게 변했는지 보여주는 웹사이트다. 이는 또한 홀로세 초기의 습한 기간 동안 바다가 어떻게 확장되었는지를 보여준다.
    https://www.nationalgeograp hic.org/maps/paleogeography-lake-turkana/

21. 관련 토론은 RealClimate: "Future rainfall over Sahel and Sahara" 에서 확인할 수 있다. 사하라사막의 더 많은 강수량에 대한 예측은 IPCC(2022): The Physical Basis, AR6에 발표되어 있다.

22. 아가시즈 호수의 역사는 Lockhart(1만 2,875~1만 2,560년 전), Moorhead(1만 2,560~1만 1,690년 전), Emerson(1만 1,690~1만 630년 전) 및 마지막 Ojibwa (9,160~8,480년 전)와 같은 여러 단계로 나뉜다. 이것은 호수의 수위가 하락한 후 다시 커진 단계를 말한다. 약 1만 2,900년 전의 아가시즈 호수의 고갈은 특히 유명하다. 이로 인해 지구의 빙하가 확장됨에 따라 영거 드라이아스기의 추운 시대로 접어들었다.

23. 이 부분의 출처는 Upham, W. (1895): The Glacial Lake Agassiz. USGS Monograph; Wikipedia, https://ontariograinfarmer.ca/2017/03/01/farming-the-great -clay-belt (lest april 2022); Klitgaard-Kristensen, D. (1998): "A regional 8200 cal. yr BP cooling event in northwest Europe, induced by final stages of the Laurentide ice-sheet deglaciation?" *Journal of Quaternary Research.*

24. 여기에서 추정치는 1.2미터에서 약 3미터까지 다양하다. Hijma, Cohen (2010): "Timing and magnitude of the sea-level jump preluding the 8200 yr event". (Geology)에서 저자들은 해수면이 추가로 상승했다고 지적한다. 200년 동안 해수면 외에 2.11미터(오차범위 ±0.89미터) 상승했다고 강조한다. 이 시기에는 빙하가 녹으면서 전반적으로 해수면이 상승했다.

25. Magny, Haas (2004): "A major widespread climatic change around 5300 cal. yr BP at the time of the Alpine Iceman". *Journal of Quaternary Research*와 같은 많은 논문들이 이러한 기후변화에 대해 논의하고 있다.

26. 노르웨이 남서부 해안에서 온도에 민감한 규조류를 연구한 결과 6,000~3,000년 전에 해수 온도가 2~3도씩 서서히 낮아졌다는 사실이 밝혀졌다. 기온은 9,000~6,500년 전에 가장 높았으며, 오늘날보다 4~5도나 높았다.

27. 유바스폰나(Juvassfonna)는 7,600년의 역사를 가지고 있으며 여름이 이미 추워지기 시작했음을 보여준다. 또한 지구온난화는 빙하에서 발견된 모든 고고학적 유물과 직접적인 연관이 없다. 눈덩이는 바람에 의해 이동하기도 한다. 그러므로 유물을 잃어버리거나 남겨진 곳에서 거의 발견되지 않는다. Sjekk Lars Pilø: "Glacial Archaeology and Global Warming", https://secretsoftheice.com/news/2018/01/26/global-war ming/

28. 2022년 5월, 칠레의 몇몇 연구원들이 세계에서 가장 오래된 나무를 발견했다는 소식이 전해졌다. 그들은 5,400년 된 사이프러스 나무(Fitzroya cupressoides)의 일종이라고 했지만, 연대에 대해서는 논쟁의 여지가 있다.

29. 브리슬콘 소나무와 기후에 관한 많은 논문 중에 특히 흥미로운 것은 매튜 살처의 것이다. Salzer, M.W., Bunn, A.G., Gra ham, N.E, Hughes, M.K.: "Five millennia of paleotemperature from treerings in the Great Basin, USA". *Climate Dynamics,* 42: 5–6, 1517–1526; Salzer, M.W., Hughes, M.K., Bunn, A.G., Kipfmueller, K.F.: "Recent unprecedented treering growth in bristlecone pine at the highest elevations and possible causes". *Proceedings of the National Academy of Sciences 106* (48): 20348–20353; Feng, Xiahong, Epstein S.: "Climatic implications of an 8000-year hydrogen isotope time series from bristlecone pine trees" *Science* 265.5175 (1994): 1079–

1081.; Valerie Troue (2020), *Tree Stories*. 6,800년 전 미국 서부 지역에서 날씨가 서늘해지기 시작했고, 나이테를 자세히 분석한 결과 지난 5,000년 동안 여름철 기온이 1.1도 떨어졌다는 결론에 도달했다.

30. 이 부분은 Cullen 외 (2000): "Climate change and the col lapse of the Akkadian empire: Evidence from the deep sea"*(Geology)*; Weiss 외 (1993): "The genesis and collapse of third millennium north Mesopotamian civilization". *Science*. 컬렌 외 저자들의 논문은 매우 흥미롭지만, 붕괴와의 연관성은 추측에 불과하다고 말한다. 그들은 해양 퇴적물을 근거로 가뭄이 일어난 시기는 약 4,025년 전(오차범위 ± 150년 전)으로 추정하고, 아카드제국의 몰락은 4,175년 전(오차범위 ± 150년 전)으로 추정했다. 컬렌은 두 사건을 직접 연결하는 것은 여전히 어려운 일이며, 가뭄과 붕괴가 동시에 일어난 것처럼 보여도 오차범위를 고려해야 하기 때문이다. 따라서 컬렌은 해양 퇴적물의 연대 측정에 오차가 있을 수 있다고 강조했다.

31. Kuper, Kröperlin (2006): "Climate-Controlled Holocene Occupation in the Sahara: Motor of Africa's evolution". *Science*. 사하라사막으로부터의 이주가 빠르게 이루어졌는지 아니면 점진적으로 이루어졌는지는 여전히 논쟁의 여지가 있다.

32. Kemeny, R. (2020): "Double climate disaster may have ended ancient Harappan civilisation". *New Scientist*.

33. 또 다른 이론은 농업이 1만 3,000년 전인 영거 드라이아스기에서 시작되었다고 한다. 차가운 공기는 짧은 기간 동안 빙하기 기후로 돌아가면서 더 건조한 기후를 초래했다. 이로 인해 사람들은 큰 강으로 이동했고, 거기서 야생 식물의 씨앗을 가져와 경작했다. 일부 연구자들에 따르면, 이것이 비옥한 초승달 지대에서 시작된 최초의 농업이다.

34. 러디먼은 온실가스의 증가가 우리가 알고 있는 다른 간빙기들과는 다르다고 주장한다. 왜냐하면 이산화탄소 수치가 자연적으로 감소해야 하는데, 실제로는 증가했기 때문이다. 그 당시에는 약 10~12ppm에 불과한 매우 적은 배출량이 온도가 떨어지는 것을 억제함으로써 기후에 엄청난 영향을 미쳤다는 것이다. 이것은 밀란코비치의 천문학적인 주기에 따른 예측과도 모순되는 부분이다. 러디먼은 이것이 다음 빙하기를 연기하는 결과를 낳았다고 주장한다.

6장 기후 위기

1. 사실적 근거의 대부분은 Fagan (2000), Ladurie (1967)의 책에서 가져온 것이며 모두 소빙하기를 다루고 있다.

2. 라크네하우겐(Raknehaugen)은 북유럽에서 가장 큰 고분 중 하나이며 3층 형태로 7만 5,000개의 통나무를 쌓아 만든 것이다. 대부분의 목재는 한겨울에 벌목되었는데, 그렇게 하려면 8만 일 동안 노동을 해야 했을 것이다. 출처는 Bajard 외 (2022): "Climate adaptation of pre-viking societies". *Quaternary Science Review.*

3. Mann 외 (2009): "Global Signatures and Dynamical Origins of the Little Ice Age and Medieval Climate Anomaly". *Science*; Ljungqvist (2010): "A new reconstruction of temperature variability in the extra-tropical nort hern hemisphere during the last two millennia". *Geografiska Annaler.* 융크비스트(Ljungqvist)의 연구에 따르면, 중세의 따뜻한 시기는 1961~1990년의 평년보다 기껏해야 0.2도 높았고, 가장 낮았던 소빙하기는 0.6도 더 추웠다. 이 값은 10년 동안의 평균기온을 나타낸다. 개별 연도는 훨씬 더 춥거나 따뜻할 수 있다.

4. 융크비스트(2017)는 따뜻한 로마시대를 기원전 300년에서 서기 300년 사이로 추정하지만 이 시간적 간격은 문헌에 따라 다르다. 페이건과 두라니(2021)는 이 기간을 기원전 200년에서 서기 150년 사이로 구분한다. 로마제국의 성장은 전통적으로 기후와 관련이 없지만 일부 역사가들은 안정적인 기후가 로마인에게 유리했다고 믿고 있다. Pages 2K Consortium (2013): "Continental-scale temperature variabilities during the past two millennia". *Nature.* 이 연구에서는 나무의 나이테, 꽃가루, 석순, 산호, 역사적 출처, 얼음 코어 및 해양과 호수 퇴적물의 데이터를 비교하여 지난 2,000년 동안의 온도 변화를 밝힌다. 저자들은 무엇보다 21년에서 80년 사이에 유럽이 특히 따뜻했으며, 1971년에서 2000년 사이의 기온이 평균보다 높았다는 것을 보여준다.

5. 융크비스트(2009) 참조. 로마제국에 대한 자료 중 일부는 페이건과 두라니(2021)에서 발췌했다. 반면에 역사학자 알렉산더 데만트(Alexander Demandt)는 고대부터 제안된 로마제국의 몰락에 대한 210가지 이상의 이유를 설명했다. 정치적, 군사적, 경제적 위기 외에도 특히 전염병이 제국의 몰락에 영향을 미칠 수 있다.

6. Büntgen 외 (2016): "Cooling and societal change during the Late Antique Little Ice

Age from 536 to around 660 AD". *Nature*. 낙엽송의 연간 나이테는 알프스와 알타이의 여름이 1900년대 말(1961년부터 1990년까지의 기후 표준)보다 각각 3.2도와 1.9도 더 낮았음을 보여주었다. 지구에 도달하는 태양복사량은 19.1W/m² 감소했으며, 이는 약 10퍼센트 감소한 것이다. 이 하위 장에 대한 자료는 Gibbons (2018): "Why was 536 the worst year to be alive". *Science News*.

7. Büntgen 외 (2016), 앞의 책. 536년부터 600년대까지 기후변화와 관련되는 몇 가지 다른 역사적 사건을 나열한다. 이것은 기후를 재구성하는 데 사용되는 다양한 대리지표 중 하나인 연대 측정이 정확하지 않기 때문이다. 또한 종종 경제학 및 사회적인 다른 많은 요인들이 사회가 가뭄, 서리, 홍수 등에 어떻게 대응하는지에 영향을 미친다는 점이 추가된다.

8. Bajard 외 (2022), 앞의 책. 각 지층에 대한 정확한 연대는 없지만 대략 536년까지 거슬러 올라갈 수 있다.

9. 코프로필루스 곰팡이(배설물 속의 곰팡이)의 자낭포자와 쐐기풀 및 수영과 같은 초지 식물의 꽃가루는 방목과 관련이 있다. 이를 통해 해당 지역에서 방목이 많았는지 적었는지를 알 수 있다.

10. Mykland (1977), Norgeshistorie, Cappelen Damm. 일부 자료는 프로데 이베르센(Frode Iversen)과 인터뷰를 기반으로 한다. 기후 위기가 북유럽을 어떻게 강타했는지에 대한 몇 가지 예는 Bajard 외 (2022), 앞의 책에서 발췌한 것이다. 반면 500년대 고대 소빙하기(Little Ancient Ice Age)의 위기는 다르다. 노르웨이 북부와 핀란드에서는 어업, 사냥, 가축으로 살아가는 사람들이 곡물로 살아가는 사람들보다 기후 악화의 영향을 덜 받았다.

11. 신랑 신부는 노르웨이에서 아이슬란드로 가는 길이었지만 배는 항로를 벗어나 그린란드에 도착했다. 이 결혼식은 1409년에서 1424년 사이에 그린란드에서 아이슬란드로 보낸 세 통의 편지에 언급되어 있다. 그것은 상속 분쟁과 관련된 것으로 추정되지만 편지 내용에는 다툼이나 질병에 대한 언급이 없으며 재앙이 임박했다는 것을 암시하지도 않는다. 같은 시기의 또 다른 기록은 한 마녀가 흐발세위(Hvalsey)의 기둥에서 화형을 당했다는 것이다(Aftenposten, 2015). 노르웨이 정착민들은 흔적도 없이 사라졌다. 일부 자료는 Arneborg (2008): *The Norse settlements in Greenland* (Routledge), Lamb (1982)에서 발췌한 것이다.

12. Lamb (1982)은 온난화 시기 동안 영국의 여름 기온이 20세기의 평균보다 0.7~1도 높았다고

썼다.

13. Esper 외 (2012): "Orbital forcing of tree ring data". *Nature*. 온도에 대해 알 수 있는 성장 고리(MXD)의 밀도를 연구한 결과 따뜻했던 기간과 추웠던 기간이 있었다. 서기 21~50년은 1951~1980년 평균보다 1.05도 높았다. 이 시기가 가장 따뜻한 30년이었고, 가장 추웠던 30년은 1451~1480년으로 -1.18도 더 추웠다. 21~50년은 20세기에서 기온이 가장 높았던 기간(1921~1950)보다 0.52도 더 따뜻했다. 이것은 북부 스칸디나비아의 경우라는 점을 인식해야 한다. Bradley 외 (2003): "Climate in Medieval Time"은 북반구에서 1000~1200년이 1901~1970년만큼 따뜻했다고 지적한다. Lamb(1982)은 따뜻한 기간 동안 영국의 여름 기온이 20세기의 평균보다 0.7~1도 높았다고 한다.

14. Lauritzen, Lundberg (1999): "Calibration of the speleothem delta function: An absolute temperature record for the Holocene in the norther Norway". *The Holocene*.

15. Neukom 외 2019: "No evidence for globally coherent warm and cold periods over the preindustrial Common area"; Pages2K: "Continental-scale temperature variability during the past two millennia". *Nature*. 지난 2000년 동안 가장 따뜻하고 가장 추웠던 때를 보여주는 그림이 포함되어 있다.

16. Haug 외 (2003): "Climate and the Collapse of Maya Civilization". *Science*.; Douglas 외 (2016): "Impacts of Climate Change on the Collapse of Low land Maya Civilization". *Annu. Rev. Earth Planet. Sci.*

17. Arneborg (1999): "Change of diet of the Greenland Vikings determined from stable carbon isotope analysis and 14C dating of their bones". *Radicarbon*. 탄소 동위원소 분석은 섭취한 육류 및 유제품과 해산물의 양을 알려준다. 베스트리뷔그드와 에위스트리뷔그드에서 발견된 노르웨이인의 골격 118구가 이후 연구에서 분석되었다.

18. Jensen 외 (2004): "Diatom evidence of hydrographic changes and ice conditions in Igaliku Fjord, South Greenland, during the past 1500 years." *The Holocene*. 저자들은 1245년에서 1580년 사이의 기후는 수시로 변했는데, 이는 따뜻한 중세에서 소빙하기로

의 전환을 암시한다. 그들은 해빙 근처에서 번성하는 규조류의 출현을 그 증거로 제시한다. 프라길라리옵시스 실린드루스(Fragilariopsis cylindrus) 및 프라길라리옵시스 오셔니카(Fragilariopsis oceanica)와 같은 규조류는 해빙을 나타내고, 탈라시오트릭스 롱기시마(Thalassiotrix longissima)는 따뜻한 물을 나타낸다.

19. 그린란드 출신의 이바르스 바르다손(Ivars Bardason)의 기록에는 얼음덩어리가 그린란드와 스칸디나비아의 접촉을 차단했다고 쓰여 있다. 다만, 이 출처의 원본은 손실되었고 일부 텍스트는 1500년대에만 추가되었기 때문에 논란의 여지가 있다.

20. 1095년 세무 기록에 따르면 아이슬란드에는 7만 7,500명이 살았고, 1311년에는 인구가 7만 2,000명으로 줄었다. 이것은 기후 악화로 인해 섬 주민들이 어려움을 겪었음을 나타낼 수 있다. 이 섹션의 일부 자료는 Lamb(1982)에서 발췌.

21. Zhao 외 (2022): "Prolonged drying trend coincident with the demise of Norse settlement in southern Greenland". *Science*. 연구자들이 지적하듯이, 중세시대에는 해수 온도가 비정상적으로 높았지만, 퇴적물 코어를 분석한 결과로는 노르웨이인들이 그린란드에서 사라진 기간 동안 차가운 기후의 징후를 찾지 못했다. 반대로, 호수의 퇴적물은 1300년대가 비정상적으로 따뜻했음을 보여준다. 이는 기후 연구가 얼마나 복잡한지, 그리고 서로 다른 데이터와 분석 방법이 서로 다른 방향을 제시할 수 있다는 것을 다시 한 번 보여준다.

22. 가축의 수는 줄지 않았지만 가축의 몸집은 작아졌을 것이다. 바이킹의 가축에서 나온 뼈를 분석한 결과, 아마도 목초지가 줄어들고 기후가 서늘해졌기 때문일 것이다.

23. 그린란드의 노르웨이인 정착촌이 붕괴된 데에는 몇 가지 요인이 있다. 정도는 덜하지만 해적이 노르웨이인들을 위협했을 수도 있다. 바티칸에 보낸 한 편지에는 피라냐가 그린란드 해안을 황폐화했다고 적혀 있다. 또 다른 요인은 노르웨이인들이 이누이트족의 생활방식을 배우지 않았을 것이라는 점이다. 이누이트족은 작살, 카약, 우미악(Umiak)과 같은 빠른 배를 사용해서 바다표범과 고래잡이에 능숙했다. 그들은 수천 년 동안 북극 생활에 적응했다. 여러 다른 연구에서 노르웨이인들이 물고기에 대한 근거 없는 혐오감을 가지고 있었다는 특정 신화를 폭로한다. 2005년 재레드 다이아몬드(Jared Diamond)의 책 《문명의 붕괴(Collapse)》에서 강조한 것에 따르면 노르웨이인 정착지의 쓰레기 더미에서 발굴된 물고기 뼈는 거의 없지만, 물고기는 아마도 식단의 중요한 부분

이었을 것이다. 물고기 뼈는 부서져서 동물의 먹이가 되었을 수 있다. 이 중 일부는 Dugmore 외 (2011): "Norse Greenland Set tlement: Reflections on Climate Change, Trade, and the Contrasting Fates of Human Settlements in the North Atlantic Islands". *Arctic Anthropology*; Kintisch (2016): "The lost Norse". *Science News*; Tim Folger (2017): "What happened to the Vikings of Greenland?". *Smithsonian Magazine*에서 언급되었다.

24. Dybdahl (2016). 이 하위 장에 있는 많은 설명과 그림은 페이건(2000)에서 발췌. 선정된 다른 출처로는 Witze (2008): "The volcano that changed the world" *(Nature)* 그리고 Trouet (2020)가 있다.

25. 템스강은 23번 이상 얼어붙었고, 사람들은 말뫼에서 코펜하겐까지 외레순해협을 건너갔고, 늑대들은 노르웨이에서 덴마크까지 서리로 뒤덮인 카테가트해협을 건넜다. 곡물 경작을 하기에 너무 높은 곳에 위치한 농장은 버려졌다.

26. 노이베르거는 1850년에서 1967년까지의 기간을 연구했다. 이 시기는 상대적으로 시야가 좋지 않고 구름이 많았다. 이것은 산업화의 증가로 인한 대기오염과 관련이 있었다. Neuberger, H. (1970): "Climate in Art". *Weather.*

27. 폰토피단의 설명은 1755년 리스본 지진에 대한 그의 저술에서 언급된 지진과 관련이 있다. 그는 지하에서 나오는 "증기와 안개가 여름의 열기를 감소시켰다"라고 썼다. 벤딕센(Bendixen)에 따르면 '습하고 바람이 많은 구름'이 태양광선을 차단했기 때문이다. 겨울에는 지하에서 올라오는 열기로 인해 기후가 더 따뜻할 수 있었지만, 여름에는 태양이 가장 중요했다. 그리고 이때 지하에서 나오는 증기는 기온을 떨어뜨려서 여름이 더 추워졌다. 각 세기마다 소위 불운한 해들이 있었는데 대기가 너무 두껍고 안개로 가득 차서 태양빛이 지구에 제대로 도달하지 않았다. 18세기에는 지구가 방출하는 열을 기후변화의 중요한 요인으로 여겼다.

28. 소빙하기가 끝나 갈 무렵인 1835년에 또 다른 화산이 폭발했는데, 바로 니카라과의 코시귀나 (Cosigüina)였다. 화산 폭발 이후, 그린란드와 남극대륙의 얼음에서 많은 양의 황산염 입자가 발견되었다. 화산 폭발은 1838년 유럽에서 몹시 추운 겨울의 원인으로 지목되어 왔다.

29. Von Storch, Stehr (2002): "Towards a history of ideas on Anthopoge nic climate

change." l Wefer 외 (red.), *Climate and History in the North Atlantic Realms.* *Springer.*

30. Gerlach (2011): "Volcanic Versus Anthropogenic Carbon Dioxide". *EOS,* 여기서 육지 화산과 수중 화산 모두에서 배출되는 가스를 다루는 다양한 연구를 언급한다. 일부 추정치는 0.15~0.26이고 다른 추정치는 0.13~0.42다. 화산활동이 증가하면 5,000만 년 전 에오세 초기의 온난기와 같이 더 오랜 기간에 걸쳐 대기의 구성이 바뀔 수 있다.

31. 갈릴레이는 동시대의 많은 사람들이 주장했던 것처럼 태양이 완벽하고 변하지 않는 것이 아니라 태양흑점이 태양의 자기 축을 중심으로 회전하고 있다는 증거라고 보았다. 코페르니쿠스의 반대론자들은 태양도 지구처럼 움직이지 않고 고정되어 있다고 생각했다. NASA 태양흑점에 대한 추가 정보: "What is the Solar Cycle", https://spaceplace.nasa.gov/solar-cycles/en/ (2020년 읽음).

32. 태양흑점 최소기가 온도에 미치는 영향은 불확실하다. 그러나 IPCC의 최신 보고서는 태양흑점이 비정상적으로 적어진 마운더 극소기(Maunder Minimum)에는 1900년대 후반에 비해 태양복사량이 0.1퍼센트 낮았다고 한다. 이는 0.2 W/m²에 해당하며, 매년 지구에 도달하는 총 태양복사량의 약 1,000분의 1에 해당한다(IPCC, 2013: The Physical Basis). 연구자들은 갈릴레이의 기록과 같은 역사적 자료를 연구하고 성장 고리의 C-14 동위원소를 분석함으로써 이러한 태양복사량의 최소기가 존재한다는 것을 발견했다. C-14를 통해 알 수 있는 이유는 지구가 우주 입자를 받아들이기 때문이다. 우주 입자는 대기 중에서 C-14의 생산을 늘린다. 태양복사량이 낮을 때 우주 입자의 폭격이 더 심해진다. 이것은 태양광선이 우주 입자가 지구에 도달하는 것을 막기 때문이다. 이런 방식으로 마지막 빙하기 이후 태양의 세기가 어떻게 증가하고 감소했는지를 재구성할 수 있다. 과거에도 태양흑점의 수가 변동하면서 지구의 기후에 영향을 미쳤다는 사실은 1970년대 미국 과학자 존 에디(John Eddy)에 의해 처음 발표되었다.

33. 오늘날과 비교하면 지난 20년 동안 이산화탄소 농도가 40ppm 이상 증가했다는 것은 작은 변화다. 이산화탄소 농도는 2000년에 약 370ppm이었고 2020년에는 412ppm에 도달했다.

34. Monserrat 외 (2017): "Freshening of the Labrador Sea as a trigger for Little Ice age development". *Climate of the Past.* 이것은 복잡하다. 왜 유빙이 중세시대의 북유럽 정착지

에 문제를 일으키지 않았을까? 아한대 해류로부터 따뜻한 물이 많이 유입되어 해빙이 영구적으로 형성되지 못했기 때문이다. 아한대 해류가 약해지고 바다가 차가워짐에 따라 갑자기 유빙이 많아지고 이미 어려움을 겪고 있던 정착지 사람들은 더욱 힘들어졌다.

35. 1968년과 1982년 사이에도 많은 양의 유빙이 바다로 흘러들어 갔다. 이 현상을 '대염도 이상(great salinity anomaly)'이라고 한다. 당시 많은 양의 해빙과 담수가 래브라도해로 흘러들어 북쪽으로 따뜻한 물을 운반하는 해류를 약화시켰다. 이로 인해 짧은 기간 동안 기온이 더 차가워졌다. 해빙은 동그린란드 해류를 통해 유입되어 심층수 생성과 겨울철 대류를 감소시킴으로써 북쪽으로의 열 수송이 약화되었다. Belkin 외 (1998): "Great Salinity Anomalies in the North Atlantic". *Progress in Oceanography*. 기후에 대한 해류의 중요성을 다루는 또 다른 기사는 Miles (2020): "Evidence of extreme export arctic sea ice leading to abrupt onset of the little ice age." (Science Advances)에도 언급되어 있다.

36. 라스무스 올손(Rasmus Olsson)은 1728년 교구 행정 책임자에게 보낸 편지에서 그들이 세금을 버터로 납부했다는 내용을 언급했다. Eide (1955): "Breden og bygden". *Norveg. Tidsskrift for folkelivsgranskning*. 새로운 세금 감면 신청 후, 법정 배심원과 치안판사가 농장을 방문했다. "영영 사라지지 않을 거대한 빙하가 … 몇 년 안에 바로 큰 강으로 내려올 것이며, 만약 그런 일이 일어난다면, 하나님께서 은혜롭게 막아주시기를 기도하는 이 마을은 완전히 파괴되고 황폐화될 것입니다." 마을 주민인 후글레이크 퉁괸과 요하네스 크밤메 두 사람은 마을 사람들의 세금을 낮춰달라고 요청하기 위해 코펜하겐까지 먼 길을 걸어서 가기도 했다. 1706년, 퉁괸은 산을 넘어 집으로 돌아오는 길에 죽었다.

37. 일부 자료는 Dybdahl (2016), Fagan (2000), Hestmark (2017)에서 발췌한 것이다. 풍경화는 빙하의 상승에 대해 무언가를 말해줄 수 있다. 최초의 풍경화가들은 1800년대 초에 산을 넘어 오늘날 우리가 알고 있는 노르웨이와는 완전히 다른 노르웨이를 목격했다. 요하네스 플린토(Johannes Flintoe)가 1822년에 그린 니가르드 빙하의 스케치는 이를 명백히 보여준다. 빙하가 계곡 아래로 고래처럼 부풀어 올랐고, 이제는 산속 깊이 파고들었다.

38. 추운 기간에 빙하가 증가했지만, 빙하의 반응 시간은 제각기 다르다. 어떤 빙하는 빠르게 움직이고 일부는 느리게 움직인다. 예를 들어 성장 고리에 대한 연구에 따르면 가장 추운 기간과 항상 일치

하는 것은 아니다. 1240년에서 2008년 사이 서부 노르웨이의 소나무 나이테는 특히 다섯 차례의 추운 시기를 나타낸다. 그 시기는 각각 1480년, 1580년, 1635년, 1709년, 1784년으로 모두 소빙하기에 해당한다. Svarma 외 (2018): "Little Ice Age summer temperatures in western Norway from a 700-year tree-ring chronology". *Holocene.*

39. Neukom 외 (2019): "No evidence for globally coherent warm and cold periods over the preindustrial Common Era". *Nature.* Famsworth 외 (2018): 스발바르에서는 500년 전 소빙하기가 시작될 때 빙하가 증가했다. 스발바르의 콘그레스바트넷(Kongressvatnet) 호수의 퇴적층을 분석한 결과, 1700년대와 1800년대의 여름 기온은 1900년대보다 2~3도 낮았다.

40. NAO(북대서양 진동)가 왜 일어나는지는 여전히 의문이지만, 태양이 일정 부분 영향을 미쳤다는 점이 지적되고 있다. 태양의 세기는 11년 주기로 조금씩 증가하는데 이는 대기권 상층부와 북대서양 진동에 영향을 미칠 수 있다. 다시 말하지만, 태양은 간접적으로 단기적인 기후 주기에 중요한 영향을 미친다.

빙하는 시원한 여름과 비가 많이 오는 겨울 등 기후변화에 즉각적으로 반응하지 않으며 시간이 걸린다. 브렌달 빙하와 브릭스달 빙하처럼 가파른 빙하는 몇 년 만에 반응하는 반면, 니가르드 빙하와 같은 완만한 빙하는 반응하는 데 수십 년이 걸린다. 네셰(Nesje)는 17세기 중반부터 시작된 영국의 기온 변화와 기상 데이터를 조사한 결과 서부 노르웨이의 기온이 영국 중부 지역과 일치한다고 가정했다.

NAO와 서부 노르웨이에 대한 추가 세부 정보: 음(-)의 NAO가 발생하는 겨울에 서부 노르웨이는 강수량이 거의 없다. 스칸디나비아 상공의 고기압이 저기압을 차단하기 때문이다. 저기압은 스발바르제도를 향해, 북쪽 또는 남쪽의 이베리아반도와 지중해를 향해, 그리고 부분적으로 알프스산맥으로 이동한다(이것은 스칸디나비아와 알프스의 소빙하기 최대치가 동시에 발생하지 않은 이유를 설명한다). 그러나 양(+)의 NAO가 발생할 때는 아이슬란드 상공의 저기압과 아소르스제도 상공의 고기압 사이의 큰 기압 차로 인해 저기압이 서부 노르웨이로 자유롭게 이동한다. 이러한 상황에서 서부 노르웨이의 빙하에는 많은 눈이 내리고, 알프스의 빙하는 아소르스제도를 넘어 이베리아반도까지 확장되는 고기압의 영향을 받는다.

41. 기후 연구는 많은 것들이 복잡해서 하나의 확실한 답을 설명할 수 없다. NAO가 양(+)의 지수일 때

저기압이 서쪽 지역을 휩쓸어 강수량이 많았지만, 소빙하기 동안 NAO는 주로 음(-)의 지수였다고 주장하는 몇몇 전문가들이 있다. 당시 겨울에는 북서부 유럽에 고기압이 자리 잡고 차가운 공기를 유입시켜 영하의 추위가 발생했으며 템스강은 기록적인 횟수로 얼어붙었다. "중세시대의 온난기에 NAO는 종종 음의 지수였으며, 그 결과 온화한 겨울이 나타났다"(Mann, M., 2021: "Beyond the Hockey stick: Climate lessons from the Common Era." PNAS)에 의해 조정되었다.

42. 이 부분의 일부는 Hestmark(2017)의 자료를 기반으로 한다. 기타 출처(선택)로는 https://www.met.no/nyhetsarkiv/om-heksekunst-og-meteorologi (2022년 1월 읽음 besøk ved Steilneset i Vardø, plakat om Elsebe Knudsdatter; Parker, G. (2013); von Storch, Stehr (2002); Behringer (2010); Haukenæs (1894) *Natur, Folkeliv og Folketro i Hardanger; Washington Post*: "Two new studies warn that a hotter world will be a more violent one". 2가지 새로운 연구는 더 뜨거워진 세상이 더 폭력적인 세상이 될 것이라고 경고한다.

43. Dybdahl (2016). 사람들은 기후에 적응하기 위해 애썼지만, 해마다 식량 공급을 늘리는 데 성공한 사람은 거의 없었다. 가을이 흉작이면 이듬해 봄에는 굶주림이 닥치곤 했는데, 이때는 비축해둔 식량마저 고갈되었다. 농작물 흉작으로 굶주림이 만연하자 영양실조에 걸린 사람들은 이질과 천연두 같은 전염병에 취약해졌고 사람들은 떼 지어 죽어나갔다.

7장 인간의 시대

1. 이 장의 일부 자료는 Steffens 외 (2011): "The Anthropocene: Conceptual and historical perspectives". *Philosophical Transactions of the Royal Society.* 그리고 Davison (2019): "The Anthropocene epoch: Have we entered a new phase of planetary history?".*Guardian* 참조.

2. 이 경우 '산업화 이전 시대'는 1850년부터 1900년까지를 나타낸다. 1950년 전 세계의 이산화탄소 배출량은 5기가톤이었다. 현재는 40기가톤에 육박한다.

3. 해당 인용문은 다음 사이트 참조. https://www.motherjones.com/environment/2016/12/

Trump-climate-timeline/; https://skepticalscience.com/ske pticquotes.php/ (2021년 5월 읽음).

4. 과학자들은 대기 중에서 같은 수준의 높은 이산화탄소 농도가 나타났던 시기는 2,300만 년 전으로 거슬러 올라가야 할지도 모른다고 주장한다. 이 기록은 앞으로 계속 갱신될 것이다. Cui 외 (2020): "A 23 m.y. record of low atmospheric CO2". *Geology.*

5. 빙하가 녹는 데 걸리는 시간은 기후변화에 대응할 수 있는 시간을 알려준다. 마지막 빙하기로부터 오늘날의 간빙기로 넘어가는 동안 빙하가 녹는 데는 적어도 1만 년이 걸렸다.

6. Foster 외 (2017): "Future climate forcing potentially without precedent in the last 420 million years". *Nature.* 이 기사가 중요한 이유는 오늘날 우리가 볼 수 있는 것과 유사한 심각한 온난화 현상이 지질학 기록보관소에 보존되어 있지 않을 수 있기 때문이다. 어쨌든 그들은 지질학적 선사시대와 비교했을 때, 오늘날 기후변화의 속도가 매우 빠르다는 사실을 지적한다. 그들은 또한 우리가 모든 재래식 및 비재래식 화석 자원과 매장량을 태우면 1만 2,000기가톤을 배출하여 2400년까지 이산화탄소 농도가 5000ppm이 될 수 있다고 지적한다.

7. "거주할 수 없는 행성"은 2019년에 출간된 데이비드 월러스 웰스(David Wallace-Wells)의 같은 제목의 책에서 다루고 있다.

8. Bender (2013)의 책에서 인용. "현재의 세상은 인간이 살기에 충분하다. 그러나 그린란드와 남극에 빙하가 사라져서 인간이 거주할 수 있게 되고 현재 사막 지역에 더 많은 비가 내린다면 상황은 더 나아질 것이다. 현재가 이산화탄소 농도가 높았던 백악기, 팔레오세, 에오세 기후와 유사한 조건이었다면 인류가 더 살기 좋은 세상이 되었을지도 모른다. 인위적인 변화가 반드시 살기 힘든 행성을 만든다고 할 수는 없다. 하지만 문제는 자연생태계와 문명이 모두 특정한 기후와 수자원에 맞춰서 적응하고 발전해왔다는 점이다. 지구온난화는 일부 지역에서 이러한 균형을 무너뜨릴 것이다. 가장 명백한 예는 해수면 상승으로, 현재 수천만 또는 수억 명의 사람들이 거주할 수 없게 된다."

9. Steffe 외 (2018): "Trajectories of the Earth System in the Anthropocene". *PNAS.*

10. "인간이 열대지방의 삼림을 벌채하지 않았다면 아마도 기후변화에 꽤 잘 대처했을 것입니다"라고 자라밀로(Jaramillo)가 말한다. 다음 자료에서 인용. "Tropical forests thrived in ancient global warming". *New Scientist* (2022년 5월 읽음).

11. 시리아의 지속 불가능한 농업 정책은 지하수를 과도하게 퍼 올리고 토양을 황폐화시켰으며, 그 결과 농업은 이전보다 가뭄과 더위에 더 취약해졌다.

12. Wagner, Tol (2010): "Climate change and violent conflicts in Europe over the last millennium". *Climate Change*.

에필로그

1. 노르웨이의 가장 최근 기후 표준은 1991년부터 2020년까지이며, 이 책에서 언급하는 기후 표준은 1961~1990년이다.

참고 문헌

많은 책과 기사가 자료로 사용되었습니다. 가장 중요한 책과 기사는 미주에서 언급했으며, 아래 목록에는 사실적인 출처로 사용된 책들이 포함되어 있습니다. 그중 일부를 발췌한 경우 미주에도 언급되어 있습니다. 특정 수치나 인용문을 발췌한 경우도 있습니다. 참고 문헌 중 일부는 기후변화의 복잡한 여정을 더 깊이 파고들고 싶은 분들을 위한 추천 도서입니다.

Alley, R.B. (2000). *The Two-Mile Time Machine.* Princeton University Press.

Anderson, D.E., Goudie, A.S. og Parker, A.G. (2013). *Global Environments through the Quaternary.* Oxford University Press.

Arrhenius, S. (2006). *Världarnas utveckling.* Hugo Gebers Förlag.

Behringer, W. (2010). *A Cultural History of Climate.* Polity Press.

Bender, M. (2013). *Paleoclimate.* Princeton Press.

Bjornerud, M. (2018). *Timefulness: How Thinking Like a Geologist Can Help Save the World.* Princeton University Press.

Bowler, P. (2000). *The Earth Encompassed.* W.W. Norton.

Brooke, J.J. (2014). *Climate Change and the Course of Global History.* Cambridge University Press.

Crawford, E.T. (1996). *Arrhenius: From Ionic Theory to the Greenhouse Effect.* Science History Pubns.

Cronin, T.M. (2009). *Paleoclimates: Understanding Climate Change Past and Present.* Columbia University Press

Dansgaard, W. (2000). *Grønland i istid og nutid.* Forlaget Rhodos.

Dartnell, L. (2019). *Origins: How the Earth Shaped Human History.* Vintage.

Diamond, J. (2013). *Kollaps.* Spartacus.

Dybdahl, *A.(2016). Klima, uår og kriser i Norge gjennom de siste 1000 år.* Cappelen Damm.

Fagan, B. (2000). *The Little Ice Age: How Climate Made History.* Basic Books.

Fagan, B. (2008). *The Great Warming.* Bloomsbury Press.

Fagan, B. og Durrani, N. (2021). *Climate Chaos: Lessons on Survival from our Ancestors.* Public Affairs.

Glacken, C.J. (1976). *Traces on the Rhodian Shore.* University of California Press.

Greene, M.T. (2015). *Alfred Wegene: Science, Exploration, and the Theory of Continental Drift.* Johns Hopkins University Press.

Grove, J.M. (1988). *The Little Ice Age.* Routledge.

Hazen, R.M. (2012). *The Story of Earth.* Penguin Books.

Hessen, D.O. (2020). *Verden på vippepunktet: Hvor ille kan det bli?* Res Publica.

Hestmark, G. (2017). *Istidens oppdager: Jens Esmark, pioneren I Norges fjellverden.* Kagge Forlag.

Imbrie, J. og Imbrie, K.P. (1979). *Ice Ages: Solving the Mystery.* Enslow Publishers.

IPCC (2021). *Climate Change– the Physical Science Basis.* Working Group I contribution to the Sixth Assessment Report of the Intergovernmental Panel on Climate Change.

Kolstad, E. og Paasche, Ø. (2013). *Hva er klima.* Universitetsforlaget.

Kroglund, A. (2020). *Termostat.* Solum Bokvennen.

Köppen, W. og Wegener, A. (2015 [2024]). *The Climates of the Geological Past.* Borntraeger Gebrueder.

Laduire, E.L.R. (1967). *Times of Feast, Times of Famine: A History of Climate Since the Year 1000.* The Noon day Press Farrar, Straus and Giroux New York.

Lamb, H. (1982). *Climate History and the Modern World.* Routledge.

Lenton, T. & Watson, A. (2013). *Revolutions that Made the Earth.* Oxford University

Press.

Lieberman, B. & Gordon, E. (2018). *Climate Change in Human History.* Bloomsbury Academic.

Ljungqvist, F.C. (2017). *Klimatet och människan under 12 000 år.* Dialogos Förlag.

Lovelock, J. (2006). *Gaias hevn.* Spartacus.

Parker, G. (2013) Global Crisis. *War, Climate change and Catastrophe in the Seventeenth Century.* Yale University Press.

Pedersen, S.S., Pedersen, G.K. & Noe, P. (1994). *Moleret på Mors.* Mors: Kort &godt.

Roberts, N. (1998). *The Holocene: An Environmental History.* Wiley Blackwell.

Ruddiman, W.F. (2005). *Plows, Plagues and Petroleum.* Princeton University Press.

Ruddiman, W.F. (2014). *Earth's Climate: Past and Future.* W.H. Freeman and Company.

Samset, B. (2021). *2070 – alt du lurer på om klimakrisen, og hvordan vi kan komme oss forbi den.* Cappelen Damm.

Sand-Jensen, K. (2006). *Naturen i Danmark – Geologien.* Gyldendal.

Svensen, H. (2018). *Stein på stein.* Aschehoug.

Trouet, V. (2020). *Tree Stories: The History of the World Written in Rings.* Johns Hopkins University Press.

Wadhams, P. (2016). *A Farewell to Ice.* Penguin Books.

Weart, S.R. (2008). *The Discovery of Global Warming.* Harvard University Press.

Wegener, A. (1966). *The Origin of Continents and Oceans.* Dover Publications.

Zalasiewicz, J. (2009). *The Earth After Us.* Oxford University Press.

Zalasiewicz, J. og Williams, M. (2013). *The Goldilocks Planet: The 4 Billion Year Story of Earth's Climate.* Oxford University Press.